ro
ro
ro

ro ro ro

Stimmt es, dass man betrunken wird, wenn man in Sekt badet? Und muss ein Radfahrer stärker treten, wenn ein zweiter in seinem Windschatten fährt? Sind Spülmaschinen ökologischer als das Spülen von Hand? Und explodieren Ameisen, wenn sie Backpulver fressen? – Die originellen und bisweilen skurrilen Fragen, die an Bestseller-Autor Christoph Drösser für seine «Stimmt's?»-Kolumne gestellt werden, reißen nicht ab. Hier kommt nun das ultimative «Stimmt's?»-Buch mit seinen wohlrecherchierten Antworten: Es präsentiert 100 neue «Legenden des Alltags» und eine Auswahl von 200 der schönsten und interessantesten Folgen aus zehn Jahren.

Christoph Drösser, geboren 1958, ist Redakteur im Ressort Wissen der Wochenzeitung *DIE ZEIT*, für die er 1997 die Kolumne «Stimmt's?» ins Leben rief. 2005 wurde Drösser vom *Medium-Magazin* zum «Wissenschaftsjournalisten des Jahres» gekürt. Neben den insgesamt fünf «Stimmt's?»-Büchern hat Drösser bei Rowohlt den weiteren Bestseller «Der Mathematikverführer» und das Hardcover «Hast du Töne? Warum wir alle musikalisch sind» veröffentlicht. Zusammen mit Jörg Kachelmann schrieb er «Das Lexikon der Wetterirrtümer».

Marcus Weimer, geboren 1963, studierte an der Fachhochschule für Gestaltung in Hamburg. Als Rattelschneck arbeitet er gemeinsam mit **Olav Westphalen** unter anderem für *Titanic*, *DIE ZEIT*, *Süddeutsche Zeitung*, *FAZ* und fürs Fernsehen. Er illustrierte alle bislang erschienenen «Stimmt's?»-Bände.

Christoph Drösser

Stimmt's?

Das große Buch der modernen Legenden

Mit Illustrationen von Rattelschneck

Rowohlt Taschenbuch Verlag

Originalausgabe
Veröffentlicht im Rowohlt Taschenbuch Verlag,
Reinbek bei Hamburg, Mai 2010

Ein Teil der Texte dieses Bandes wurde
zusammengestellt aus Artikeln der Taschenbücher:
«Stimmt's? Moderne Legenden im Test», Folgen 1 bis 5
Umschlaggestaltung ZERO Werbeagentur, München
(Abbildung: Jochen Quast)
Satz aus der Minion PostScript (InDesign)
Gesamtherstellung CPI – Clausen & Bosse, Leck
Printed in Germany
ISBN 978 3 499 62628 9

Inhalt

Man kann mit den Abgasen moderner Autos nicht mehr Selbstmord begehen

Stimmt nicht. Kölner Mediziner berichteten 2002 in der Zeitschrift *Rechtsmedizin* vom Fall eines jungen Mannes, der einen solchen Selbstmordversuch unternommen hatte. Er war gestorben, obwohl der sogenannte CO-Hb-Wert in seinem Blut nur zwei Prozent betrug. Dieser Wert beschreibt, welcher Anteil der Hämoglobin-Moleküle, die Sauerstoff durch die Blutbahn transportieren, von Kohlenmonoxid «befallen» ist. Das Gas verdrängt nämlich in aggressiver Weise den Sauerstoff. Die Folge: Der Patient erstickt, obwohl er noch atmen kann.

Ab einem CO-Hb-Spiegel von 25 Prozent treten die ersten Vergiftungserscheinungen auf, Werte ab 70 Prozent sind tödlich. Vor der Einführung des Drei-Wege-Kats enthielten Autoabgase etwa zehn Prozent CO, sie führten in kurzer Zeit zu einer Vergiftung. Die Katalysatoren entfernen nun den Stoff fast völlig aus den Abgasen; der Anteil beträgt unter 0,1 Prozent, im Leerlauf kann der Wert etwas höher sein. Damit sei auch bei einer Exposition, die länger als zehn Stunden dauere, kein CO-Hb-Spiegel von mehr als 20 Prozent zu erreichen, schreiben die Autoren. Sie folgern: «Daher ist eine letale CO-Intoxikation bei einem betriebswarmen, funktionstüchtigen Katalysator nicht zu erwarten.» Woran ist der Mann also gestorben? Die Autoren haben zwei Erklärungen. Entweder lag es am erhöhten CO_2-Anteil der Atemluft – Kohlendioxid lässt sich ja aus den Abgasen nicht herausfiltern. Oder er ist erstickt, weil die Luft zu wenig Sauerstoff enthielt.

Nach Veröffentlichung der Kolumne in der *ZEIT* erhielt ich eine interessante E-Mail von Michael Struschka von der Universität Stuttgart, der einen ähnlichen Fall begutachtet hat. Seine Erklärung: Wenn der Sauerstoffgehalt der Garagenluft abnimmt, verändert das die Verbrennung im Motor, und irgendwann kann der Kat nicht mehr richtig arbeiten. «Die Folge ist ein dramatischer CO-Anstieg im Abgas, da wird dann schnell auch eine tödliche Konzentration in der Garagenluft erreicht», schreibt Struschke.

Auf jeden Fall zeigen die Beispiele: Man kann sich mit den Abgasen moderner Autos nicht mehr so zuverlässig umbringen wie früher, auch wenn die Methode immer noch als Klischee in Fernsehkrimis eingesetzt wird. Aber lebensgefährlich ist es trotzdem.

In der katholischen Kirche gibt es auch heute noch den Ablass

Stimmt. Den Ablass assoziiert man immer mit dem tiefsten Mittelalter – eine Art «Kuhhandel mit Gott», der von Luther angeprangert wurde. Auch wenn es heute keine listigen Pfaffen mehr gibt, die dem Volk zuerst die Qualen des Fegefeuers drastisch schildern und dann einen Ablassbrief zur Vermeidung der Pein verkaufen: Am Prinzip des Ablasses hält die katholische Kirche weiter fest. Das hat zuletzt Papst Paul VI. in der Apostolischen Konstitution *Indulgentiarum doctrina* im Jahr 1967 bekräftigt, auch Benedikt XVI. hat dieses Instrument eingesetzt. So konnten Gläubige beim Weltjugendtreffen in Köln 2005 einen vollständigen Sündenablass erlangen.

Ablass darf man nicht verwechseln mit der Vergebung der Sünden, die nach der christlichen Lehre nur Gott gewähren kann. Aber auch der Sünder, dem vergeben wurde und der tätige Reue gezeigt hat, muss nach katholischem Glauben noch für seine Taten im Fegefeuer büßen. Dieser Strafe kann man entgehen – auch heute noch durch Geldspenden an karitative Organisationen, durch soziales Engagement oder Pilgerfahrten. In früheren Jahrhunderten wurde der Ablass oft in Tagen bemessen. Gemeint waren Tage der Buße, aber viele Sünder glaubten tatsächlich, dann entsprechend weniger Tage im Vorhof der Hölle schmoren zu müssen.

Der Ablass ist also nicht «heilsnotwendig», wie Paul VI. sagte, aber er kann das Leben nach dem Tod kolossal erleichtern. Eine gute Gelegenheit dazu ist etwa der österliche Urbi-et-orbi-Segen des Papstes. Die Teilnahme kann zum Totalablass führen und ist auch per Radio oder Fernsehen möglich. Aber natürlich nur, wenn der Sünder seine Taten ehrlich bereut und auch ansonsten ein gottgefälliges Leben lebt.

Adenauer sagte: «Was stört mich mein Geschwätz von gestern!»

Stimmt nicht. Der Altkanzler aus Rhöndorf war bekannt für seine lakonischen, manchmal auch drastischen Formulierungen. Und auch dafür, dass seine Meinung durchaus flexibel war, wenn die politischen Umstände es erforderten. Deshalb passt das Zitat eigentlich ganz gut zu ihm.

Aber viele griffige Zitate prominenter Figuren sind einfach nur gut erfunden – oder sagen wir vorsichtiger: nicht belegbar. Der angebliche Adenauer-Spruch wird viel zitiert, aber nirgends findet man eine Quellenangabe. Antje Winter, Leiterin des Adenauer-Archivs in Rhöndorf, ist schon oft danach gefragt worden, und die Museologin ist fest davon überzeugt, dass der Alte den Satz nie gesagt hat.

Für mich ist sie aber ins Archiv gestiegen und hat Belege gefunden für Reden, in denen Adenauer zumindest sinngemäß etwas Ähnliches ausgedrückt hat: nämlich seine Überzeugung, dass jeder das Recht habe, eine als falsch erkannte Meinung zu ändern. Das früheste Zitat stammt aus einer Rede im nordrhein-westfälischen Kommunalwahlkampf am 12. Oktober 1952: «Sehen Sie, meine Damen und Herren, jeder Mensch, wir alle miteinander und jede Fraktion und jede Partei hat ein Recht, was zu den Menschenrechten gehört, und das ist das Recht, klüger zu werden!» Ein paar Tage später stieß Adenauer auf dem Parteitag der CDU ins selbe Horn: «Ich war bereit – das muss man immer sein –, auch vom politischen Gegner zu lernen; denn jeder von uns hat das Recht, klüger zu werden! Das gilt auch für Parteien; auch für die Sozialdemokratische Partei!» Und schließlich noch ein Satz, der 1958 vor dem Parteivorstand der CDU fiel: «Man muss auch einmal einstecken, was einem sehr unangenehm ist – das tue ich auch von morgens bis abends –, wenn man in der Sache weiterkommt.»

Weise Worte angesichts der bewegten politischen Biographie Adenauers. Als «Geschwätz» hat er seine abgelegten Meinungen von gestern aber wohl nie bezeichnet.

Der Aderlass wird auch heute noch in der Medizin angewandt

Stimmt. Von der Antike bis in die Neuzeit war der Aderlass ein medizinisches Standardverfahren gegen alle möglichen Krankheiten. Gemäß der Vorstellung, dass im Körper ein ausgeglichenes Verhältnis der «vier Säfte» herrschen musste, wurden den Patienten mitunter große Mengen an Blut abgezapft, um diesen Haushalt wieder ins Lot zu bringen. Eine andere Vorstellung war, dass man über das Blut alle möglichen Giftstoffe aus dem Körper «ausleiten» könnte.

Vor allem die Mystikerin Hildegard von Bingen pries den Aderlass als Allheilmittel. Bei abnehmendem Mond solle man dem Patienten «fauliges und zersetztes Blut» abzapfen – eine ähnliche Vorstellung wie die von den «Schlacken», von denen in der modernen Naturheilkunde die Rede ist. Die Unsitte steigerte sich zu einem regelrechten Vampirismus, durch den viele Patienten erst richtig krank wurden und auch starben; so vermutet man, dass ein extensiver Aderlass den ersten amerikanischen Präsidenten George Washington ins Grab gebracht hat.

Nachdem man mehr über den Blutkreislauf des Menschen gelernt hatte, wurde der Aderlass zu Recht aus dem Repertoire der Medizin verbannt. Seit einigen Jahren erfährt die Methode jedoch eine Renaissance unter Naturheilern, vor allem unter Berufung auf die heilige Hildegard. Zum Glück sind die Mengen, die man heute den Menschen prophylaktisch abzapft, nicht mehr lebensbedrohlich, sodass man wenigstens davon ausgehen kann, dass dadurch kein großer Schaden angerichtet wird.

Die wissenschaftliche Medizin hält von dieser «Blutreinigung» wenig. Sie kennt einige seltene Krankheiten, bei denen eine Blutentnahme Teil der Therapie sein kann, zum Beispiel die Polycythaemia vera, bei der sich die Blutzellen übermäßig vermehren – davon sind in Deutschland vielleicht gerade einmal 1000 Menschen betroffen. Oder die Hämochromatose, bei der der Körper zu viel Eisen aufnimmt. Auch wenn der Hämatokritwert zu groß ist, also das Blut zu dickflüssig ist, kann ein Aderlass kurzfristig den Wert korrigieren. Eine solche Maßnahme behandelt aber immer nur ein Symptom, nicht die Ursache der Krankheit.

Menschen mit Albinismus haben rote Augen

Stimmt nicht. Wer jetzt reflexhaft an Heino denkt, dem sei gesagt: Nein, der Schlagersänger leidet nicht an Albinismus (das Wort «Albino» mögen die betroffenen Menschen überhaupt nicht), sondern an der sogenannten Basedow'schen Krankheit. Seine Augen haben eine kräftige braune Farbe.

Den Menschen, die unter Albinismus leiden, fehlt dagegen der körpereigene Farbstoff Melanin. Einer von 17000 Menschen leidet darunter. Schon seit 1908 ist bekannt, dass dieser Mangel auf einen genetischen Defekt zurückzuführen ist. Inzwischen sind die fünf Gene identifiziert, deren Mutationen zu verschiedenen Erscheinungsformen des Albinismus führen. Manchen fehlt der Farbstoff am ganzen Körper, dann sind Haut und Haare schlohweiß. Bei anderen tritt der Mangel nur in der Regenbogenhaut der Augen auf. Die meisten Betroffenen haben eine angeborene Sehbehinderung, und ihre Augen sind sehr lichtempfindlich.

Das heißt aber nicht, dass die Augen rot sind, wie es etwa bei Albino-Mäusen der Fall ist. Denn menschliche Augen haben auch ohne Melanin eine Grundfärbung.

Das sieht man bei Babys: Die werden fast alle mit blauen Augen geboren, weil ihre Melaninproduktion erst langsam in Gang kommt. Auch bei Menschen mit Albinismus sind die Augen blau oder grau, in einigen Fällen auch hellbraun.

Weil die Färbung allerdings nicht sehr intensiv ist, kann bei manchen Beleuchtungsverhältnissen der rote Augenhintergrund durchschimmern, und die Augen erscheinen rötlich oder violett. Das ist im Prinzip derselbe Effekt, der auf manchen Fotos die Augen der abgelichteten Menschen rot erscheinen lässt.

Die katholische Kirche zahlt für bis zu drei von Priestern gezeugte Kinder

Alimente

Stimmt nicht. Natürlich kann ich nicht meine Hand dafür ins Feuer legen, dass nicht schon einmal irgendwo auf der Welt ein Bistum für einen seiner Priester solche Zahlungen geleistet hat, vielleicht sogar mit der Absicht, die unangenehme Affäre damit unter den Teppich zu kehren. Aber gibt es tatsächlich eine solche Regel, nach der die Kirche sozusagen die Haftung für die «Betriebsunfälle» der Gottesmänner übernimmt?

Carsten Horn, Pressesprecher des größten deutschen Bistums in Köln, bemerkt auf die Frage lediglich trocken, dass auch für katholische Priester das «Verursacherprinzip» gelte – jeder Geistliche muss also für die Folgen seiner Taten selbst aufkommen.

Vom Personalchef des Bistums, Prälat Johannes Bastgen, kommt dann noch eine offizielle Erklärung: «Mir ist keine Regel bekannt, wonach die katholische Kirche für bis zu drei Kinder, aber auch nicht bei nur einem Kind die Zahlung von Alimenten übernimmt. In den uns bekannten ganz wenigen Fällen kommt jeder betroffene Priester aus seinen persönlichen Einkünften für den Unterhalt seines Kindes auf.»

Und es gibt eigentlich keinen Grund, an den Worten des Prälaten zu zweifeln – denn Priester sind ja keine mittellosen Kirchendiener, sondern sie bekommen ein durchaus respektables Gehalt, von dem sie (rein theoretisch) im Fall der Fälle auch den Unterhalt für ein, zwei oder gar drei uneheliche Kinder bezahlen könnten.

Beim Kochen benutzter Alkohol verdampft vollständig

Stimmt nicht. Alkohol ist eine beliebte Zutat in der Küche – sei es das Käsefondue mit Weißwein und Kirschwasser, sei es das Coq au Vin oder auch der Pudding mit Amaretto.

Der Alkohol dient ja nur dem Geschmack, sagen sich Hausfrau und -mann, der «verkocht» im Handumdrehen. Aber schon ein Besuch auf dem Weihnachtsmarkt müsste sie eigentlich eines Besseren belehren. Dort steht der Glühwein oft stundenlang auf der Heizplatte, und trotzdem enthält er noch eine Menge «Umdrehungen» und nicht nur Wasser, Nelken und Zimt. Offenbar verträgt Alkohol doch einiges an Hitze, auch wenn sein Siedepunkt niedriger ist als der von Wasser.

Wie viele Prozente bleiben, haben Forscher von der University of Idaho im amerikanischen Städtchen Moscow im Auftrag des US-Landwirtschaftsministeriums erkundet. Wenn eine kochende Soße oder Suppe mit Wein oder Schnaps veredelt und dann vom Herd genommen wurde, waren 85 Prozent des Alkohols beim Servieren noch vorhanden. Je länger die Flüssigkeit kochte, umso geringer war der Wert. Nach einer halben Stunde waren es noch 35 Prozent, und selbst eine Mahlzeit, die im Ofen oder auf dem Herd zweieinhalb Stunden vor sich hin köchelte, enthielt noch fünf Prozent der ursprünglichen Alkoholmenge.

Also Vorsicht mit dem Alkohol, wenn man Gäste hat: Sind Kinder darunter, religiös motivierte Abstinenzler oder trockene Alkoholiker? Dann sollte man vielleicht auf den guten Schuss verzichten.

Alkoholfreies Bier enthält Alkohol

Stimmt. Jedenfalls für fast alle Marken. Es gibt alkoholfreie Biere, die tatsächlich überhaupt keinen Alkohol enthalten, aber in den meisten ist ein kleines bisschen drin. Beim Marktführer («Nicht immer, aber immer öfter») sind es 0,35 Prozent. Der Gesetzgeber hat festgelegt: Bier mit weniger als 0,5 Prozent Alkohol darf sich «alkoholfrei» nennen. Dieser Alkoholgehalt ist vergleichbar mit dem von Fruchtsaft und Malzbier.

Hat dieser Restalkohol eine physiologische Wirkung im Körper? Die Experten sagen: nein. Man müsste nicht nur riesige Mengen trinken, um rechnerisch auf einen bedenklichen Wert zu kommen. Alkohol wird auch ganz routinemäßig von den Mikroorganismen in unserem Darm produziert. Die geringe Konzentration im alkoholfreien Bier ändert daran nicht viel. Selbst für Leberkranke geht von dem Getränk keine Gefahr aus.

«Trockenen» Alkoholikern raten die Brauer indes von alkoholfreiem Bier ab. Aber das hat vor allem psychologische Gründe. Gemäß dem Werbeslogan «Alles, was ein Bier braucht» sei das Trinkerlebnis zu nahe an «richtigem» Bier, sodass die Gefahr eines Rückfalls bestehe.

In der New Yorker Kanalisation leben Alligatoren

Stimmt nicht. Es handelt sich hier um eine sehr hartnäckige urbane Legende, sehr schön ist vor allem das Detail, wonach es sich um Albinos handeln soll. Die Geschichte geht so: Reisende New Yorker hätten süße kleine Alligatoren aus dem Florida-Urlaub mitgebracht und sie dann, als sie zu groß wurden, ausgesetzt. In der Kanalisation hätten die Reptilien ein neues Biotop gefunden, sich dort sprunghaft vermehrt und wohl aufgrund der Dunkelheit ihre Farbe verloren.

Es ist immer schwer, die Nichtexistenz von etwas zu beweisen – immerhin sind die New Yorker Kanäle insgesamt etwa 10 000 Kilometer lang. Aber man kann wohl sagen, dass die Kanal-Alligatoren ein Produkt der Phantasie sind. Das Archiv der *New York Times* verzeichnet eine einzige Alligator-Sichtung am 9. Februar 1935 – drei Jungen erlegten das Tier, das seinen Kopf aus einem offenen Gully steckte.

Der meistzitierte «Beweis» für die Existenz der unterirdischen Population ist das Buch «The World Beneath the City» von Robert Daley aus dem Jahr 1959. Darin wird Teddy May, in den dreißiger Jahren oberster Inspektor der New Yorker Unterwelt, mit einer blumigen Alligatorengeschichte zitiert. May erzählte, wie er Hinweisen von Kollegen nachging und sich auf eine Expedition in die Unterwelt aufmachte. Ein Alligator nach dem anderen tauchte im Lichtkegel seiner Taschenlampe auf. Nicht in den Hauptsielen, sondern in den ruhigen Seitensträngen der Kanalisation. «Die Kolonie schien es sich unter den Straßen der geschäftigsten Stadt der Welt gemütlich gemacht zu haben», schreibt Daley.

Ist die Geschichte glaubwürdig? Edward May war zum Zeitpunkt seines Berichts schon 84, und andere Quellen bezeichnen ihn als legendären Geschichtenerzähler. Reptilienforscher sind sich einig, dass die New Yorker Kanalisation im Winter viel zu kalt für die wechselwarmen Tiere ist. Aber hübsch ausgedacht ist die Legende schon.

WEIL ES IMMER SCHWER IST, DIE NICHTEXISTENZ VON ETWAS ZU BEWEISEN, SETZE ICH NOCH EINEN DRAUF: IN DER KANALISATION VON N.Y. LEBEN ALBINO-ALLIGATOREN.
PRESS
ICH SETZE NOCH EINEN DRAUF: JEGLICHER COULEUR.

Das Gewicht aller auf der Erde lebenden Ameisen ist größer als das Gewicht aller Menschen

Stimmt nicht. Aber um es gleich zu sagen: Die Frage ist nicht exakt zu beantworten, weil es keine Volkszählungen für Ameisen gibt.

Fangen wir mit den Menschen an: Deren Zahl kennen wir ziemlich genau, es sind im Moment etwa 6,8 Milliarden. Bei einer durchschnittlichen Masse von 50 Kilogramm (es gehen ja Kinder und Babys in die Rechnung mit ein) kommt man damit auf eine Gesamtmasse von rund 340 Millionen Tonnen.

Niemand weiß genau, wie viele Ameisen auf der Welt leben. Schon die Zahl der Arten ist nicht genau bekannt, bis heute sind etwa 9000 von ihnen bestimmt, wahrscheinlich sind es aber viel mehr. Der amerikanische Insektenforscher E. O. Wilson schätzt die Zahl aller Ameisen mutig auf 10^{16} bis 10^{17}, also 10 bis 100 Billiarden. In anderen Quellen ist nur von einer Billiarde die Rede – das ergibt einen Unsicherheitsfaktor von 100!

Nehmen wir einen Wert von 10^{16} als Grundlage und setzen die durchschnittliche Masse einer Ameise mit 5 Milligramm an (noch so eine mutige Schätzung, denn die Insekten gibt es in vielen Größen), dann beträgt die Gesamtmasse der Ameisen 50 Millionen Tonnen.

Nach diesen Zahlen hat also der Mensch eindeutig die Nase vorn. Das muss aber nicht so bleiben – bisher haben die Taxonomen die Zahl der Insektenarten noch bei jeder Inventur nach oben korrigiert. Erstaunlich ist, dass die Massen tatsächlich eine ähnliche Größenordnung haben. Und die Antwort kann nur eine vorläufige sein.

Man soll Antibiotika nicht mit Milch einnehmen

Stimmt nicht. Jedenfalls ist der generelle Ratschlag «Keine Milch mit Antibiotika» nicht besonders sinnvoll. Letztlich kann nur ein Blick in die Packungsbeilage klären, ob das konkrete Medikament, das der Doktor verschrieben hat, bei der Einnahme mit Milch (oder auch mit Fruchtsäften) seine Wirkung verändert. Interessanterweise findet man diese Warnung sehr häufig im deutschsprachigen Internet, aber selten im englischsprachigen – da führt die Kombination von *antibiotics* und *milk* meist zu Seiten, die vor Antibiotika-Rückständen in der Kuhmilch warnen.

Weil ich im Netz eine solche Warnung von einer Mitarbeiterin des Bundesinstituts für Arzneimittel und Medizinprodukte gelesen hatte, habe ich bei diesem Institut nachgefragt. Und siehe da – auch dort steht man «einer generellen Warnung vor der gleichzeitigen Einnahme von Antibiotika mit Milchprodukten eher kritisch gegenüber», sagte mir der Pressesprecher Thomas Grüger. Er schätzt, dass sich weniger als 15 Prozent der oralen Antiinfektiva schlecht mit Milch vertragen (das Wort «Antibiotikum» meidet der Profi). Betroffen sind Tetrazykline (wie Doxycyclin und Minocyclin) und einige Fluorchinolone (insbesondere Ciprofloxacin und Norfloxacin).

Diese Stoffe bilden mit den Kalziumionen in der Milch Komplexe, quasi kleine Kügelchen, die zu dick sind, um die Darmwand zu durchdringen. Statt ins Blut zu gelangen, wird die Arznei verdaut und wirkt dann nicht. Ganz auf Milchprodukte muss man bei diesen Medikamenten nicht verzichten – es reicht, wenn etwa zwei Stunden zwischen Milchkonsum und Medizineinnahme verstreichen.

Die meisten Antibiotika, die standardmäßig bei Infektionen der Atem- und Harnwege verschrieben werden, fallen nicht unter diese Gruppe. Auch Penicillin hat keine negativen Wechselwirkungen mit Milch, übrigens auch nicht mit Alkohol – abgesehen davon, dass man generell bei Einnahme von Medikamenten am besten auf Alkohol verzichtet.

Obstbauern besprühen die Apfelblüten mit Wasser, um sie vor Frost zu schützen

Stimmt. Es klingt paradox, dass eine Eisschicht die Blüten von Obstbäumen und Weinreben vor dem Erfrieren schützen soll, aber es stimmt tatsächlich. Einer Anekdote zufolge soll das ein weinseliger Bauer in der Toskana entdeckt haben. Während seine Kollegen nach einem warmen Frühlingstag aus Angst vor dem Nachtfrost die Beregnungsanlagen in ihren Weinbergen abstellten, torkelte er erst im Morgengrauen aus der Kneipe nach Hause – und seine Reben waren die einzigen, deren Blüten den strengen Frosteinbruch überlebten.

Obstblüten sterben nicht gleich, wenn die Temperatur um den Gefrierpunkt liegt. Gefährlich wird es für sie erst, wenn über mehrere Stunden einige Minusgrade herrschen. Zwei physikalische Phänomene sorgen dafür, dass ein leichter Eismantel sie in dieser Situation schützt: Das erste ist die Isolierung. Eis ist kein besonders guter Wärmeleiter, und die Schicht, deren Temperatur um null Grad liegt, schützt vor einer größeren Kälte in der Umgebungsluft.

Das zweite Schutzprinzip trägt den physikalischen Namen «Erstarrungswärme»: Wenn eine Flüssigkeit den Aggregatzustand wechselt und fest wird, gibt sie Wärme an die Umgebung ab. Bei Wasser sind das 335 Joule pro Gramm – Wärmeenergie, die direkt der Blüte zugute kommt. Das funktioniert sogar noch, wenn die Pflanze schon eine Eishülle hat. Zusätzliche Beregnung sorgt für zusätzliche Wärme. Allerdings ist irgendwann der Panzer zu dick, und ganze Zweige können abbrechen. Die Kunst besteht darin, das Wasser möglichst fein zu zerstäuben und so für eine möglichst lange Zeit kontinuierlich Erstarrungswärme zu erzeugen, ohne dass die Eisschicht zu massiv wird. Wenn der Frost aber mehrere Nächte hintereinander anhält, dann nützt auch die ausgeklügeltste Beregnung nichts.

Man soll Apfelkerne nicht mitessen, weil sie Blausäure enthalten

Stimmt nicht. Zwar enthalten die Kerne von Aprikosen, Kirschen, Mandeln und eben auch Äpfeln tatsächlich die Substanz Amygdalin, die im Körper zu giftiger Blausäure abgebaut wird. Aber so wie drei Bittermandeln keinen Menschen umbringen (dazu braucht es bei Erwachsenen etwa 50), so ist es auch praktisch unmöglich, so viele Äpfel zu essen, dass eine vergiftende Wirkung eintritt.

Viele Pflanzen sind daran interessiert, dass Tiere ihre Samen über die Welt verteilen. Deshalb bieten sie ihnen ihre Früchte als schmackhafte Nahrung an – eine tödliche Vergiftung aller Überträger wäre also völlig kontraproduktiv. Damit aus dem Apfelkern ein neues Bäumchen werden kann, muss er den Verdauungstrakt von Tier und Mensch unbeschädigt durchlaufen, und das geschieht auch meistens. Die Blausäure-Verbindung tritt dabei gar nicht in den Körper über. Nur wer die Kerne zerkaut, inkorporiert das Gift. Vielleicht enthalten die Samen ja deshalb das Amygdalin, unter dem Motto: Iss die Frucht, aber lass bitte den bitteren Kern intakt.

In der Literatur wird ein einziger Fall erwähnt (und nicht sehr gut dokumentiert), bei dem der Verzehr von Apfelkernen zum Tod eines Menschen geführt haben soll. Der Mann, von dem dort die Rede ist, vergiftete sich aber nicht, indem er haufenweise Äpfel aß – er verzehrte eine ganze Tasse voller Kerne.

Asiaten vertragen keine Kuhmilch

Stimmt. Und nicht nur die Asiaten: 75 Prozent der erwachsenen Menschen auf der Erde können Milchzucker (Laktose) nicht richtig verarbeiten, weil sie nach der Kindheit das entsprechende Enzym (Laktase) verloren haben. Dieses spaltet im Dünndarm den Doppelzucker aus der Milch in einfache Zucker. Wenn es fehlt, gelangt unverdaute Laktose in den Enddarm und ist dort ein gefundenes Fressen für Bakterien – Blähungen, Bauchschmerzen und Durchfall sind die Folge. Entwicklungsgeschichtlich gesehen, ist das nicht weiter schlimm – die Frühmenschen verzehrten nach der Kindheit keine Milchprodukte mehr, das Enzym war also überflüssig.

Erst mit der Einführung der Landwirtschaft vor etwa 12000 Jahren begannen auch Erwachsene, regelmäßig Milch zu trinken. Dass sich die genetisch bedingte Laktase-Persistenz, also die Fähigkeit, auch im Erwachsenenalter Milch zu verdauen, vor allem in Nordeuropa durchsetzte, liegt wohl daran, dass wir besonders auf Milch als Lieferant für Kalzium und Vitamin D angewiesen sind. Während in unseren Breiten nur etwa zehn Prozent der Menschen Laktose nicht vertragen, sind es im Süden Europas 60 Prozent, in Schwarzafrika 95 Prozent und in Ländern wie Thailand fast 100 Prozent.

Die genetische Ursache der Laktose-Unverträglichkeit ist soeben weitgehend geklärt worden: Anfang 2002 berichten Wissenschaftler in der Fachzeitschrift *Nature Genetics* von zwei dafür verantwortlichen genetischen Varianten, die sie in einer Reihenuntersuchung von finnischen Familien ausgemacht haben.

In der griechischen Mönchsrepublik Athos sind keine weiblichen Tiere erlaubt

Stimmt. Die Mönchsrepublik Athos, auf dem östlichsten «Finger» der griechischen Chalkidiki-Halbinsel gelegen, genießt eine weitgehende Autonomie und kann es sich deshalb leisten, einige seltsame Regeln aufzustellen. Selbst das Europaparlament, das keine nationalen Extrawürste mag, hat nichts dagegen ausrichten können. Nicht einmal griechische Polizisten gibt es auf der Halbinsel. So sind die internen Konflikte der frommen Männer schon des Öfteren in wüste Schlägereien ausgeartet.

Die Athos-Mönche wollen unter sich sein, und auch als Besucher dulden sie nur Männer. «Avaton» nennt sich diese Bestimmung; sie gilt seit dem Jahr 1045. Und tatsächlich erstreckt sie sich auch auf weibliche Tiere, soweit das überhaupt praktisch feststellbar ist. Der Sinn dieser Regel verliert sich im Dunkel der Geschichte. Die einzigen Ausnahmen sind Katzen (gegen die Rattenplage) und Hühner. Die wurden erlaubt, weil man ihre Eier brauchte – nicht etwa zum Essen, sondern weil die Ikonenmaler Eigelb brauchen, um ihre traditionellen Farben anzurühren.

Ganz stur sind die Mönche allerdings nicht, sie haben aus humanitären Gründen schon mehrmals Ausnahmen gemacht – zum Beispiel im griechischen Bürgerkrieg von 1946 bis 1949. Da fanden auch Frauen und Kinder Zuflucht in den abgelegenen Klöstern der Halbinsel.

Es ist schlecht für die Augen, wenn man zu nah vor dem Fernseher sitzt

Stimmt nicht. Vor allem Kindern, die gern regelrecht in den Fernseher hineinkriechen, wird ja oft gesagt, sie würden sich die Augen verderben. Warum tun Kinder das? Sie erreichen damit einen «Breitwand-Effekt», wie ihn Erwachsene im Kino ja auch schätzen. Die Kinder scheint es auch nicht zu stören, dass man wegen der groben Auflösung des Bildschirms von nahem nicht mehr erkennen kann, als wenn man ein paar Meter entfernt sitzt. Und sie können ihre Augen besser auf nahe Gegenstände fokussieren als Erwachsene.

Gesundheitliche Schäden müssen die Eltern aber nicht befürchten. Zwar können nach stundenlangem Glotzen aus kurzer Entfernung schon einmal die Augen brennen, aber das ist eine Ermüdungserscheinung, die vorbeigeht. Dass eine Fehlsichtigkeit durchs Fernsehen entstehen kann, dafür gibt es keinerlei Belege. Allerdings könnte die Angewohnheit, sich sehr nah vors TV-Gerät zu setzen, ein Anzeichen für eine schon bestehende Kurzsichtigkeit sein – ein Anlass, einmal mit dem Kind zum Augenarzt zu gehen.

Das ist natürlich kein Plädoyer für grenzenloses und unbeaufsichtigtes Fernsehen. Ein amerikanischer Augenarzt formulierte es so: «Fernsehen schädigt nicht die Augen von Kindern, sondern das Gehirn!»

Wenn man zu viel schielt, können die Augen stehenbleiben

Stimmt nicht, auch wenn Kinder es noch so oft von den Erwachsenen zu hören bekommen. Selbst auf Augenarztkongressen wird dieses Gerücht immer wieder vorgetragen. Tatsache ist aber: Es gibt keinen

ICH GLAUBE, DIE FERN-BEDIENUNG BRAUCHT EINEN GEWISSEN ABSTAND, DESHALB HAT ER SIE AM FUSS FESTGEBUNDEN.

einzigen dokumentierten Fall, in dem übermäßiges Grimassenschneiden zum Strabismus (wie das Schielen in der Fachsprache genannt wird) geführt hätte.

Auch Professor Wolfgang Haase, seit 1965 praktizierender Schielexperte an der Hamburger Uniklinik, hat noch kein solches Kind erlebt. «Es kommt vor», erzählt Haase, «dass Eltern zu mir kommen und sagen: Das Kind schielt seit der Party zu seinem dritten Geburtstag.» Er habe aber in solchen Fällen immer festgestellt, dass der Strabismus schon vorher entstanden sein musste. Er fiel den Eltern vielleicht zum ersten Mal auf, als die Kinder bei der Party um die Wette schielten – ein möglicher Hintergrund für die Mär vom Schielen, bei dem die Augen «stehenbleiben» können, wenn das Kind erschreckt wird.

Adolf Hitler ließ die erste deutsche Autobahn bauen

Stimmt nicht. Die erste deutsche, ja sogar die erste europäische Autobahn war die zwischen Köln und Bonn, die heutige A 555. Das 20 Kilometer lange, kreuzungsfreie Straßenstück, das stolze 8,6 Millionen Reichsmark kostete, wurde am 6. August 1932 mit einer Sternfahrt eröffnet, an der sich 2000 Kraftfahrer aus ganz Europa beteiligten. Die Einweihung zelebrierte übrigens der damalige Oberbürgermeister von Köln – Konrad Adenauer.

Die Pläne zum Bau des Autobahnnetzes wurden bereits in den zwanziger Jahren entwickelt, also lange bevor Hitler an die Macht kam. Insgesamt war der Bau von 22 500 Kilometer Autobahn vorgesehen, bevor die Wirtschaftskrise den Plänen ein Ende setzte. Lediglich die Rheinprovinz arbeitete weiter an den Plänen.

Auch die Idee, den Autobahnbau als Beschäftigungsprogramm zu nutzen, stammte nicht von Hitler. Die Hälfte der Kosten für die Köln-Bonner Autobahn wurde aus der Erwerbslosenfürsorge bestritten, und die Baufirmen waren angewiesen, alle Arbeiten ohne Bagger und Förderbänder in personalintensiver Handarbeit durchzuführen.

Hitler kündigte sein Autobahnprogramm im Mai 1933 an. Da war das geplante Netz schon auf 6900 Kilometer Länge geschrumpft. Und der tatsächliche Arbeitsbeschaffungseffekt war eher gering: Es waren nie mehr als 124 000 Arbeiter beschäftigt – Reichsautobahninspektor Fritz Todt hatte 600 000 Arbeitsplätze versprochen. Bis 1945 wurden dann tatsächlich 3800 Kilometer Autobahn gebaut. Zum Vergleich: Heute hat das deutsche Autobahnnetz 11 300 Kilometer.

Es nützt etwas, durchfallende Geldstücke am Automaten zu reiben

Stimmt nicht. «Das ist alles Parapsychologie», sagt dazu Nikolaus Ganske, Geschäftsführer des Bundesverbandes der deutschen Warenautomatenaufsteller.

Das Kernstück von Zigaretten- oder Fahrscheinautomaten ist ein sogenannter Münzprüfer, der das richtige Geld vom falschen unterscheiden soll. Während die eher primitiven Varianten, etwa in Parkuhren, recht leicht zu überlisten sind, testen die modernen Geräte drei Eigenschaften der eingeworfenen Münzen: die Abmessungen, das Gewicht und den Anteil magnetisierbarer Metalle. So können sie auch ausländische Münzen aussortieren, die etwa die gleiche Größe und das gleiche Gewicht wie unsere Geldstücke haben.

Keine dieser drei Eigenschaften wird durch das Reiben der Münze verändert. Allenfalls stark verschmutzte oder rostige Münzen, die so stark verformt sind, dass sie der Automat nicht akzeptiert, kann man durch Kratzen gängig machen.

Eine nicht parapsycho-, aber logische Erklärung, warum viele Zeitgenossen schaben, liefert die Wahrscheinlichkeitsrechnung: Nehmen wir an, wir hätten eine leicht fehlerhafte Münze, die der Automat nur mit neunzigprozentiger Wahrscheinlichkeit akzeptiert. Nun fällt sie beim ersten Mal durch. Der frustrierte Mensch reibt sie am Gehäuse, wirft sie wieder ein – und in neun von zehn Fällen führt das Reiben zum Erfolg! Ein typisches Beispiel für unsere gestörte Wahrnehmung von Wahrscheinlichkeit: Weil wir gar nicht registriert haben, dass das Durchfallen beim ersten Mal relativ unwahrscheinlich war, führen wir den Erfolg auf das Reiben zurück – sehr zum Missfallen der Automatenhersteller, deren neue Geräte stets nach kurzer Zeit völlig zerkratzt sind.

Man muss heute die Autos noch einfahren

Stimmt bedingt. Früher war das Einfahren eines Neuwagens ein absolutes Muss. Die Hersteller schrieben Höchstdrehzahlen für jeden einzelnen Gang vor, der Motor bekam ein spezielles Einfahröl, das nach 1000 Kilometern gewechselt werden musste – es enthielt dann eine Menge Metallpartikel, die beim ersten Rendezvous von Kolben und Zylindern abgehobelt worden waren.

Diese Zeiten sind passé. Heute ist ein neuer Wagen, auch wenn er nur ein paar Kilometer auf dem Werksgelände bewegt wurde, durchaus von der ersten Minute an belastbar. Das liegt daran, dass die Teile heute besser zueinander passen. Die Toleranzen der Oberflächen sind erheblich geringer. Außerdem hat die «Tribologie», das ist die Lehre von der Reibung, in den letzten Jahrzehnten bessere Öle hervorgebracht, betont Edith Meißner von der Firma Daimler.

Ihr Kollege Harthmuth Hoffmann von Volkswagen stimmt dem grundsätzlich zu. Allerdings gelte auch heute noch: «Zylinder und Kolben müssen einander kennenlernen.» Der Rat für Neuwagenbesitzer: Um lange Freude an ihrem Auto zu haben, sollten sie es auf den ersten 1000 Kilometern ruhig angehen lassen. Das heißt: den Wagen

WELCHER ENTHAARUNGSTYP WÄREN SIE, WENN SIE HAARE HÄTTEN?
BIN ICH FROH, DASS WIR NOCH BEIM SIE SIND.
RENDEZVOUS VON KOLBEN UND ZYLINDER

im mittleren Drehzahlbereich bewegen, auch bei schneller Beschleunigung das Gaspedal nur bis zu drei Viertel der maximalen Drehzahl treten. Ein ähnlicher Kennenlernprozess findet übrigens zwischen Bremsbelägen und Bremsscheiben statt, und auch die Reifen haben erst nach einigen Kilometern den optimalen Griff.

Eigentlich gilt das mit dem Einfahren sogar autolebenslänglich: Bei jeder Fahrt sollte man den Motor erst dann voll belasten, wenn er gut warmgelaufen ist.

Autos, die bei einem Unfall in Brand geraten, können explodieren

Stimmt nicht. Auch wenn das im Film oft so dargestellt wird – im Kino herrschen eben eigene Gesetze. Und eines davon scheint zu sein, dass ein Auto, das bei einer Verfolgungsjagd einen Abhang hinunterstürzt, in einem lodernden Feuerball aufzugehen hat. Unfallexperten sind solche Bilder ein Dorn im Auge. «Brennende Autos explodieren nie», sagt Maximilian Maurer vom ADAC, «es sei denn, sie haben Sprengstoff an Bord.» Weil das Bild von der Explosion in vielen Köpfen verankert ist, traut sich bei Unfällen kaum jemand an brennende Autos heran, und so vergehen oft lebenswichtige Minuten.

Ein Fahrzeugbrand beginnt fast immer im Motorraum. Wenn alle Türen und Fenster geschlossen sind, greift das Feuer frühestens nach zehn Minuten auf die Fahrgastzelle über. In dieser Zeit steigen im Innenraum aber die Temperatur und die Konzentration giftiger Gase. Wenn sich bewusstlose Menschen im Wagen befinden, muss dieses Zeitfenster unbedingt genutzt werden, um sie aus dem Auto herauszuziehen! Sind beim Unfall Fensterscheiben zu Bruch gegangen, kann schon nach zwei Minuten der Innenraum brennen.

Und was ist mit dem Tank? Wenn er intakt und verschlossen ist, passiert bei einem Brand meist gar nichts. Selbst wenn er beschädigt ist, gibt es allenfalls eine Verpuffung, keine Explosion. Bei dieser sogenannten Deflagration brennt das Benzin schnell und zischend mit einer Stichflamme ab, es entstehen aber keine Druckwellen wie bei einer Detonation.

Autos mit Kat darf man nicht anschieben

Stimmt nicht. Das würde ja heißen, dass man praktisch kein Auto mehr anschieben dürfte. Denn es gibt kaum noch Benziner ohne Kat, und beim Diesel ist das Anschieben wegen der höheren Kompression sowieso kaum möglich. Wenn man also einmal nachts die Innenbeleuchtung des Autos hat brennen lassen und am Morgen die Batterie schwächelt, muss man dann wirklich den Pannendienst holen, oder darf man sich vom Nachbarn Starthilfe per Muskelkraft geben lassen? Hinter dem Anschiebverbot steckt die Befürchtung, durch die Startversuche könnte unverbrauchter Sprit in die Auspuffanlage gelangen, und dieser könnte sich später, wenn der Wagen wieder läuft, entzünden und den Katalysator schädigen. Die Automobilclubs sehen die Sache gelassener. «Springt das Fahrzeug nur wegen einer leeren Batterie nicht an, spricht nichts gegen ein kurzes Anschieben oder Anschleppen bei kaltem Motor», sagt beispielsweise der österreichische ÖAMTC. Auch der ADAC hat in diesem Fall keine Einwände. Der kurze Schubs, den der Motor zum Anspringen braucht, schadet dem Kat nicht.

Anders sieht die Sache jedoch aus, wenn der Wagen bei warmem Motor und intakter Batterie nicht starten will. Dann liegt das Problem woanders, zum Beispiel in der Zünd- oder Kraftstoffanlage. In dem Fall sollte man langes «Orgeln» mit dem Anlasser ebenso unterlassen wie das Anschieben oder Anschleppen. Denn abgesehen davon, dass es sowieso nichts bringt: Durch solche langen Startversuche kann tatsächlich eine relevante Menge Sprit in den Auspuff gelangen, mit den erwähnten bösen Folgen für den Katalysator.

Man muss den Backofen vorheizen

Stimmt nicht. Viele Backöfen in deutschen Küchen heizen leer vor sich hin – das Aufheizen dauert, je nach Modell, bis zu 20 Minuten. Auch der kalte Ofen läuft dabei mit voller Leistung, und das kostet rund eine halbe Kilowattstunde.

Nötig ist das in den seltensten Fällen. Ein empfindliches Soufflé muss vielleicht eine genau definierte Zeit bei konstanter Temperatur im Ofen sein, damit es nicht zusammenfällt – ein normaler Kuchen oder ein Braten nimmt durch die langsame Erwärmung keinen Schaden. Und erst recht keine Tiefkühlpizza.

Warum steht dann in vielen Kochbüchern und auf den Packungen von Fertiggerichten, dass man den Ofen vorheizen soll? Das hat wohl einen anderen Grund: Die Öfen heizen sich unterschiedlich schnell auf. Deshalb ist es in diesem Fall unmöglich, in den Rezepten und Kochanweisungen eine standardisierte Backzeit anzugeben. In einem «langsamen» Ofen wäre die Backzeit dann länger als in einem «schnellen».

Das Vorheizen ist also fast immer überflüssig. Und wer sich zutraut, auch ohne eine minutengenaue Vorschrift nach Gefühl oder Augenschein einschätzen zu können, wann der Braten gar oder die Pizza kross ist, und deshalb auf das Vorheizen verzichtet, der spart nicht nur Zeit, sondern auch Geld: Die Zubereitungsdauer verkürzt sich um bis zu 20 Prozent, und entsprechend wird auch weniger Energie verbraucht.

Backpulver hilft gegen Ameisen

Stimmt. Backpulver enthält Natron, chemisch Natriumhydrogenkarbonat, das in Amerika unter dem Namen *baking soda* als universelles Wundermittel gilt – gegen Kühlschrankgerüche, zum Zähneputzen und eben auch zur Abwehr von Ameisen.

Die Erklärung, die gern für die Wirksamkeit des Mittels herangezogen wird: Die Ameisen fressen das Backpulver, in ihrem Magen beginnt das Natron mit Wasser zu reagieren und Gase zu bilden, und die Insekten explodieren regelrecht.

Im Jahr 2004 haben zwei Forscher von der University of Georgia in Griffin den Mythos endlich einmal richtig wissenschaftlich getestet. Sie streuten Natronpulver auf dem Boden aus, außerdem bereiteten sie eine Lösung aus Zuckerwasser und Natron zu, die sie zwei Ameisenarten als Nahrung anboten.

Als Ergebnis lässt sich festhalten: Erstens ist den Ameisen das Natron ziemlich egal, sie meiden es nicht, was ihnen dann zum Verhängnis wird. Denn zweitens ist die Substanz offenbar wirklich ein mildes Gift für Ameisen. Bei einer ausgestreuten Menge von vier Milligramm pro Quadratzentimeter war nach sechs Tagen die Hälfte der Insekten tot. Auch die mit Natron versetzte Zuckerlösung tötete einen großen Teil der Ameisen.

Von einer spektakulären Aufblähung oder gar Explosion der Tiere kann allerdings keine Rede sein. Sie sterben, weil das Natron den pH-Wert in ihrem Körper verändert, bis ihr Stoffwechsel zum Erliegen kommt. Dazu müssen sie das Pulver nicht einmal vorsätzlich fressen – es reicht, wenn es an den feinen Härchen ihres Körpers hängenbleibt und dann beim Putzen in ihren Mund gelangt.

NATRON TÖTET AMEISEN. EINE HAT VERSUCHT SICH IM STERBEN AUCH NOCH DIE ZÄHNE DAMIT ZU PUTZEN UND IST EXPLODIERT.

ZUCKERLÖSUNG UND NATRON
PÄNG

Getrocknete Bananenschalen haben eine berauschende Wirkung, wenn man sie raucht

Stimmt nicht. Der Ursprung des Gerüchts über die berauschenden Bananenschalen lässt sich ziemlich genau datieren: Im März 1967 erschien die Studentenzeitung *Berkeley Barb* in San Francisco mit einer Geschichte, die die Redaktion wiederum bei der damals populären Band Country Joe and the Fish aufgeschnappt hatte. Man müsse das innere Mark aus der Bananenschale herauskratzen, es im Backofen trocknen und dann als Joint rauchen. Im Sommer der Liebe, als die kalifornischen Hippies mit allem experimentierten, was irgendwie das Bewusstsein zu erweitern versprach, fiel die Meldung auf fruchtbaren Boden. Kurz darauf sollen in der Hippie-Hochburg Haight Ashbury die Bananen ausverkauft gewesen sein.

Country Joe berichtet heute auf seiner Website von den Experimenten, die ungefähr so abgelaufen sein sollen: Vor einem Konzert, die Musiker hatten schon einige in Wasser gelöste LSD-Tabletten intus, probierte man die getrockneten Schalen. «Wirst du high?» – «Nee, wirst du high?» – «Ich weiß nicht, vielleicht ...» Trotz der offenbar nicht sehr überzeugenden Erfahrungen erzählte die Band die Geschichte weiter und verteilte bei einem späteren Konzert 500 Gratis-Bananen-Joints. Angesichts des Medienechos (die Geschichte schaffte es bis in die *New York Times*, *Time* und *Newsweek*) sah sich schließlich sogar die oberste Arzneimittelbehörde FDA genötigt, die gelben Schalen auf halluzinogene Inhaltsstoffe zu untersuchen. Ergebnis: nichts, nothing, nada. «Es gab keine nachweisbaren Mengen bekannter Halluzinogene in dem Material», heißt es in dem Bericht. Trotzdem war die Legende von der legalen Droge wohl faszinierend genug, um bis heute immer wieder weitergegeben zu werden.

Man darf nicht barfuß Auto fahren

Stimmt nicht. Vor allem im Sommer setzen sich viele barfuß ans Steuer, vielleicht für eine kurze Autofahrt vom Strand zum Hotel. Da kommt dann schon mal die Frage auf: Ist das nicht verboten? Nicht nur FKK-Fans diskutieren die Frage in Internet-Foren – es gibt offenbar passionierte Barfußfahrer, die das ganze Jahr auf Schuhe verzichten und behaupten, sie hätten so mehr Gefühl im Gas- und Bremsfuß.

Auch wenn man darüber streiten kann, ob das Barfußfahren wirklich so sicher ist – es steht nirgendwo geschrieben, dass es verboten ist. Die Straßenverkehrsordnung sagt überhaupt nichts zum Schuhwerk des Autofahrers, lediglich der Paragraph 23 macht den Fahrer für die «Verkehrssicherheit des Fahrzeugs» und seine eigene «körperliche Leistungsfähigkeit» verantwortlich. Der ADAC leitete daraus in der Vergangenheit einmal ab, dass das Fahren mit bloßen Füßen oder unpassendem Schuhwerk eine Ordnungswidrigkeit sei; unter anderem bezog er sich auf ein Urteil des Bundesgerichtshofs von 1957. Damals wurde ein Fahrer verurteilt, der mit lehmbeschmierten Gummistiefeln gefahren war. Aus der jüngeren Vergangenheit gibt es aber Urteile der Oberlandesgerichte Celle und Bamberg, die eindeutig feststellen: Das Barfußfahren an sich ist keine Ordnungswidrigkeit. «Den Fuß umschließendes Schuhwerk» ist nur für Berufsfahrer vorgeschrieben, das steht in Paragraph 44 der Unfallverhütungsvorschrift.

Trotz dieser recht eindeutigen Rechtslage – die Automobilclubs warnen vor dem Fahren ohne Schuhe, ebenso sollte man am Steuer keine Schuhe mit hohen Absätzen oder auch Flipflops tragen. Wenn die Gegenseite bei einem Unfall nachweisen kann, dass man etwa mit schweißnassem Fuß vom Bremspedal gerutscht ist, dann kann einem der Richter durchaus eine Mitschuld zusprechen, und die Vollkaskoversicherung ersetzt nicht den gesamten Schaden am eigenen Fahrzeug.

ALS WIR SIE SAHEN, WAREN WIR NEUGIERIG, OB SIE BARFUß FAHREN.
POLIZEI
ACHTUNG CLOWNS-SCHUHE

Man kann einen Baum töten, indem man ringförmig die Rinde herausschneidet

Stimmt. Diese Attacke auf die Rinde, in der Fachsprache fast verniedlichend «Ringeln» genannt, ist tödlich, wenn sie fachmännisch ausgeführt wird.

Der äußere Teil der Baumrinde ist die Borke, die aus totem Material besteht. Die kann man ohne akute Lebensgefahr für die Pflanze entfernen, wie das Beispiel der Korkeichen zeigt, die die Korkernte gut überleben. Unter der Borke liegt das sogenannte Phloem, auch Bast genannt. Das Phloem transportiert die Nährstoffe, Assimilate genannt, die in den Blättern durch Fotosynthese erzeugt werden, von oben nach unten in den gesamten Baum, bis hinunter zu den Wurzeln.

Schneidet man einen Streifen heraus, der tief und auch breit genug ist (einen Schnitt von wenigen Millimetern kann der verletzte Baum mit Wundgewebe überbrücken), dann kommt dieser Nährstofftransport zum Erliegen. «Das ist, wie wenn Sie eine Einbahnstraße in der Mitte blockieren», erläutert der Holzbiologe Uwe Schmitt vom Johann Heinrich von Thünen-Institut in Hamburg. Es nützt dem Baum auch nichts, dass der Wassertransport von unten nach oben, der im Holz stattfindet, noch funktioniert.

In der Folge stirbt innerhalb weniger Monate der Teil des Baums oberhalb der Ringelstelle, später veröden auch die Wurzeln. «Nicht wenige Baumarten treiben dann aber aus dem Stumpf neu aus», sagt Pedro Gerstberger von der Universität Bayreuth. Wenn man diese sogenannten Wasserschösslinge nicht abschneidet, kann der Baum überleben. Das Ringeln ist übrigens wegen seiner Auffälligkeit wohl kaum eine Methode für den «perfekten Mord» am Baum des Nachbarn, sondern ein altes Mittel von Forstwirten, den Baumbestand gezielt zu reduzieren.

Man kann einen Baum töten, indem man einen Kupfernagel hineinschlägt

Stimmt nicht. Wenn der Baum des Nachbarn einem die Aussicht versperrt oder wenn man einen geschützten Baum auf dem eigenen Grundstück loswerden will – die Kupfernagelmethode gehört ins Reich der Fabel. Zwar ist Kupfer in hohen Konzentrationen giftig für Pflanze, Mensch und Tier. So kann man etwa Bakterien im Blumenwasser damit bekämpfen, dass man einen Kupferpfennig in die Vase gibt. Manche schützen auch ihre Tomatenpflanzen vor Schädlingsbefall, indem sie einen Kupferdraht durch den Stängel ziehen. Das deutet schon darauf hin, dass Pflanzen die Kupferattacke besser verkraften als Tiere, Menschen und Mikroben. Bäumen kommt zugute, dass sie die Fähigkeit besitzen, lokale Verletzungen regelrecht abzukapseln, sodass Gift nicht in den «Kreislauf» der Pflanze gerät.

Aber es geht doch nichts über einen praktischen Versuch. In der Staatsschule für Gartenbau an der Universität Stuttgart-Hohenheim hat man sich im Mai 1976 darangemacht, die Legende zu überprüfen. Die Stämme von Fichten, Birken, Ulmen, Zierkirschen und Eschen wurden mit jeweils fünf bis acht dicken Kupfernägeln beschlagen. Zur Kontrolle machte man auch noch Versuche mit Nägeln aus Messing, Blei und Eisen. Das ist jetzt über 30 Jahre her – und alle so malträtierten Bäume haben die Tortur überlebt, die meisten erfreuen sich heute noch blühender Gesundheit. Einige wurden gefällt, zur Kontrolle oder weil sie einfach Platz machen mussten. Der Kupfernagel hatte sich nicht etwa aufgelöst, sondern war fast unverändert erhalten geblieben. Allenfalls hatte sich um den Nagel herum das Holz ein wenig braun gefärbt. Das war's dann aber schon. Wen der Baum in Nachbars Garten stört, der sollte andere Methoden ausprobieren. Vielleicht könnte man es mal mit Reden versuchen? Mit dem Nachbarn natürlich, nicht mit dem Baum.

Man muss Fremde in seine Wohnung lassen, wenn die von einem dringenden Bedürfnis geplagt werden

Stimmt nicht. Dass angeblich jeder wildfremden Menschen gestatten muss, seine Toilette zu benutzen, hört man von juristischen Laien immer wieder. Schon mit ein bisschen Nachdenken kann man aber einsehen, wie bedenklich eine solche Vorschrift wäre; schließlich lässt sich der vermeintliche Drang des Bittstellers nicht überprüfen, und damit stünde potenziellen Übeltätern, die etwas ganz anderes umtreibt als das besagte Bedürfnis, jede Wohnung offen.

Der einzige Paragraph, aus dem sich ein solches Recht eventuell ableiten ließe, ist der Paragraph 323c des Strafgesetzbuches: Wer «bei Unglücksfällen oder gemeiner Gefahr oder Not nicht Hilfe leistet, obwohl dies erforderlich und ihm den Umständen nach zuzumuten» ist, der macht sich strafbar. Aber, wie der Autor und Anwalt Ralf Höcker in seinem «Neuen Lexikon der Rechtsirrtümer» schreibt: «Eine Notdurft macht noch keinen Notfall.»

Höcker schildert dann auch die Möglichkeiten, wie der Betreffende sich erleichtern kann, ohne eine fremde Wohnung zu betreten – aber das müssen wir hier nicht weiter ausführen. Es geht jedenfalls. «Die Wohnung ist unverletzlich», heißt es lapidar in Artikel 13 Absatz 1 des Grundgesetzes, und deshalb müssen schon sehr schwerwiegende Umstände vorliegen, damit dieses Grundrecht hinter einem anderen zurückzustehen hat. Wenn zum Beispiel jemand vor der Tür steht, der durch einen Unfall oder eine Schlägerei verletzt ist, dann muss man helfen, gegebenenfalls auch dadurch, dass man den Verletzten in die Wohnung lässt (wenn man sich dadurch nicht selbst in Gefahr bringt, etwa weil die Verfolger gleich mit eindringen). Und man muss dann auch in Kauf nehmen, dass der Flokati eventuell ein paar Blutflecken abbekommt.

Japaner werden schneller betrunken als Europäer, weil ihnen ein bestimmtes Enzym fehlt

Stimmt. Das Enzym heißt *Acetaldehyddehydrogenase*, und weil das kaum jemand aussprechen kann, wird es mit A1DH abgekürzt.

Wenn wir Alkohol zu uns nehmen, dann wird er in unserem Körper in zwei Stufen abgebaut: Zunächst macht das Enzym ADH aus dem Alkohol den sehr toxischen Stoff Acetaldehyd. Während der bei Kaukasiern (also den meisten Menschen in Europa) relativ schnell durch A1DH in harmloses Acetat verwandelt wird, verfügen 46 Prozent der Japaner und 56 Prozent der Chinesen nicht über dieses Enzym.

Die Folge: Ihr Körper kann das giftige Acetaldehyd nicht so schnell abbauen. Und das führt zu unangenehmen Symptomen: «Sie bekommen ein knallrotes Gesicht und beginnen zu schwitzen», erklärt die Professorin Christiane Bode, die sich an der Universität Hohenheim wissenschaftlich mit dem Abbauprozess des Alkohols beschäftigt. Dieses sogenannte «Flush»-Syndrom führt bei den meisten Betroffenen dazu, dass sie das einzig Vernünftige tun: nämlich die Alkoholzufuhr nach ein paar Gläsern zu unterbinden. «Der Rest übertrinkt die unangenehmen Symptome und betäubt sie mit Alkohol», erläutert Frau Bode. Und denen geht es dann richtig schlecht.

Einen Trost noch für die gebeutelten Asiaten: Der Enzymmangel führt nicht nur dazu, dass sie wenig Alkohol vertragen, er scheint auch die Gefahr zu reduzieren, alkoholsüchtig zu werden.

Bienen müssen sterben, wenn sie Warmblüter stechen

Stimmt. Die Arbeitsbienen (nur sie verfügen über die Verteidigungswaffe) müssen sterben, wenn sie ein Säugetier oder einen Menschen gestochen haben. Ihr Stachel ist mit Widerhaken versehen, die in unserer dicken, flexiblen Haut stecken bleiben. Bei dem Versuch, sich zu befreien, reißt sich die verzweifelte Biene fast immer den gesamten Hinterleib heraus und geht dann an der entstehenden Wunde zugrunde. Wenn sich eine Biene gegen andere Insekten, aber auch gegen Vögel verteidigt, kann sie ihren Stachel dagegen mehrmals verwenden.

Anders liegt die Sache bei Wespen, die viele Menschen nur allzu leicht mit Bienen verwechseln. Die ernähren sich auch von tierischem und menschlichem Eiweiß und sind schon deshalb viel aggressiver. Ihr sehr beweglicher Mehrwegstachel verfügt zwar ebenfalls über Widerhaken, aber Wespen besitzen eine stärkere Hinterleibsmuskulatur als die Biene, erzählt Hermann Geffcken vom Niedersächsischen Landesinstitut für Bienenkunde in Celle.

Dass die friedfertigen Bienen überhaupt den Menschen piksen, ist in aller Regel die fatale Folge eines Missverständnisses. Beispielsweise kann schon der Blütenduft des Haarshampoos die Immen in die Irre führen und die Kamikaze-Reaktion auslösen. Indes bleibt sensiblen Gemütern immerhin ein Trost: Offenbar spüren die Bienen keinen Schmerz, wenn sie mit ihrem Stachel irgendwo hängen bleiben. Zumindest haben Wissenschaftler bisher noch keine Hinweise darauf gefunden. Man kann sogar einer Biene, die gerade an einer Blüte saugt, einen Teil des Hinterleibs abschneiden, und sie trinkt unbeirrt weiter.

Die giftgefüllte Blase der Biene kann übrigens noch weiterpumpen, wenn sie samt Stachel aus dem Insekt gerissen wurde. Man sollte den Stachel auch nicht etwa mit einer Pinzette entfernen, weil man so noch mehr Gift in die Wunde drückt. Die einfachste Methode: mit dem Fingernagel abkratzen.

Die weiblichen Hormone im Hopfen sind für den Bierbauch verantwortlich

Stimmt nicht. Zwar enthalten die weiblichen Hopfenblüten, die dem Bier zugefügt werden, tatsächlich Stoffe, die mit den weiblichen Hormonen des Menschen verwandt sind. Es gibt Anekdoten, nach denen die Hopfenzupferinnen deshalb früher unter Störungen der Monatsregel zu leiden hatten.

Fragt sich nur: Wie viel von diesen Substanzen gelangt ins Bier? Eine Studie an der TU München, Abteilung Weihenstephan (Achtung: Brauindustrie!), untersuchte 19 Biersorten auf den Gehalt an östrogenwirksamen Stoffen (das sind solche, die sich an die entsprechenden Rezeptoren in unserem Körper binden). Ergebnis: In elf Proben fanden die Forscher überhaupt nichts, und in den anderen waren nur Spuren nachweisbar. Die Forscher rechneten aus, dass man 1000 Liter Bier pro Tag trinken müsste, um einen spürbaren Effekt zu erzielen.

Wie entsteht also die Wampe? «Multifaktoriell», sagen die Experten. Da ist zunächst der Kaloriengehalt des Bieres: Der Liter enthält etwa 450. Hinzu kommt, dass der Alkohol die Fettoxidation hemmt, sprich: Fett kann sich leichter in Form von Polstern ablagern. Das haben Experimente in der Schweiz ergeben, bei denen Testpersonen ein Viertel ihres Kalorienbedarfs durch Alkohol deckten. Obwohl die Kalorienzahl unverändert blieb, wurde das Fett schlechter abgebaut.

Schwerer wiegt aber wohl die appetitanregende Wirkung des Gerstensafts. Der idealtypische Biertrinker greift halt neben der Maß gern zur Haxe. Ist das bei Weintrinkern anders? Gemäß dem herrschenden Klischee sind sie eher Genießer, die allenfalls ein paar Nouvelle-

Cuisine-Gemüsestangen knabbern. Die Brauwirtschaft, immer um ihr Dickmacher-Image besorgt, hat dagegen den Test gemacht und Bier- und Weintrinker auf die Waage gestellt. Das Ergebnis: Der mäßige Biertrinker ist sogar ein bisschen schlanker als der Weinfreund.

Verschluckte Apfel- und Orangenkerne können zu einer Blinddarmentzündung führen

Stimmt nicht. Jedenfalls ist es sehr unwahrscheinlich, auch wenn sogar schon Dichter die Gefahr besungen haben:

Geräth ein Kirschkern in des Jüngsten Magen,
Wie leicht ist das Organ dadurch verletzt;
Hat er im Blinddarm gar sich festgesetzt,
Beschließt der Arzt, das Äußerste zu wagen.

So reimte schon die unbekannt gebliebene Poetin Alwine Maier im 19. Jahrhundert. Hatte sie recht?

Blinddarmentzündungen werden meist dadurch ausgelöst, dass sich im Appendix etwas festsetzt, meist sogenannte Kotsteine, Stuhlreste oder Würmer, aber auch Fremdkörper. Das können theoretisch auch Apfel- oder Orangenkerne sein – Kirschkerne sind schon zu groß für die etwa zwei bis drei Millimeter große Öffnung zwischen Darm und Wurmfortsatz. Das berichtet Professor Jakob-Robert Izbicki, Chirurg am Hamburger Universitätskrankenhaus. Aber die Gefahr ist vernachlässigbar klein, und sicherlich ist vor allem für Kleinkinder das Risiko, an den Kernen zu ersticken, größer. Professor Izbicki selbst jedenfalls isst leidenschaftlich gern Äpfel – samt Kerngehäuse.

Bei Gewitter kann der Blitz ins Handy einschlagen

Stimmt nicht. Die Frage kam auf nach einer Zeitungsmeldung, nach der eine Urlauberin auf einem Campingplatz nachts vom Blitz erschlagen worden sei, weil sie ihr Handy unterm Kopfkissen hatte.

Kann ein Handy tatsächlich den Blitz anziehen? Ich weiß nicht, warum sich Menschen nachts ihr Handy unters Kopfkissen legen, noch dazu im Urlaub. Aber ein «Blitzmagnet» ist das Handy nicht. In ein eingeschaltetes Mobiltelefon schlägt der Blitz nicht mit größerer Wahrscheinlichkeit ein als in ein ausgeschaltetes. Die Vorstellung, er würde sozusagen «entlang der Radiowellen» verlaufen, ist irrig, und man kann diese Meldung guten Gewissens als Unfug bezeichnen. Die Frau wäre auch ohne Handy getroffen worden.

Der Blitz sucht sich meistens den höchsten Punkt in der Umgebung für seinen Einschlag aus, und der war mit Sicherheit nicht das Handy unter dem Kopfkissen. Allerdings können elektronische Geräte, die man am Körper trägt, die Wirkung eines Blitzeinschlags verschlimmern. So erlitt ein Jogger, den der Blitz traf, vor ein paar Jahren schwere Verletzungen: Ein MP3-Player leitete den Stromstoß über die Kopfhörerkabel zu den Ohren des Läufers, beide Trommelfelle platzten, und die Kabel fügten ihm obendrein starke Verbrennungen auf der Haut zu.

Blitzlichtaufnahmen im Museum schaden den Gemälden

Stimmt nicht. Es gibt einige Gründe, das Fotografieren in Museen zu reglementieren: Bei jüngeren Kunstwerken drohen Urheberrechtsprobleme, andere Besucher könnten sich durch das Hantieren mit Kameras und insbesondere durch Blitze gestört fühlen, und schließlich will auch der Museumsshop Postkarten verkaufen. Das wird gern damit begründet, dass die Kunst durch den Blitz Schaden nimmt – aber das ist Unfug.

Zunächst einmal: Licht lässt alle Farbstoffe ausbleichen. Das merkt jeder, der Wäsche zu lange in der Sonne trocknen lässt oder einen alten Kassenbon kaum noch lesen kann. Museen müssen immer einen Kompromiss finden zwischen dem Schutz der Bilder vor Licht und dem Interesse der Besucher, die möglichst viel sehen wollen.

Grundsätzlich ist der Effekt des Lichts auf die Farbstoffe kumulativ: Je mehr Licht auf ein Bild fällt, desto größer ist der Schaden. Das hellere Blitzlicht ist nicht per se schädlicher als das Tages- oder Kunstlicht im Raum, es kommt auf die Gesamtdosis der Photonen an.

Kunstexperten haben die Wirkung des Tages- und Blitzlichts auf Kunstwerke geschätzt, es gibt sogar ein Buch darüber: «Effects of Light on Materials in Collections: Data on Fotoflash and Related Sources» von Terry Schaeffer vom Getty Conservation Institute. Grob zusammengefasst: Vom Blitz einer Amateurkamera fallen in einer tausendstel Sekunde etwa so viele Photonen auf ein Bild wie sonst in einer Sekunde bei recht schummriger Beleuchtung.

Werden von einem berühmten Gemälde täglich 300 Blitzaufnahmen gemacht, dann ist die Wirkung dieselbe, als wenn man das Licht im Museum fünf Minuten länger brennen ließe. Also praktisch zu vernachlässigen. Viel wirksamer als ein Blitzverbot ist die sorgfältige Einstellung der Beleuchtung im Museum.

Blondinen sind vom Aussterben bedroht

Stimmt nicht. «In 200 Jahren wird das letzte hellhaarige Mädchen zur Welt kommen. Irgendwo in Finnland», meldete 2002 die Boulevardpresse. Müssen Männer sich auf eine Welt ohne Blondinen einstellen? Zum Glück war die Meldung völlig aus der Luft gegriffen.

Es stimmt, dass die blonde Haarfarbe rezessiv vererbt wird. Das bedeutet: Ein Kind, das von seinen Eltern je ein Gen für schwarze und eines für blonde Haare erhält, bekommt dunkles Haar. Damit ist das «blonde Gen» aber nicht verschwunden, sondern wird in der nächsten Generation mit einer Wahrscheinlichkeit von 50 Prozent weitervererbt. So können auch die Kinder von zwei dunkelhaarigen Eltern blond sein. Rezessive Gene gehen nicht verloren, wenn sie keinen evolutionären Nachteil darstellen – und das kann man über die blonden Haare nun wirklich nicht sagen.

Mit dem Aussterben der Blonden ist also vorerst nicht zu rechnen, aber wahr ist, dass ihre Zahl zurückgeht. Das liegt an der zunehmenden Wanderungsfreudigkeit der Menschen und der damit verbundenen Durchmischung: Früher lebten die etwa zehn Prozent Blonden in den nordischen Ländern vorwiegend unter sich, und das Blond-Gen hatte bessere Chancen, sich durchzusetzen. Heute paaren sich zunehmend Menschen unterschiedlicher Haut- und Haarfarbe – und deshalb kommen die blonden Erbanlagen seltener zur Ausprägung als früher.

KASSE 1
NUR 3 TEILE UND / ODER BLONDINEN
KASSE 2
BLONDINEN KÖNNEN VON MIR AUS AUSSTERBEN UND LEUTE, DIE NUR DREI TEILE HABEN, EBENFALLS.

Der Bremsweg von Supertankern beträgt über 50 Kilometer

Stimmt nicht. Die Trägheit des Tankers beim Manövrieren und Bremsen ist ja sprichwörtlich, und der Volksmund neigt, wie wir wissen, zu Übertreibungen. Und sicherlich wird die Weisheit auch in so manchem Managementseminar zur Illustration der Unbeweglichkeit großer Organisationen verwendet.

Kapitän Michael Oberländer, der sich beim Germanischen Lloyd speziell mit Schiffssicherheit beschäftigt, rückt die Sache gerade: Es gibt eine Bestimmung der internationalen Schifffahrtsorganisation IMO, nach der jeder Tanker bei der Probefahrt nachweisen muss, dass er innerhalb von 15 Schiffslängen zum Stehen kommt, wenn der «Gashebel», der bei Schiffen Maschinentelegraf genannt wird, von «voll voraus» auf «voll zurück» gestellt wird. Bei sehr großen Schiffen kann der Flaggenstaat eine Stoppstrecke von bis zu 20 Schiffslängen genehmigen. Für 300-Meter-Supertanker heißt das also: Der Bremsweg ist höchstens sechs Kilometer lang. Das ist allerdings immer noch eine ziemlich lange Strecke.

Allerdings ist diese Art zu bremsen kein Standardmanöver. Das Schiff würde dabei nämlich nicht «in der Spur» bleiben, sondern allmählich von der Kurslinie abweichen. Außerdem gibt es – jedenfalls wenn genügend Platz ist, also auf offener See – eine effektivere Methode, den Zusammenstoß mit einem Hindernis zu vermeiden: Man wirft das Ruder herum. Der Wendekreis eines Tankers liegt nämlich bei maximal fünf Schiffslängen. Der Kapitän muss also keinesfalls tatenlos zusehen, wenn vor ihm ein Eisberg oder ein anderes Hindernis auftaucht.

In Brötchen befand sich früher ein Zusatz, der aus den Haaren von Chinesen gewonnen wurde

Stimmt. Es klingt unglaublich, aber bis vor einigen Jahren musste der deutsche Verbraucher tatsächlich befürchten, dass sein knuspriges Frühstücksbrötchen Stoffe enthielt, die aus asiatischem Menschenhaar gewonnen wurden (wenn auch nicht, wie eine Boulevardzeitung das einmal überhöhte, aus den «Schamhaaren thailändischer Prostituierter»). Genauer gesagt, geht es um das sogenannte Cystein, eine Aminosäure, die den Teig geschmeidiger macht – es hat also nichts mit dem Aroma zu tun, wie manchmal behauptet wird. Cystein kann man aus Tier- und Menschenhaaren gewinnen, und die Importhaare aus Indien oder China waren eben billiger als heimische Ware. Auf 100 Kilogramm Mehl gibt man etwa ein Gramm der Substanz.

Chemisch ist dagegen nichts einzuwenden. Cystein kann man auf natürliche und synthetische Weise herstellen, es ist immer der gleiche Stoff. Aber unappetitlich klingt es schon – man will ja auch kein Wasser trinken, das aus Urin destilliert wurde, auch wenn es chemisch rein ist (um ein drastisches Beispiel zu nennen). Als die Sache mit den Haaren bekannt wurde, verpflichteten sich daher die deutschen Backmittelhersteller, auf den Import von Menschenhaar zu verzichten.

Ganz sicher können die europäischen Brot-, Brötchen- und Keksesser seit dem 1. April 2001 sein. Da trat nämlich eine EU-Richtlinie in Kraft, in der es zum Cystein ausdrücklich heißt: «Menschliches Haar darf nicht als Ausgangsmaterial für diese Substanz verwendet werden.» Jetzt kann die Backzutat allenfalls noch aus Schweineborsten stammen.

Wenn Frauen keinen BH tragen, leiern ihre Brüste aus

Stimmt nicht. Die Frage «BH – ja oder nein?» scheint auch 30 Jahre nach den (angeblichen) Büstenhalter-Verbrennungsaktionen kämpferischer Feministinnen noch starke Emotionen auszulösen. Bleiben wir also ganz sachlich: Es gibt tatsächlich keine wissenschaftliche Untersuchung, die belegt, dass BHs das «Ausleiern» der weiblichen Brust verhindern können.

Früher war die Ansicht weit verbreitet, dass die Bänder der Brüste eine Unterstützung brauchten, um der Schwerkraft besser standzuhalten. Das behauptet aber heute niemand mehr. Im Gegenteil: Es gibt Anzeichen dafür, dass diese Bänder degenerieren können, wenn sie im täglichen Auf und Ab nicht genügend gefordert werden. Wissenschaftler der Otsuma-Frauenuniversität in Tokio ließen elf Testfrauen jeweils drei Monate mit und drei Monate ohne BH herumlaufen. Ergebnis: Egal ob groß oder klein, nach drei Monaten im Korsett hing die Brust mehr als nach einem BH-freien Vierteljahr.

Wenn die Brust zu hängen beginnt, dann ist das ein natürlicher Alterungsprozess, der bei manchen Frauen ausgeprägter ist als bei anderen.

Gute Argumente für das Tragen eines BHs gibt es vor allem beim Sport: Christine Haycock von der amerikanischen New Jersey Medical School filmte Sportlerinnen mit einer Hochgeschwindigkeitskamera auf einem Laufband und bei anderen sportlichen Aktivitäten, mit und ohne BH. Ab Körbchengröße C, berichtet die Forscherin, vollführten die ungestützten Brüste beim Aerobic komplizierte spiralförmige Figuren in Form der Ziffer 8. «Kein Wunder, dass die Frauen sich unwohl fühlten», kommentiert Haycock.

Der durchschnittliche Deutsche besitzt nur vier Bücher

Stimmt nicht. Die Behauptung wird oft noch ergänzt durch den Zusatz: «... und da ist das Telefonbuch schon inbegriffen.» Bedenkt man, dass das Telefonbuch meist in zwei bis drei Bänden kommt, ist diese Zahl viel zu niedrig angesetzt. Aber Scherz beiseite: Schon die deutsche Durchschnittsküche ist eine kleine Bibliothek. Laut einer Erhebung der Gesellschaft für Konsumforschung (GfK) stehen dort zwölf Kochbücher, und die Hälfte davon wurde sogar im Lauf des vergangenen Jahres genutzt. Die nächste Fundgrube ist das Kinderzimmer. Nach einer repräsentativen Umfrage der Bertelsmann-Stiftung unter Kölner Familien mit Kindern besaß jedes Kind im Jahr 1993 die stolze Anzahl von 55 Büchern.

Aber wie groß ist nun der Bücherbestand der deutschen Familie? Genaue Zahlen sind nicht zu bekommen. Das Statistische Bundesamt erfasst solche Zahlen nicht, denn Bücher «fallen nicht unter die langlebigen Gebrauchsgüter», heißt es aus dem Amt. Der Börsenverein des Deutschen Buchhandels weiß zwar, dass 2007 in Deutschland 984 Millionen Bücher und Zeitschriften verkauft wurden, also etwa zwölf Stück pro Einwohner, aber was die Kunden mit den Büchern machen und wie viele davon dauerhaft im Regal landen, ist dort nicht zu erfahren. In einer Studie der Stiftung Lesen sollten die Befragten im Jahr 2008 ihren Bücherbestand grob schätzen. Danach besaßen 41 Prozent der Haushalte mehr als 50 Bücher, sechs Prozent sogar über 250.

Die rote Farbe im Campari entsteht durch gemahlene Läuse

Stimmt nicht. Bis vor ein paar Jahren war es tatsächlich so: Der rote Farbstoff, der damals verwendet wurde, heißt Karmin, und er wird aus Schildläusen der Art *Dactylopius cacti* gewonnen, bekannt unter dem Namen Cochenillelaus. Die weiblichen Tierchen werden auf Kakteen ausgesetzt, deren Saft sie schlürfen. Bei der «Ernte» werden sie eingesammelt, getötet und in der Sonne getrocknet. Aus den gemahlenen Läusen wird schließlich der rote Farbstoff extrahiert. Streng genommen mussten Vegetarier sich damals überlegen, ob sie den roten Likör noch trinken wollten: Prost!

Inzwischen wird die rote Farbe für den Campari synthetisch hergestellt, und niemand muss sich mehr vor den gemahlenen Insekten ekeln. Karmin, das als Lebensmittelfarbstoff das Kürzel E120 hat, steckt aber noch in anderen Gegenständen des persönlichen Gebrauchs, vor allem in Lippenstiften.

Die Spieldauer der Audio-CD wurde so gewählt, dass die 9. Sinfonie von Beethoven auf ihr Platz findet

Stimmt. Ursprünglich war die digitale Scheibe eine Idee der Firma Philips. Die Compact Disc sollte einen Durchmesser von 11,5 Zentimetern haben, kompakt eben, und 60 Minuten Musik fassen. Damit hätten fast alle Schallplattenaufnahmen auf eine CD gepasst – beide Seiten, wohlgemerkt.

Auf der Suche nach einem starken Partner tat sich Philips mit Sony zusammen, in langen Verhandlungen wurden die technischen Spezifikationen des neuen Standards festgelegt und im berühmten «Roten

Buch» niedergeschrieben. In fast allen Punkten setzte sich Philips durch – nur nicht bei der Spieldauer. Sonys Vizepräsident war damals Norio Ohga, ein ausgebildeter Opernsänger, der mit einer Konzertpianistin verheiratet war. Schon lange hatte Ohga sich gewünscht, Beethovens 9. Sinfonie so auf einen Tonträger pressen zu können, dass man sie ohne Umdrehen oder Scheibenwechsel hören könnte. Ohgas Lieblingsversion mit Herbert von Karajan am Dirigentenpult dauerte 66 Minuten. Die Techniker bei Philips durchforsteten die Archive und fanden auch Versionen mit erheblich längerer Spieldauer. Sie orientierten sich an der längsten damals vorliegenden Fassung – und legten fest, dass die Audio-CD 74 Minuten Musik fassen muss. Nebeneffekt: Der Durchmesser musste um einen halben Zentimeter vergrößert werden.

CDs und DVDs sind nur begrenzt haltbar

Stimmt. Die Frage ist nur: Wie lange? Und müssen wir uns Sorgen um Musik, Filme und Fotos machen, die wir auf den Silberscheiben gespeichert haben? Und gibt es einen Unterschied zwischen gekauften und selbstgebrannten Scheiben?

Es kursiert die Zahl von 15 Jahren, nach denen die Daten unrettbar verloren seien. Die CD ist seit 1983 auf dem Markt. Daraus folgt, dass es tatsächlich keine Erfahrungen über ihre Haltbarkeit gibt, die über einen Zeitraum von 27 Jahren hinausgehen.

Wenn Sie schon seit der Einführung dieser Technik CDs sammeln, dann können Sie sicherlich bestätigen: Die meisten CDs der ersten Generation lassen sich heute noch abspielen. Das Deutsche Musikarchiv in Berlin zum Beispiel berichtet, dass in der Anfangszeit einige Scheiben mit einer Nitrofarbe bedruckt worden sind, die den Kunststoff der CD zersetzt hat. Dieser Fehler wird heute nicht mehr gemacht, sodass die Archivare mit einer Lebensdauer von 50 bis 100 Jahren rechnen. Im Jahr 2083 wird das Problem eher sein, überhaupt noch ein Gerät zu finden, das diese hoffnungslos veralteten Datenträger abspielt.

Wie kann man überhaupt solche langfristigen Aussagen machen? Im Labor lässt man CDs und DVDs «künstlich altern» – was im Prinzip heißt, dass man sie unter besonders garstigen Umweltbedingungen aufbewahrt und dann nach ein paar Monaten schaut, ob die Daten noch lesbar sind. Das Canadian Conservation Institute hat 2005 solche Versuche gemacht und ist dabei zu dem erstaunlichen Ergebnis gekommen, dass beschreibbare CDs, deren Datenschicht aus dem Farbstoff Phthalocyanin besteht, die Tortur sogar besser überstehen als gepresste Scheiben.

«Selbstgebrannt» ist also nicht gleichbedeutend mit «flüchtig» – es lohnt sich, beim Kauf der Datenscheiben auf eine gute Qualität der Rohlinge zu achten.

Das alles gilt natürlich nur, wenn die CDs nicht mechanisch beschädigt sind, etwa durch Kratzer. Und für Datenträger mit wichtigen persönlichen Daten gilt: Doppelt hält besser, man sollte stets eine Sicherheitskopie besitzen und alle paar Jahre die Daten auf neue Träger überspielen.

Nicht der Mount Everest, sondern der Chimborazo in Ecuador ist der Gipfel, der am weitesten vom Erdmittelpunkt entfernt ist

Stimmt. Der Grund dafür ist, dass die Erde keine Kugel ist, sondern (annähernd) ein Rotationsellipsoid, das an den Polen abgeflacht ist. Der Abstand vom Nord- zum Südpol ist etwa 43 Kilometer kleiner als der Durchmesser am Äquator. Da der Chimborazo nur bei 1,5 Grad südlicher Breite liegt, der Mount Everest aber bei 28 Grad nördlicher Breite, ergeben sich nach ein wenig Rechnerei mit Sinus, Cosinus und ein paar Wurzeln für die beiden Standorte unterschiedliche Entfernungen des (fiktiven) Meeresspiegels vom Erdmittelpunkt: 6378,1 Kilometer in Ecuador, 6373,4 Kilometer in Nepal. Wenn man darauf noch die Höhe der Berge addiert (6310 Meter für den Chimborazo, 8850 Meter für den Mount Everest), so ist der Chimborazo tatsächlich knapp 2200 Meter «höher». Das gilt übrigens auch für eine Menge anderer Andengipfel, aber auch für den afrikanischen Kilimandscharo.

Nach allen irdischen Maßstäben aber bleibt der Mount Everest der König der Berge, etwa was dünne Höhenluft anbetrifft. Und würde man eine Wasserleitung zwischen beiden Gipfeln verlegen, so flösse das Wasser bergab zum Chimborazo. Theoretisch zumindest.

Es gibt übrigens noch einen dritten Gipfel, von dem man sagt, er sei der höchste Berg der Erde: der Mauna Kea auf Hawaii. Er ist der Berg, bei dem der größte Höhenunterschied zwischen seinem Fuß und seiner Spitze besteht. Nämlich etwa 9750 Meter – gemessen vom Meeresboden aus.

Die Chinesische Mauer kann man vom Mond aus mit bloßem Auge erkennen

Stimmt nicht. Das Gerücht stammt aus der Zeit der ersten Mondlandungen. Die Apollo-Astronauten, heißt es, hätten ehrfürchtig zu ihrem Heimatplaneten aufgeschaut und mit Erstaunen nicht nur Meere und Kontinente, sondern auch – als einzige vom Menschen gemachte Struktur – die Chinesische Mauer erkennen können.

Schon eine kurze Überschlagsrechnung macht die Abstrusität dieser Behauptung klar: Zwar sieht die Erdscheibe, vom Mond her

MEIN SOHN! APOLLO-ASTLONAUTEN MIT ELSTAUNEN VON MOND AUS CHINESISCHE MAUEL ELKENNEN KÖNNEN.
ABSTLUS.
RATTELSCHNECK

betrachtet, größer aus als der Mond von der Erde her, aber sie lässt sich immer noch bequem durch eine mit dem ausgestreckten Arm gehaltene Münze abdecken. Und auf einem so kleinen Scheibchen soll man eine Mauer erkennen können, die zwar über 6000 Kilometer lang, aber nur zwölf Meter breit ist?

Das geht nicht. Und der Apollo-11-Astronaut Buzz Aldrin, der 1969 als zweiter Mensch seinen Fuß auf den Mondboden setzte, hat es auch gar nicht versucht: «Der Astronaut kann nicht nach der Chinesischen Mauer Ausschau halten, ebenso wenig wie er in der Lage ist, über den Sinn des Lebens zu philosophieren. Er ist auf seinen Job konzentriert – und der besteht darin, nicht über das Fernsehkabel zu stolpern.»

Während also der Versuch zum Scheitern verurteilt ist, menschliche Bauwerke von der 384000 Kilometer entfernten Mondoberfläche aus mit bloßem Auge zu erspähen, können die Astronauten des Space Shuttle und der Raumstation «Mir» durchaus Spuren der Zivilisation erkennen. Sie umkreisen den Globus nämlich nur in wenige hundert Kilometer Höhe und haben dabei einen prächtigen Ausblick auf die Erdoberfläche. Dabei können sie etwa städtische Ballungsräume, Straßen und Felder ausmachen. «Wir erkennen deutlich, wie die Menschen die Oberfläche des Planeten verändern», berichtet der Shuttle-Astronaut Jeffrey Hoffman. Und wenn das Sonnenlicht aus dem richtigen Winkel einfällt, ist auch die Große Mauer in China zu sehen.

Nachtrag: Manchmal ist die Mauer aus dem All sogar besser zu erkennen als vom Boden aus. Am 3. Mai 1996 berichtete die Zeitschrift *Science*, dass es mit Hilfe eines Radarsatelliten gelungen sei, alte Reste der Chinesischen Mauer zu entdecken, die in einer Wüstenregion von Sand verschüttet worden waren.

«Die Mauer ist in einem so verfallenen Zustand», wird der Nasa-Forscher J. J. Plaut zitiert, «dass man sie nicht finden würde, wenn man nicht wüsste, wo man zu suchen hat.»

Winston Churchill hat gesagt: «Ich glaube nur Statistiken, die ich selbst gefälscht habe»

Stimmt nicht. «Ich glaube nur an Zitate, die ich selbst erfunden habe», möchte ich fast sagen. Hier haben wir jedenfalls mal wieder eines, das mit großer Wahrscheinlichkeit falsch ist, sich jedenfalls nicht belegen lässt. In diesem Fall kann man noch nicht einmal sagen, dass es «gut erfunden» wäre.

Werner Barke, ein Mitarbeiter des Statistischen Landesamts Baden-Württemberg, forscht seit Jahren dem angeblichen Churchill-Zitat hinterher, wohl auch, weil es an der Berufsehre der Statistiker kratzt. Und er hat einiges herausgefunden: Während der Ausspruch bei uns häufig und gern zitiert wird, ist er den Engländern gänzlich unbekannt. Wen Barke auch fragte: Das Statistische Amt von Großbritannien, die Redaktion der *Times* – niemand kannte ihn.

Das ist natürlich seltsam und deutet auf eine deutsche Quelle hin. Barke machte sie im Reichspropagandaministerium der Nazizeit aus. Denn im Zweiten Weltkrieg fand neben der realen auch eine publizistische Schlacht zwischen Deutschland und England statt. Joseph Goebbels wies die Zeitungen mehrmals an, die englische Presse und insbesondere Churchill als Lügner hinzustellen, die mit falschen Zahlen über Bomben und Opfer Propaganda machten. So befahl Goebbels der Presse am 7. Oktober 1940: «Jeden Tag … soll sie die hoffnungslose Lage Englands schildern und zeigen, wie sich in jeder aus England kommenden Meldung die Bluff-Politik Churchills offenbart.» Die gleichgeschalteten Medien folgten diesen Anweisungen brav. Der «Völkische Beobachter» brachte fast täglich entsprechende Schlagzeilen: «Zahlenakrobat Churchill», «Churchills Zweckstatistik», «Jede britische Bombe fünfzehnfach vergolten – Amtliche Zahlen widerlegen Illusionsschwindel». Unklar bleibt aber weiterhin, wo das angebliche Zitat zum ersten Mal auftauchte.

Der englische Premier war jedenfalls kein Feind der Statistik. Im Gegenteil: Er richtete sogar in der Admiralität eine eigene Statistische Sektion ein, die ihn ständig mit Zahlenmaterial versorgte. Denn Winston Churchill glaubte an die Wichtigkeit objektiver Informationen. «Du musst die Tatsachen anschauen, denn sie schauen dich an!», sagte er 1925 – das ist belegt.

Coca-Cola enthielt früher Kokain

Stimmt. Die braune Brause hat ihren Namen von zwei Geschmacksstoffen, die sie enthält: den der Kolanuss und den der Kokapflanze (im Verhältnis eins zu drei). Aus Letzterer wird Kokain gewonnen. Als die Coke-Formel 1886 entwickelt wurde, ging man damit recht sorglos um. Sigmund Freud pries die stimulierende Wirkung der Droge, sie wurde zur Unterstützung beim Entzug von Morphinabhängigen eingesetzt.

Coca-Cola wurde sogar als Medizin vermarktet, die gegen «Nervenleiden» wie Kopfschmerz und Melancholie wirken sollte.

Ende des 19. Jahrhunderts wurden die Schattenseiten von Kokain offenbar, und in der Presse wurde sogar nach Maßnahmen gegen den Limofabrikanten gerufen. Der stellte seine Produktion um – seitdem enthält die Cola nur noch Kokablätter, denen der Suchtstoff entzogen wurde.

An die große Glocke hat Coca-Cola diesen Wandel nie gehängt. Als die Firma 1985 die berühmte Formel veränderte, tat sie das angeblich zum ersten Mal seit 99 Jahren. Aber das war offensichtlich nur die halbe Wahrheit.

Cola löst über Nacht ein Stück Fleisch auf

Stimmt nicht. Aber es passiert allerlei Ekliges, wie ein eigens für diese Kolumne durchgeführter Versuch beweist: Nach 24 Stunden in der Koffeinbrause hat sich das Stückchen Rinderfilet hellbraun gefärbt, ist sehr mürbe geworden und riecht übel. Der braune Farbstoff der Cola ist ausgefällt und schwebt in Gestalt unappetitlicher Flocken in der trüben Brühe. Auf der Oberfläche hat sich ein brauner Schaum gebildet. In den gleichzeitig angesetzten Gläsern mit Orangensaft, Mineral- und Leitungswasser ist es zu derartigen Prozessen nicht gekommen; das Fleisch ist lediglich aufgeweicht und ausgebleicht.

Um die chemischen Eigenschaften von Cola ranken sich allerlei Geschichten und Legenden. Auch wenn die exakte Zusammensetzung von den Herstellern immer noch streng geheim gehalten wird, sind die wichtigsten aktiven Substanzen doch allgemein bekannt: Kohlensäure, Phosphorsäure und Zucker. Insbesondere die Phosphorsäure kann Wundersames bewirken: Die Geschichte mit dem rostigen Nagel beispielsweise ist wahr. Der löst sich zwar nicht auf (da liegt wohl eine Verwechslung mit der Fleischlegende vor), aber er wird von der braunen Limo entrostet und erhält sogar noch einen grauen Antikorrosionsüberzug.

Der chemische Hintergrund dabei: Die Phosphorsäure zersetzt den Rost, also Eisenoxid, und bildet stattdessen eine Schicht aus Eisenphosphat ($FePO_4$). So erklärt es Jens Decker von der Universität Regensburg, der zusammen mit seinen Kollegen den Schülerwettbewerb «Chemie im Alltag» ausrichtete, bei dem die Jugendlichen auch schon einmal Nägel in Cola einlegen mussten.

Eine weitere Cola-Legende: Ein Zahn, in Cola eingelegt, löst sich über Nacht auf. Auch diese Geschichte stimmt nicht, hat aber einen wahren Kern: Tatsächlich greift die Brause den Zahnschmelz an, und wieder ist dafür die Phosphorsäure verantwortlich, die ein halbes Promille der Cola ausmacht. Das bestätigte im Jahr 1950 Clive M. McCay, Professor an der renommierten Cornell University, vor einem Komitee des US-Repräsentantenhauses. Er berichtete von einem Versuch, bei dem die Zähne von Ratten, die nur Cola zu trinken bekamen, innerhalb eines halben Jahres fast vollständig verschwunden waren.

Nur warnen kann man vor einem Rezept, das auf einer angeblichen Wunderwirkung von Coke und Pepsi beruht: eine Vaginaldusche mit Cola als Verhütungsmittel «danach». Zwar stimmt es, dass das säurehaltige Getränk eine gewisse spermizide Wirkung hat (am besten wirkt die Light-Variante, wie Forscher der Harvard University herausfanden) – doch kommt sie meist zu spät, weil die Spermien auf ihrer fruchtbaren Mission schon zu weit vorgedrungen sind.

Die Oberfläche des Darms ist größer als ein Tennisplatz

Stimmt. Stellen Sie sich einen Tennisplatz vor, der von einer dünnen Plastikfolie überzogen ist. Kann man diese Folie zusammenknüllen und im Bauch eines Menschen unterbringen? So ähnlich ist es tatsächlich mit unserem Darm.

Der ist zunächst einmal ein etwa acht Meter langer Schlauch, der sich vom Magenausgang bis zum After schlängelt, grob unterteilt in Dünn- und Dickdarm, die wiederum aus diversen Unterdärmen bestehen.

Wäre dieser Schlauch innen glatt, dann hätte er eine Oberfläche von etwa einem Quadratmeter (zum Vergleich: Unsere gesamte Hautfläche beträgt zwei Quadratmeter). Das würde aber längst nicht ausreichen, um der Nahrung bei ihrer Passage durch den Verdauungstrakt sämtliche Nährstoffe zu entziehen. Deshalb ist die Darmschleimhaut stark gefaltet und (im Dünndarm) mit zehn Millionen fingerförmigen Zotten versehen. Auf diese Weise wächst die Fläche schon einmal um das 30-Fache, wir wären demnach bei etwa 30 Quadratmetern.

Zusätzlich ist die gesamte Innenwand noch mit sogenannten Enterozyten besetzt – Zellen, die nur wenige hundertstel Millimeter groß sind, aber noch einmal gewaltig Fläche schaffen. Im Ergebnis kommt so tatsächlich ein Areal von 300 bis 500 Quadratmetern zustande. Die Fläche ganz exakt anzugeben, ist bei derart verästelten Strukturen praktisch unmöglich – ähnlich wie bei der Frage nach der Länge einer Küste, deren Antwort auch davon abhängt, wie nah man beim Messen herangeht.

Damit ist der Darm mit Abstand unsere größte Kontaktfläche zur Außenwelt. Selbst die Lunge mit ihren feinen Verästelungen bringt es nur auf etwa 80 Quadratmeter. Und da ein genormter Tennisplatz 260 Quadratmeter groß ist, kann man die Frage eindeutig mit «stimmt» beantworten.

Diese Riesenfläche bringt es allerdings auch mit sich, dass der Darm ein großes Einfallstor für Bakterien aller Art ist. Und die Arbeit des Verdauens ist aufreibend: Die Zellen der Darmschleimhaut erneuern sich in weniger als einer Woche.

Wer destilliertes Wasser trinkt, stirbt daran

Stimmt nicht. Wohl trifft es zu, dass destilliertes Wasser keine Salze enthält, aber dass deshalb jeder, der es trinkt, ein Opfer der Osmose wird, ist eine Legende. Und die lautet wie folgt: Die Körperzellen versuchen den Konzentrationsunterschied auszugleichen, pumpen sich immer weiter mit Flüssigkeit voll, bis sie schließlich platzen und der Wassertrinker jämmerlich zugrunde geht.

Zum Glück ist der Körper nicht ganz so empfindlich. Den größten Teil der Salze und Mineralien nimmt er ohnehin über die feste Nah-

ICH BIN WASSERTRÄGER UND SIE ?
DESTILLIERTES-WASSER-TRÄGER.
RATTELSCHNECK

rung auf. Schon im Magen wird Festes und Flüssiges vermengt, und es tritt noch die körpereigene Säure hinzu, sodass keine Zelle mit völlig salzfreiem Wasser in Berührung kommt.

Der beste Beweis gegen die angebliche Todesgefahr sind Menschen, die seit Jahren destilliertes Wasser trinken und putzmunter durchs Leben gehen. Es gibt sogar eine Bewegung, die Aqua destillata als gesundheitsförderndes Heilwasser propagiert.

Im Internet warb der Münsteraner Rolf Heckemann unter dem Motto «Test the Dest» für den Selbstversuch. Destilliertes Wasser, so will er herausgefunden haben, fördere die Nierentätigkeit (man muss mehr pinkeln), verhindere Sodbrennen und beschere dem Genießer ganz neue Geschmackserlebnisse, wenn man Kaffee oder Tee damit koche. Außerdem entferne die Destillation alle Schadstoffe aus dem Trinkwasser.

Ernährungswissenschaftler stehen solchen Thesen eher skeptisch gegenüber. Ulrich Schlemmer von der Bundesforschungsanstalt für Ernährung akzeptiert allenfalls die Verwendung für Tee oder Kaffee, weil weiches (also kalziumarmes) Wasser tatsächlich den Geschmack verbessere. Außerdem enthielten Teeblätter und Kaffeebohnen Salze, die sich im Wasser lösen. Warum aber den ganzen Aufwand treiben, wenn das, was aus deutschen Wasserhähnen fließt, «nach wissenschaftlichen Erkenntnissen unbedenklich» sei?

Jedenfalls hält es der Physiologe für groben Unfug, die Ernährung auf destilliertes Wasser umzustellen. Wenn auch keine Lebensgefahr bestehe, so entziehe das Destillat den Zellen doch Natrium- und Kaliumionen und könne so auf die Dauer den Elektrolythaushalt des Körpers durcheinanderbringen.

Sein Fazit: «Es gibt keinen Grund, das zu trinken. Warnen Sie Ihre Leser davor!» Was hiermit geschehen ist.

Deutsch wäre um ein Haar offizielle Sprache der Vereinigten Staaten von Amerika geworden, es unterlag bei der Abstimmung mit nur einer Stimme Unterschied

Stimmt nicht. Auch wenn es immer wieder behauptet wird, zum Beispiel von der bekanntesten Ratgeberkolumnistin der Vereinigten Staaten, Ann Landers. Die schrieb noch am 4. November 1994 in ihrer Kummerecke: «Liebe Leser, morgen ist Wahltag. Wenn Sie nicht wählen gehen, haben Sie auch kein Recht, sich über den zu beklagen, der gewählt wird.» Und um zu belegen, dass es auf jede einzelne Stimme ankomme, führte sie einige historische Entscheidungen an, bei denen angeblich eine Stimme den Ausschlag gegeben hatte:

«1645 verschaffte eine Stimme Mehrheit Oliver Cromwell die Kontrolle über England.» (Stimmt nicht, das Parlament hatte sich bei Cromwells Machtergreifung bereits aufgelöst.) «1923 machte eine Stimme Hitler zum Führer der Nazipartei.» (Stimmt nicht, das war bereits 1921, und das Ergebnis war 553 zu 1.) Und eben auch: «1776 gab eine Stimme Mehrheit Amerika die englische Sprache anstatt der deutschen.»

Eine Flut von Leserbriefen brach über Ann Landers herein. Leser Lewiston aus Maine: «Liebe Ann Landers, ich bin kein Historiker, aber diese Geschichte in Ihrer Kolumne, dass uns eine einzige Stimme Mehrheit Englisch als offizielle Sprache bewahrt habe, ist ein Mythos, der nicht aussterben will.» Das Gerücht, führt Lewiston aus, stamme aus den dreißiger Jahren und habe den Nazipropagandisten gut in ihr Konzept gepasst.

Der dürftige wahre Kern der Geschichte: Im Jahr 1794 (nicht im Verfassungsjahr 1776) gab es eine Petition von deutschstämmigen Siedlern aus Virginia an den US-Kongress, in der gefordert wurde, dass bestimmte Bundesverordnungen ins Deutsche übersetzt und auch auf Deutsch veröffentlicht werden sollten. Diese Petition wurde an einen Ausschuss überwiesen, der sie tatsächlich mit einer Mehrheit von 42 zu 41 ablehnte.

In der historischen Forschung wird die Geschichte als die «Muhlenberg-Legende» bezeichnet – nach dem deutschstämmigen Pfarrer und Sprecher des Repräsentantenhauses Fredrick Muhlenberg, der das entscheidende Votum abgegeben haben soll. Beschrieben wird die Legende in einem Aufsatz von S. B. Heath und F. Mandabach aus dem Jahr 1983, «Language Status Decisions and the Law in the United States».

Zu Rangeleien um die offizielle Sprache ist es in den USA immer wieder gekommen, und chauvinistische Ressentiments mögen auch im Fall der deutschen Minderheit ausschlaggebend gewesen sein. Die Volksgruppen in Pennsylvania waren vielen englischstämmigen Amerikanern damals ebenso ein Dorn im Auge, wie es heute Hispanos und Asiaten sind. Selbst Benjamin Franklin äußerte sich abfällig: «Warum sollte Pennsylvania, gegründet von den Briten, zu einer Kolonie von Ausländern verkommen, die bald so zahlreich sein werden, dass sie uns germanisieren, anstatt dass wir sie anglifizieren, und die sich niemals unsere Sprache und unsere Sitten zu eigen machen werden, so wenig wie sie unser Aussehen annehmen können?»

Tatsächlich gibt es bis heute keine offizielle Sprache der USA, Englisch ist einfach der De-facto-Standard. Einige Bundesstaaten haben entsprechende Gesetze, und es gibt auch Initiativen, einen entsprechenden Passus als Ergänzung in die Bundesverfassung aufzunehmen.

Ann Landers hat sich selbstverständlich für ihren Irrtum entschuldigt. Sie schreibt: «Als die frühe amerikanische Geschichte in der Schule durchgenommen wurde, war ich wohl gerade zum Mittagessen.»

Diamanten können verbrennen

Stimmt. Diamant ist eine der wenigen Formen, in denen uns reiner Kohlenstoff begegnet – die anderen sind Graphit sowie die exotischen neuen Moleküle, die erst vor wenigen Jahren entdeckt wurden: die fußballförmigen Fullerene sowie die Kohlenstoff-Nano-Röhrchen. Isaac Newton vermutete als einer der Ersten, dass der funkelnde Stein aus brennbarem Kohlenstoff besteht; den Beweis für die Brennbarkeit erbrachten 1694 die italienischen Gelehrten Giuseppe Averani und Cipriano Targioni. Sie bündelten Sonnenlicht mit Hilfe einer starken Linse und richteten es auf einen Diamanten. Der zerbrach zunächst, aber dann verdampfte er regelrecht in der Sonnenhitze.

Damit hatten sie ein für alle Mal demonstriert, dass der edle Stein zwar sehr hart ist und fast jeder mechanischen Beanspruchung widersteht, dass man seine kostbaren Juwelen aber gut vor Hitze schützen sollte, wenn man vermeiden möchte, dass der Reichtum sich in Luft (genauer gesagt: Kohlendioxid) auflöst. Der englische Chemiker Humphry Davy wies schließlich 1814 nach, dass es sich bei Diamant um Kohlenstoff handelt.

In unserer Atmosphäre verbrennt Diamant bei 800 Grad, in reinem Sauerstoff sogar schon bei 720 Grad. Von wegen «Ein Diamant ist unvergänglich».

Mit falschen Diamanten kann man kein Glas ritzen

Stimmt nicht. Diamant ist das härteste natürlich vorkommende Mineral. Das bedeutet auch: Man kann mit ihm alle anderen Mineralien ritzen und schneiden.

Trotzdem ist es bei weitem nicht das einzige Material, das härter ist als Glas, und insbesondere die meisten «falschen Diamanten» kann man mit dem Glas-Ritz-Test nicht überführen.

Die Härte von Mineralien misst man mit der sogenannten Mohshärte, einer dimensionslosen Skala, die der Mineraloge Friedrich Mohs Anfang des 19. Jahrhunderts aufgestellt hat. Er ritzte die Materialien gegeneinander und brachte sie so in eine Reihenfolge. Den Wert für Diamant legte er mit 10 fest. Auf der Mohs-Skala hat Glas einen Härtegrad von 5 bis 7. Darüber liegt Quarz (Mohshärte 7). Auch das gebräuchlichste Material für «falsche Diamanten», Zirkonia, ist härter, sein Wert liegt bei 7,5. Und das seltene Mineral Moissanit ist mit 9,25 fast so robust wie Diamant.

Einige der Diamant-Ersatzstoffe kommen in ihren optischen Eigenschaften dem echten Material ziemlich nahe. Um einen 2000-Euro-Brillanten von einem ebenso großen falschen Klunker zu unterscheiden, der ein Tausendstel des Wertes hat, ziehen die Experten deshalb noch andere physikalische Werte heran: So ist der wichtigste Unterschied zwischen Zirkonia und Diamant die Wärmeleitfähigkeit – Zirkonia leitet die Wärme sehr schlecht, Diamant dagegen besonders gut.

Ein Dimmer senkt den Stromverbrauch von Glühbirnen

Stimmt. Zunächst einmal: Eine Glühlampe (so der korrekte Fachausdruck für die herkömmliche Glühbirne) ist eher eine Heizung als eine Lichtquelle. Nur fünf bis zehn Prozent der elektrischen Energie wandelt sie in Licht um, der Rest geht als Wärme verloren. Daher die Kampagnen für Energiesparlampen, und daher auch das EU-Verbot für Glühlampen mit hohen Wattzahlen.

Aber spart man wenigstens Energie, wenn man die Glühlampe herunterdimmt? Wäre der Dimmer ein gewöhnlicher regelbarer

Widerstand, dann würde er die Energie, die er nicht an die Lampe weiterleitet, als Wärme verbraten. Die Schalter sind aber pfiffiger: Sie lassen den Wechselstrom nur in gewissen Phasen durch (entweder am Ende der Sinuskurve, dann nennt man sie «Phasenanschnittsregler», oder am Anfang, dann handelt es sich um «Phasenabschnittsregler»). Und nur in dieser Zeit wird Energie verbraucht. Man kann sich das vereinfacht so vorstellen, dass hundertmal pro Sekunde der Strom ein- und ausgeschaltet wird. Weil die Glühfäden von Glühlampen träge reagieren, flackert die Birne dabei nicht, sondern glimmt nur schwächer.

Viele Leute mögen das, weil das Licht mit sinkender Temperatur – paradoxerweise – «wärmer» wirkt. Allerdings sinkt mit der Glühtemperatur der Lampe auch deren Wirkungsgrad. Das heißt, bei halbem Strom beträgt die Lichtausbeute nur etwa ein Viertel. Wer also ständig den Dimmer heruntergedreht hat, der sollte lieber eine schwächere Birne kaufen.

Auch Halogenlampen lassen sich auf diese Weise dimmen. Leuchtstoffröhren und Energiesparlampen dagegen vertragen das ständige An und Aus nicht. Inzwischen gibt es aber auch dimmbare Energiesparlampen, die sich mit einem speziellen elektronischen Dimmer regeln lassen.

Beim Discounter werden Markenprodukte unter anderem Namen verkauft

Stimmt. Discounter wie Aldi oder Lidl bieten alle oder zumindest viele ihrer Produkte unter eigenen Markennamen an, aber sie ähneln verblüffend Produkten namhafter Hersteller. Was ist dran an dem Gerücht, dass die Markenhersteller dort dasselbe zum Billigpreis verkaufen, was im Supermarkt nebenan viel mehr kostet?

Was tatsächlich in den Packungen mit den Phantasienamen

(«Handelsmarken» genannt) drinsteckt, lässt sich oft gar nicht so leicht sagen. Die Markenartikler stehen vor einem Dilemma: Der traditionelle Lebensmittelhandel verliert Marktanteile an die Discounter. Da ist die Versuchung groß, für Aldi und Lidl zu produzieren, aber man will sich andererseits auch nicht dem Verdacht aussetzen, die Produkte mit dem guten Namen überteuert zu verkaufen. Deshalb braucht es manchmal detektivische Fähigkeiten, um den Hersteller eines Aldi-Produkts zu identifizieren.

Die Fachjournalistin Martina Schneider hat das in ihrem Büchlein «Aldi – Welche Marke steckt dahinter?» getan. Auf der Packung von Keksen, die unter dem Namen «van Botta» (Aldi Nord) oder «Monarc» (Aldi Süd) verkauft werden, steht als Hersteller eine Firma namens Feurich mit Sitz in Hannover. Man muss ins hannoversche Handelsregister schauen, um zu sehen, dass Feurich zum Keks-Imperium Bahlsen gehört. Ähnliches gilt für den Suppenhersteller Dr. König (Campbell / Erasco) oder den Süßwarenvertreiber Smile Factory (Katjes).

Aber auch wenn viele Markenhersteller für Aldi produzieren, heißt das noch lange nicht, dass die Produkte identisch sind. Aldi hat seine eigenen Spezifikationen, was man zum Beispiel erkennen kann, wenn man die kleingedruckten Zutatenlisten auf der Packung vergleicht. Schlechter sind die No-Name-Produkte deshalb aber nicht.

Der Doktortitel ist Bestandteil des Namens

Stimmt nicht. Anfang 2007 ging ein überparteilicher Aufschrei durchs Land. Die Bundesregierung hatte ein neues Passgesetz vorgelegt, das vorsah, es künftig nicht mehr im Ausweis zu vermerken, falls der Inhaber Doktor ist. «Sozialistische Gleichmacherei» sah die damalige bayerische Bundesratsministerin (Doktor) Emilia Müller in dem Vorhaben, aber auch aus der SPD kamen Bedenken. Deren Innenexperte (Doktor) Dieter Wiefelspütz sagte: «Der Doktortitel ist Teil des Namens. Es spricht viel dafür, dass sich der Doktortitel in Pass und Personalausweis wiederfindet.»

Als promovierter Jurist hätte Wiefelspütz es eigentlich besser wissen müssen. Zunächst einmal ist der Doktor kein Titel, sondern ein akademischer Grad, vergleichbar mit dem Diplomingenieur. Und damit gehört er nicht zum Namen – anders etwa als Adelstitel, die vor 1919 erworben wurden. Dass der Doktor kein Namensbestandteil ist und deshalb niemand einen Anspruch darauf hat, mit Herr oder Frau Doktor angesprochen zu werden, haben Gerichte immer wieder bestätigt, etwa 1957 das Bundesverwaltungsgericht und 1962 der Bundesgerichtshof.

Eine Regelung hebt den Doktorgrad gegenüber anderen Graden heraus: eben die Möglichkeit, ihn in Ausweis oder Pass eintragen zu lassen. Allein die Tatsache, dass dies ausdrücklich im Gesetz steht, zeigt aber schon, dass er nicht zum Namen gehört – sonst wäre diese Erwähnung ja nicht nötig.

Weil sich der Bundesrat dem bayerischen Protest anschloss, gab die Bundesregierung ihr Vorhaben ohne große Diskussion auf – ihr ging es bei dem neuen Gesetz ohnehin um etwas anderes, nämlich die umstrittene Aufnahme biometrischer Merkmale in das Ausweispapier. Ihr stellvertretender Sprecher Thomas Steg erklärte, mit dem Verbleib des Doktors im Pass wolle die Regierung eine «deutsche Kulturtradition weitertragen». Starke Worte angesichts der Tatsache, dass diese Praxis erst vor gut 20 Jahren gesetzlich fixiert wurde – der entsprechende Paragraph des Passgesetzes stammt aus dem Jahr 1988.

Die Druckerschwärze von Zeitungen ist gesundheitsschädlich

Stimmt nicht. Englische Lords lassen sich angeblich die Zeitung von ihrem Butler bügeln, um keine schwarzen Finger zu bekommen. Die Wärme verstärkt die Bindung der Farbe ans Papier, weil Zeitungen im Gegensatz zu anderen Druckerzeugnissen lediglich «mechanisch» getrocknet werden. Müssen Menschen ohne Butler von den Farbspuren an den Fingern Gesundheitsschäden befürchten?

Die vier Farben, mit denen eine moderne Zeitung gedruckt wird (Schwarz, Cyan, Magenta und Gelb), sind sogenannte Pigmentfarben – in ihnen sind die Farbstoffe nicht gelöst, sondern liegen als winzige Partikel vor. Diese Pigmente lösen sich weder in Wasser noch in anderen Lösemitteln, schon deshalb sind sie gesundheitlich kaum bedenklich.

Hinzu kommt, dass die Druckfarbenindustrie in den vergangenen Jahrzehnten giftige Schwermetalle aus den Farben eliminiert hat. Die schwarzen Pigmente sind im Wesentlichen Ruß, die bunten Farbtöne enthalten organische Substanzen. Im Blau sind Kupferverbindungen enthalten, aber auch diese liegen in einer unlöslichen Form vor, die im Körper nicht aufgespalten wird. Das gilt ebenso für die Chlorverbindungen, die in den gelben Pigmenten stecken.

Damit es zu einer Vergiftung käme, müsste man eine in Tierversuchen ermittelte Dosis von zwei Gramm Farbe pro Kilogramm Körpergewicht zu sich nehmen. Da der Gewichtsanteil der Farbe an einer Zeitung höchstens zwei Prozent beträgt, müsste selbst ein kleines Kind drei komplette Ausgaben einer dicken Zeitung wie der *ZEIT* essen, bevor es gefährlich wird.

Man kann also die Zeitung beim Frühstück lesen, man kann Fisch in sie einwickeln und sie in den Kompost geben, ohne dass man sich deshalb Sorgen um seine Gesundheit machen müsste.

EXPERIMENT IM "STIMMT'S-LABOR"

Efeu schädigt das Mauerwerk von Häusern

Stimmt nicht. Wenn man sich anschaut, wie ein kleines Bäumchen in der Lage ist, mit seinen Wurzeln einen riesigen Felsbrocken regelrecht zu sprengen, dann kann man angesichts einer wild die Hauswand überwuchernden Efeupflanze schon ins Grübeln geraten.

Grundsätzlich ist jedoch die Angst, Efeu würde die Hauswand zum Zerbröseln bringen, unbegründet. Efeu gehört zu den «selbstklimmenden Wandbegrünern», und er hält sich am Mauerwerk nicht mit echten Wurzeln fest, sondern mit sogenannten Haftwurzeln. Das sind kleine Saugnäpfe, die nur an der Oberfläche kleben. Über diese Näpfchen wird auch kein Wasser aufgenommen – die Versorgung erfolgt über die echten Wurzeln, die im Boden verankert sind.

Zum Problem kann der Efeu jedoch werden, wenn das Mauerwerk bereits Risse hat. Dann kriechen die Füßchen nämlich in die Ritzen hinein, und wenn sie sich dann beim Wachsen ausdehnen, kann es tatsächlich zu Schäden kommen. Und noch aus einem anderen Grund sollte man sich die Wandbegrünung gut überlegen: Restlos lassen sich die Kletterpflanzen nachher kaum noch entfernen. Dazu kleben die Haftwurzeln zu effektiv am Untergrund.

Auf dem Mount Everest kann man kein Ei kochen

Stimmt nicht. Auf dem Mount Everest siedet das Wasser bereits bei etwa 70 Grad. Das ist ein rein physikalisches Phänomen: Weil der Luftdruck dort oben geringer ist als auf Meereshöhe (nämlich nur etwa 0,3 Bar), brauchen die Wassermoleküle nicht so viel «Schwung», um in die Luft zu entweichen. Das bedeutet: Der Siedepunkt ist geringer.

Das Gerinnen des Eiklars (und auch des Eigelbs) dagegen ist ein chemisches Phänomen, nämlich die sogenannte Denaturierung und Gerinnung der langen Eiweißketten. Und diese Reaktion ist kaum vom Druck abhängig – beim Eierkochen auf dem Mount Everest passiert also nichts anderes, als wenn man zu Hause das Eierwasser nur auf 70 Grad erhitzt.

Ein Experte für das, was mit Eiweiß unter unterschiedlichem Druck geschieht, ist Horst Ludwig vom Institut für Pharmazeutische Technologie und Biopharmazie der Universität Heidelberg. «Bei 70 Grad wird Eiklar zwar fest, aber wesentlich langsamer», sagt Ludwig. «Dieser Vorgang dürfte die Geduld eines Bergsteigers auf dem Mount Everest überfordern. Nach einer Stunde erhält er ein sehr, sehr weich gekochtes Ei. Nach anderthalb Stunden wird das Eiklar einem weichgekochten Ei vergleichbar, das Eigelb ist vergleichsweise fester.» So richtig hart wird das Ei wahrscheinlich nie.

Dass Eier auch bei Temperaturen unter 100 Grad gerinnen können, zeigt der Bericht eines Lesers aus der Frühzeit des Autofahrens. Er transportierte damals 24 frische Eier über die Autobahn, platziert auf dem Boden seines Beifahrersitzes. Die Heizung seines Käfers ließ sich nicht ausschalten, und so fuhr er mit offenem Schiebedach. Nach dreieinhalbstündiger Fahrt waren die Eier direkt am Luftauslass hartgekocht.

Eidechsen können ihren Schwanz bei Gefahr abwerfen

Stimmt. Die Wissenschaft hat sogar einen Namen für das Phänomen: «Autotomie». Beim Menschen bezeichnet man damit einen Akt der Selbstverstümmelung, bei Tieren die erstaunliche Fähigkeit, sich von Teilen ihres Körpers zu trennen.

Bei der Eidechse besitzt jeder Schwanzwirbel vom sechsten

abwärts in seiner Mitte eine Art Sollbruchstelle. Auch das Bindegewebe ist dort schwächer. Wenn das Tier sich bedroht fühlt, kann es mit einer kurzen Kontraktion des entsprechenden Ringmuskels ein kürzeres oder längeres Stück des Schwanzes abzwacken, ohne dass es zu großem Blutvergießen kommt.

Der Sinn dieser einschneidenden Maßnahme ist die Ablenkung des Feindes: Der Schwanz kann nämlich noch bis zu 20 Minuten lang ein gewisses Eigenleben führen. Der Fressfeind stürzt sich auf den zuckenden Fortsatz, während sich das Reptil unauffällig aus dem Staub macht.

Der abgeworfene Schwanz wächst sogar wieder nach. Allerdings ist der Ersatzschwanz nur ein schwacher Abglanz des Originals. Meist ist er nicht so aufwendig gemustert, vor allem aber enthält er kein Knochengerüst, in seinem Innern steckt nur ein ungegliederter Knorpelstab. Der Verlust des Schwanzes ist vor allem für die männlichen Echsen mit einem geringeren sozialen Status verbunden, insbesondere was die Wirkung aufs andere Geschlecht angeht. Außerdem sind die Tiere in der Regenerationsphase eine leichtere Beute für ihre Feinde – das Nachwachsen erfordert viel Energie, und die Tiere sind weniger wendig. Deshalb setzen Eidechsen die Autotomie wirklich nur als letztes Mittel ein, wenn sie ihr Leben bedroht sehen.

Eier sind schlecht für den Cholesterinwert

Stimmt nicht. Bis vor ein paar Jahren lautete die medizinische «Wahrheit»: Cholesterin ist schädlich, es fördert Herz-Kreislauf-Erkrankungen. Eier enthalten viel Cholesterin – über 200 Milligramm pro Stück, was fast schon der damals empfohlenen Höchst-Tagesdosis entspricht. Also hieß es: Eier nur sonntags.

Das war in gewisser Weise ein Rufmord am Ei, in dem sehr viele gute Nährstoffe und Vitamine stecken. Inzwischen gehen die meisten Experten davon aus, dass man auch zwei Eier pro Tag essen kann, ohne dass die Adern verstopfen. Dafür gibt es mehrere Gründe:

1. Die Datenlage. In großen Querschnittstudien mit vielen tausend Teilnehmern konnte kein Zusammenhang zwischen Eierkonsum und Herzinfarkt festgestellt werden.
2. Ein gewandeltes Bild vom Cholesterin. Dieses fettartige Lipid ist lebensnotwendig, und man unterscheidet mittlerweile zwischen «gutem» Cholesterin (HDL) und «schlechtem» (LDL). Wichtig sind weniger die absoluten Werte, sondern vor allem das Verhältnis der beiden Arten.
3. Die Regelungskraft des Körpers. Nur ein Teil des Cholesterins in unserer Blutbahn stammt aus der Nahrung. Der größte Teil ist hausgemacht (in der Leber), und bei erhöhter Zufuhr durchs Essen senkt ein gesunder Organismus die Eigenproduktion.
4. Die eingebaute Cholesterinbremse. Eier enthalten Lecithin, das sich fest ans Cholesterin bindet und dessen Aufnahme in den Körper hemmt. Das wurde vor ein paar Jahren im Tierversuch bestätigt.

Wer wirklich den Cholesterinspiegel senken will, der sollte nicht an den Eiern sparen, sondern eher an gesättigten und trans-Fettsäuren.

Eier, die man nach dem Kochen abschreckt, lassen sich besser pellen

Stimmt nicht. Die Schälbarkeit des Eis hat nichts mit dem Abschrecken zu tun. Ich habe wieder einmal einen wissenschaftlich völlig unzureichenden Selbstversuch gemacht: zwei Eier aus derselben Packung fünf Minuten gekocht, eines von beiden abgeschreckt – und beide ließen sich gleichgut pellen.

Die wissenschaftliche Begründung liefert Johannes Petersen von

der Universität Bochum: Die Schälbarkeit des Eis hängt vom pH-Wert des Eiklars ab. Und der steigt nach dem Legen dadurch, dass Kohlendioxid aus dem Ei entweicht, von etwa 7 auf 9. Wenn das Ei ganz frisch ist, «pellt man sich tot», sagt Petersen – mit und ohne Abschrecken. Wer also die Herstellung eines größeren Eiersalates plane, der solle die Eier im Kühlschrank etwa vier Tage lagern.

Das Einzige, was das Abschrecken bewirkt: Es stoppt den Garvorgang des Eis schneller, als wenn man es abkühlen lässt. Wer sein weiches Ei also präzise «auf den Punkt» kochen will, der sollte es abschrecken.

Das Wort «Ente» für eine falsche Zeitungsmeldung kommt von der Abkürzung «n. t.» (für nicht belegt)

Stimmt nicht. Es gibt drei Erklärungen für die Herkunft der Zeitungsente. Die Brüder Grimm führen den Ausdruck auf Luther zurück, den sie mit den Worten zitieren: «So kömpts doch endlich dahin, das an stat des evangelii und seiner auslegung widerumb von blaw enten gepredigt wird.» Blaue Enten also als Sinnbild für die Irrlehre.

Dann gibt es die Geschichte mit dem «n. t.». Das steht für das lateinische *non testatum* und wurde schon seit dem 17. Jahrhundert an Zeitungsmeldungen angefügt, deren Quelle nicht bestätigt war. Eine schöne phonetische Ableitung für die Ente.

Doch es setzt sich langsam die Deutung durch, dass die Zeitungsente im 19. Jahrhundert aus Frankreich ihren Weg zu uns gefunden hat. Die Ente als unzuverlässige Brüterin war dort schon lange in dem Ausdruck *donner des canards* («Enten geben») mit der Lüge in Verbindung gebracht worden. Noch heute findet man dieses Sprachbild im Titel der satirischen Zeitschrift *Le Canard enchaîné*.

Welche Version stimmt nun? Martin Welke, der als wichtigster deutscher Zeitungshistoriker eine große Sammlung alter Zeitungen pflegt, war eigentlich auch ein Anhänger der n.-t.-Theorie. Bis er eine Karikatur von 1849 mit dem Titel «Der journalistische Eiertanz» entdeckte, auf der ein Schreiberling mit all seinen Utensilien abgebildet ist – und aus seiner Umhängetasche lugen zwei Enten, die auch noch entsprechend beschriftet sind. Wenn der Vogel schon so lange mit dem Journalismus in Verbindung gebracht wird, sagt Welke, dann ist die Erklärung mit dem n. t. wohl eine schöne, aber leider eine Ente.

Erdbeeraroma wird aus Sägespänen hergestellt

Stimmt nicht. Auf die Idee, Aromen künstlich herzustellen, kommen die Lebensmittelfirmen aus zwei Gründen: Erstens gibt es nicht genügend Erdbeeren, um alle Erdbeerjoghurts der Welt mit ausreichend Aroma zu versorgen. Und zweitens sind künstlich hergestellte Aromen viel billiger als die originalen.

Trotzdem – das mit dem Erdbeeraroma aus Sägespänen ist ein hartnäckiges, aber falsches Gerücht, das einmal von einem großen deutschen Nachrichtenmagazin in die Welt gesetzt wurde. Den mageren wahren Kern erläutert Kirsten Hesse von dem Aromenhersteller Symrise in Holzminden: Der typische Erdbeergeschmack ist ein komplexes Gemisch vieler Aromen, eines davon ist Vanillin. Und Vanillin lässt sich durch zwei einfache chemische Schritte aus Lignin herstellen, das in Holz enthalten ist. Früher wurde Vanillin tatsächlich aus Holz gewonnen, heute stellt man es mit anderen Verfahren her, die nicht unbedingt appetitlicher sind: etwa aus Sulfit-Abfällen, die bei der Papierproduktion übrig bleiben.

Für den Verbraucher ist es schwer zu beurteilen, welche Stoffe seine Sinne täuschen. Das Prädikat «natürliches Erdbeeraroma» bedeutet nämlich lediglich, dass das Aroma durch physikalische und chemische Prozesse aus Material gewonnen wird, «das nachweislich vom Menschen verzehrt wird». Das müssen nicht zwingend Erdbeeren sein. Aromen aus Sägespänen dürften sich allenfalls «naturidentischer Aromastoff» nennen. Woraus das Erdbeeraroma nun wirklich besteht, verrät der Hersteller nicht.

Im Mittelalter glaubten die Menschen, die Erde sei eine Scheibe

Stimmt nicht. Dass die Erde (annähernd) eine Kugel ist, war schon den alten Griechen bekannt – Eratosthenes hat ja sogar den Erdumfang erstaunlich genau berechnet, indem er den Schatten der Sonne an unterschiedlichen Orten verglich. Auch die Beobachtung, dass ein wegfahrendes Schiff langsam am Horizont «versinkt», ist seit Jahrtausenden bekannt – ein Beweis dafür, dass die Erdoberfläche gekrümmt ist. Und Aristoteles bemerkte, dass bei einer Mondfinsternis der Erdschatten einen gekrümmten Rand hat.

Das Mittelalter mag dann eine dunkle Phase des Rückschritts gewesen sein. Trotzdem geriet nicht sämtliches Wissen in Vergessenheit – die Lehren des Aristoteles etwa wurden auch im Mittelalter hochgehalten. Und die Gegner von Christoph Kolumbus, die ihm von seiner gewagten Fahrt gen Westen abrieten, glaubten nicht etwa, dass er von der Scheibe hinunterplumpsen würde. Im Gegenteil – sie schätzten den Erdumfang realistischer ein als der Entdecker. Eine Fahrt bis nach Indien wäre mit den damaligen Mitteln unmöglich gewesen.

Der Bonner Skandinavist Rudolf Simek hat nun für seine Habilitationsschrift über altnordische Kosmographie noch einmal nach Belegen dafür gesucht, dass die Menschen wieder zur Vorstellung der Scheibenwelt zurückkehrten – vergeblich, wie die Zeitschrift *Geo* berichtet. Zwar sind alle Weltkarten der damaligen Zeit flach – aber das sind unsere heutigen Karten ja auch. Nur wurde damals der gesamte Erdkreis auf einer Fläche dargestellt, während wir jeweils eine Halbkugel auf einen Kreis projizieren.

Den Ursprung der Legende sieht Simek in der Zeit der Aufklärung. Im 17. Jahrhundert machte man sich gern über die düstere Vergangenheit lustig und zerrte dafür obskure Schriften einiger wissenschaftlicher Außenseiter hervor. Aber skurrile Vorstellungen gab es zu allen Zeiten – wie man leicht sieht, wenn man das Internet nach dem Begriff «Flat Earth Society» durchsucht. Es gibt nicht nur Leute, die an eine flache Erde glauben, andere meinen sogar, wir lebten auf der Innenseite einer Hohlkugel.

Die Erde stellte man sich also auch im Mittelalter kugelförmig vor – allerdings als Zentrum des Universums. Man spekulierte sogar darüber, ob es auf der gegenüberliegenden Seite Menschen gebe, die sogenannten Antipoden. Dass die von der Erde herunterplumpsen würden, glaubte allerdings auch damals niemand.

Die Erdrotation ist im Winter schneller, weil die Bäume die Blätter abwerfen

Stimmt nicht. In meiner originalen Stimmt's-Kolumne (und im Stimmt's-Buch, Band 5) hatte ich noch das Gegenteil behauptet: Demnach würde das herabfallende Laub für einen Pirouetten-Effekt sorgen, wie man ihn von Eiskunstläufern kennt: Wenn die bei ihren Pirouetten die Arme anlegen, wird die Drehung schneller.

Aber dreht sich die Erde im Winter überhaupt schneller? Ich habe mich damals auf einen Mitarbeiter der Fundamentalstation im bayerischen Wettzell berufen, die zum Bundesamt für Kartographie und Geodäsie gehört. Die misst die Rotationsgeschwindigkeit der Erde mit einem sogenannten Ringlaser, der Teil eines weltumspannenden Netzes von Messstationen ist, auf Bruchteile von Sekunden genau. Aber dieser Experte hatte sich vertan. Tatsächlich sind die Tage ein bisschen länger, wenn auf der Nordhalbkugel Winter herrscht – zwar nur um weniger als eine Millisekunde, aber der Unterschied lässt sich wirklich nachweisen. Der Grund dafür ist unter anderem eine großflächige Verlagerung von Luftmassen. Auch der Effekt des fallenden Laubs lässt sich messen – aber der beträgt nur etwa zehn Nanosekunden und fällt damit buchstäblich nicht ins Gewicht.

Es sind schon Menschen in einem ausgeschalteten Kühlhaus erfroren – aus Einbildung

Stimmt nicht. Die sogenannte Kraft der Gedanken wird häufig mit dem Beispiel eines Mannes belegt, der ungewollt in einer Kühlkammer eingeschlossen war. Am nächsten Morgen wurde er erfroren aufgefunden – mit allen Symptomen eines Erfrierungstodes. Allerdings war die Kühlkammer gar nicht eingeschaltet. Der Arme soll also an der Überzeugung gestorben sein, er werde in der Kammer erfrieren. Fast immer wird die Geschichte noch mit einem Zettel ausgeschmückt, der neben der Leiche gefunden wurde und auf dem das Opfer in zittriger Schrift schildert, wie seine Finger langsam steif werden. Es gibt auch Varianten: etwa die Legende von dem Mann, der in einer scheinbar luftdichten, in Wahrheit aber gut belüfteten Kammer erstickt.

Das sind alles schöne Geschichten, die tatsächlich die Macht der Einbildungskraft beweisen würden – wenn sie denn stimmten. Aber sie tragen alle Merkmale der «urbanen Legenden»: Viele Leute erzählen sie, aber niemals aus erster Hand, immer hat man es von jemandem gehört, der jemanden kannte, dem das passiert ist. Es fehlen handfeste Orts- und Zeitangaben, die man zur Grundlage einer Recherche nehmen könnte. Belege wie etwa Zeitungsberichte gibt es nicht. Deshalb muss das Urteil lauten: wunderschön ausgedacht.

Eine andere Frage ist, ob es generell möglich ist, dass Menschen aufgrund einer eingebildeten Gefahr sterben, etwa durch einen Herzstillstand, oder auch weil sie ein Tabu übertreten haben. Es gibt solche Geschichten in der älteren psychologischen Literatur, zum Beispiel bei Freud. Dass Menschen, die ohnehin ein schwaches Herz haben, durch eine eingebildete Gefahr so in Panik geraten, dass sie tatsächlich einen Herzanfall erleiden – das ist vorstellbar. Aber für Todesfälle durch Symptome, die der physikalischen Realität widersprechen, fehlt jeglicher Beweis.

Eskimos küssen sich, indem sie die Nasen aneinanderreiben

Stimmt. Auch wenn fast jedes Kind die Geschichte von den Nasenküssen der Eskimos kennt, ist in der ethnologischen Fachliteratur erstaunlich wenig darüber zu finden, sagt der Inuit-Experte Jean-Loup Rousselot. Aber er bestätigt, dass er die Nasenreib-Rituale schon auf seinen Reisen in die Arktis beobachtet hat.

Eine besondere rituelle Funktion scheint der Nasenkuss bei den Eskimos jedoch nicht zu haben, anders als etwa bei den neuseeländischen Maori. Es ist eher eine flüchtige Geste, am ehesten vergleichbar mit unseren tatsächlichen oder angedeuteten Wangenküssen. Ein möglicher Ursprung: Wenn in der Kälte der Arktis fast das gesamte Gesicht vermummt ist, dann bleibt für den Körperkontakt eben fast nur noch die vorstehende Nase.

Das Nasenreiben «ersetzt» also nur den Begrüßungskuss und hat keine besondere erotische Komponente. Welche Liebesbeweise Eskimomann und -frau in der Abgeschiedenheit ihres Iglus austauschen, darüber sagen uns die Völkerkundler nichts.

Espresso ist gesünder als Filterkaffee

Stimmt. Espresso schmeckt bitterer als Filterkaffee, und er ist auch konzentrierter. Deshalb halten ihn viele für «stärker», also koffeinhaltiger, und glauben auch, dass er den Magen stärker angreift. Das stimmt aber nicht – und das aus mehreren Gründen.

Erstens: die Kaffeebohnen. Espresso wird meist aus Arabica-Sorten hergestellt, der Feld-Wald-und-Wiesen-Filterkaffee aus den billigeren Robusta-Sorten (bei Gourmet-Kaffee ist das etwas anderes). Die Arabica-Bohnen enthalten aber nur etwa halb so viel Koffein.

Zweitens: die Röstung. Espressobohnen werden länger geröstet als andere Kaffeebohnen. Dabei gehen vor allem Säuren verloren, was die Magenfreundlichkeit des Kaffees verbessert.

Und drittens: der Brühvorgang. Filterkaffee zieht mehrere Minuten lang in kochend heißem Wasser und gibt dabei seine Inhaltsstoffe ab. Bei der Espressozubereitung dagegen wird in relativ kurzer Zeit (25 bis 30 Sekunden) das nur etwa 90 Grad heiße Wasser durch das Kaffeemehl gepresst. Entsprechend weniger Inhaltsstoffe nimmt es dabei mit.

Es stimmt tatsächlich, dass Espresso konzentrierter ist als Filterkaffee, und er enthält mehr Koffein pro Volumen. Aber dafür trinkt man ja auch kleinere Mengen. Vergleicht man die typische Portionsgrößen, dann stecken etwa 50 Milligramm Koffein in einem Espressotässchen, aber bis zu 100 Milligramm in einer Tasse gewöhnlichen Kaffees. Der schwarze Italiener enthält auch weniger Stoffe, die den Magen reizen, und kann daher durchaus als die gesündere Variante des Kaffeegenusses bezeichnet werden.

Eine Einschränkung gibt es: Der Inhaltsstoff Cafestol, dem eine erhöhende Wirkung auf den Cholesterinspiegel zugeschrieben wird, bleibt im Kaffeefilter stecken, während er beim Espresso in der Tasse landet. Wer sehr hohe Cholesterinwerte hat, der sollte vielleicht eher gefilterten Kaffee trinken.

Wenn man ein Fahrrad im Flugzeug transportieren will, muss man die Luft aus den Reifen lassen

Stimmt nicht. Der Druck von Reifen wird in Bar gemessen, genauer gesagt: in Bar Überdruck. Denn wenn der Reifen völlig platt ist, dann zeigt das Messgerät 0 Bar an, in Wirklichkeit herrscht aber im Reifen derselbe Luftdruck wie in der Umgebung, nämlich etwa 1 Bar.

Der optimale Druck in einem Fahrradreifen hängt von seiner Breite ab. Da das gesamte Gewicht von Fahrer und Rad auf den beiden Kontaktflächen zwischen Reifen und Straße lastet, steht ein Rennrad mit 18 Millimeter schmalen Reifen auf einer erheblich kleineren Fläche als der Pneu eines Hollandrades, der etwa 55 Millimeter breit ist. Der empfohlene Reifendruck variiert deshalb stark, er liegt zwischen 2,5 Bar für breite und 8 Bar für schmale Reifen.

Würde der Luftdruck im Laderaum von Flugzeugen nicht ausgeglichen, dann herrschte der Umgebungsdruck, und der beträgt in 10 000 Meter Höhe nur noch etwa 0,3 Bar. In dem Fall stiege der Überdruck des Reifens um 0,7 Bar an – sehr unwahrscheinlich, dass er dabei platzen würde, aber man könnte noch verstehen, dass die Fluggesellschaften lieber auf Nummer sicher gehen, als dass pistolenschussartige Geräusche aus dem Laderaum Passagiere und Besatzung in Panik versetzen.

Nun ist es aber so, dass in modernen Verkehrsflugzeugen der Druck im Laderaum praktisch derselbe ist wie in der Passagierkabine. Es sind sogar Klappen vorgeschrieben, die im Notfall für einen entsprechenden Druckausgleich sorgen. Aus diesem Grund kann man zum Beispiel auch Haustiere im Frachtraum transportieren. Deshalb ist nicht zu befürchten, dass der Luftdruck auf einen Wert absinkt, der niedriger ist als auf einem 2000 Meter hohen Berg – und da würde man auch nicht den Reifendruck reduzieren.

Das Luftrauslassen ist also eine überflüssige Sicherheitsmaßnahme. Die Lufthansa zum Beispiel verzichtet schon seit einigen Jahren darauf. Argumentieren beim Check-in hilft aber wahrscheinlich trotzdem nicht viel.

HOWDY, ROTHAUT!
ICH MAG ROTHÄUTE, WEIL DIE WELT FÜR FRAUEN BUNTER IST ALS FÜR MÄNNER, VOR ALLEM IM ROTEN TEIL DES FARBSPEKTRUMS. UND ICH MAG MÄNNER.

Frauen können Farben besser unterscheiden als Männer

Stimmt. Ich will hier keine Klischees bemühen über das Unterscheidungsvermögen von Frauen etwa bei den Farbtönen von Schuhen oder anderen Kleidungsstücken – aber tatsächlich bestätigt die Wissenschaft, dass die Welt für viele Frauen bunter ist als für Männer, vor allem im roten Teil des Farbspektrums.

Brian Verrelli von der Arizona State University hat bei 236 Menschen das Gen OPN1LW untersucht und dabei 85 Varianten gefunden. Dieses Gen steuert die Produktion eines sogenannten Opsins – eines Proteins, das in der Netzhaut des Auges die Farbwahrnehmung ermöglicht. Das Gen sitzt auf dem X-Chromosom, und davon haben Frauen zwei, Männer nur eins.

Mit hoher Wahrscheinlichkeit bilden Frauen daher zwei unterschiedliche Opsine und haben damit eine differenziertere Wahrnehmung. Ein weiterer Vorteil dieser «Doppelversorgung»: Frauen leiden wegen des «Ersatzgens» seltener unter Rotgrünblindheit als Männer.

Wieso Frauen diese bessere Farbwahrnehmung haben, darüber spekuliert der Forscher auch: Sie müssten beim Beerensammeln die giftigen von den ungiftigen Früchten unterscheiden können.

Fensterputzen bei Sonnenschein führt zu Putzstreifen

Stimmt bedingt. «Bei den Hausfrauen ja, bei uns nicht», sagt Detlef Benthien von der Gebäudereinigungsfirma Mr. Clean in Dollerup selbstbewusst. Das liege daran, dass professionelle Fensterputzer eine andere Technik verwendeten.

Hausfrauen und Hausmänner putzen meistens so, dass sie die Fenster mit Spüllauge und einem nassen Lappen wischen und dann mit klarem Wasser und einem Fensterleder nachwischen. Mit dem Leder wird die «Reinigungsflotte» (so nennt sich das Gemisch aus Wasser, Reinigungsmittel und Schmutz) nicht vollständig entfernt. Wenn dann die Sonne direkt auf die möglicherweise gar noch aufgeheizte Scheibe knallt, trocknet dieser Film schneller, als man mit dem Wischen nachkommt, und die hässlichen Streifen können entstehen.

Professionelle Fensterputzer dagegen wischen nur einmal mit einem Gemisch, das nur wenig Spülmittel enthält, und ziehen dann die Scheibe kunstvoll mit einem Gummi ab. Der Trick besteht darin, das in einem Zug so zu tun, dass nirgends ein Wasserrest auf der Scheibe bleibt. Detlef Benthien hat nach eigener Angabe eineinhalb Jahre gebraucht, um diese Technik zu perfektionieren. «Das zeigt, dass man auch dafür Experten braucht», sagt er stolz.

Der Fernsehwetterbericht ist nicht verlässlicher als die Vorhersage, das Wetter werde morgen so sein wie heute

Stimmt nicht. Die heutigen Wetterfrösche sind besser als ihr Ruf. Das jedenfalls versichert uns der langjährige Fernsehmeteorologe Uwe Wesp, der auch der Pressesprecher des Deutschen Wetterdienstes war. (Ich gebe zu, dass der Mann parteiisch ist. Aber glauben wir ihm einmal, dass er die wissenschaftlich ermittelten Zahlen richtig weitergibt.)

Nach Wesps Auskunft beträgt die «Erhaltungsneigung» – also die Wahrscheinlichkeit, dass das Wetter morgen genauso ist wie heute – etwa 55 Prozent. Man liegt mit einer konservativen Prognose also tatsächlich in der Mehrzahl der Fälle richtig. Die professionellen Wetterpropheten dagegen schaffen heute mit ihren Vorhersagen eine Trefferquote von 90 Prozent. Darauf kann man sich fast schon verlassen bei der Entscheidung, ob man einen Regenschirm mit zur Arbeit nimmt.

Das Vorurteil mag also vor ein paar Jahrzehnten noch gestimmt haben. Heute dagegen können die Meteorologen mit modernen Verfahren und rechengewaltigen Supercomputern das Wetter in fünf Tagen genauso gut vorhersagen wie noch vor 30 Jahren lediglich das Wetter des nächsten Tages.

Weiße Flecken auf den Fingernägeln sind ein Zeichen von Kalziummangel

Stimmt nicht. Kalzium ist im Fingernagel kaum enthalten, es macht nur etwa 0,2 Prozent aus und findet sich nur an der Oberfläche der Nägel. Bei einer Recherche im Internet findet man einige Seiten, auf denen die Flecken auf zu wenig Zink zurückgeführt werden – und das entsprechende Präparat, das dem Mangel abhelfen soll, wird gleich mit angeboten.

Fragt man jedoch nach harten wissenschaftlichen Fakten, dann bleibt auch von der Zinkgeschichte nicht mehr viel übrig. Über Mangelerscheinungen als Ursache von *Leukonychia punctata* sei nichts bekannt, sagt Hansotto Zaun, der als Dermatologe an der Universität Saarbrücken gelehrt hat und so etwas wie der deutsche Fingernagelpapst ist. «Für eine Beziehung zu Erkrankungen anderer Organe bestehen keine Hinweise, obwohl darüber im Schrifttum vielfältig spekuliert wurde», schreibt er in seinem Buch «Krankhafte Veränderungen des Nagels».

Nach Auskunft von Professor Zaun sind meist mechanische Verletzungen des Nagels die Ursache für die weißen Flecken. Und weil die Mehrheit der Bevölkerung aus Rechtshändern besteht, könnte das auch erklären, warum die Flecken beim Handwerken mit Hammer und Nagel häufiger an der linken als an der rechten Hand auftreten.

Die Fußnägel sind dagegen praktisch fleckenfrei. Die Anfälligkeit für die Verfärbung scheint im Übrigen erblich zu sein.

Auch Fische müssen trinken

Teils, teils. Es kommt nämlich drauf an, wo der Fisch lebt. Dahinter steckt wieder einmal die Osmose.

Wenn wässrige Lösungen mit unterschiedlicher Salzkonzentration durch eine Membran getrennt sind, die durchlässig ist für Wassermoleküle, aber nicht für die Salzionen, dann versucht die Natur, die Konzentration auszugleichen. Es entsteht ein «osmotischer Druck». Die Folge: Wasser dringt von der «süßen» zur «salzigen» Seite. Bei Süßwasserfischen ist die Salzkonzentration im Körperinneren größer als in der Umgebung, und es dringt Wasser in den Körper. Trinken muss der Fisch nicht, im Gegenteil: Er muss ständig über seine Nieren Flüssigkeit ausscheiden, sonst würde er platzen.

Bei Meeresfischen ist es genau umgekehrt: Deren Körperflüssigkeit ist «süßer» als das Meer, und sie würden regelrecht vertrocknen, wenn sie nicht ständig über Mund und Kiemen Wasser aufnehmen, also trinken würden. Die Kiemen wirken dabei als Meerwasserentsalzungsanlage.

Man kann es also kurz zusammenfassen: Salzwasserfische trinken, Süßwasserfische pinkeln.

Und wie ist es mit Fischen, die mal im Salzwasser und mal im Süßwasser leben, also etwa Lachse oder Aale? Die können tatsächlich beides. Im Salzwasser trinken sie, im Süßwasser scheiden sie Wasser aus. Außerdem können sie über ihren Harnstoffspiegel den osmotischen Druck an die Umweltverhältnisse anpassen – im Meer erhöhen sie den Harnstoffgehalt im Körper, sodass die Salzkonzentration steigt.

Flamingos sind rosa, weil sie sich von Krabben ernähren

Stimmt. Die rosa Farbe des Flamingos kommt vom Farbstoff Canthaxanthin, einer Substanz aus der Gruppe der Karotinoide. Und um diese Farbe zu bilden, braucht der Vogel karotinhaltige Nahrung. Sonst ist bei der nächsten Mauser die Pracht dahin. Das ist nicht nur schlecht für die Optik. Offenbar sind weiße Flamingomänner für Weibchen nicht sonderlich attraktiv, deshalb hat es in Zoos schon des Öfteren nicht mit der Fortpflanzung geklappt.

In der freien Natur decken die Flamingos ihren Karotinbedarf mit Krebsen und Algen. In den Zoos müssen die Karotinoide der Nahrung zugesetzt werden. Früher gab man den Vögeln Karotten und Rote Bete, heute wird dem Flamingofutter das Canthaxanthin einfach zugesetzt.

Die Karotinoide entfalten ihre färbende Wirkung nicht nur beim Flamingo. Auch die «Bräunungspillen», die für diesen grässlichen orangefarbenen Hautton sorgen, enthalten den Farbstoff. Ein goldorangefarbener Eidotter lässt auf karotinhaltiges Hühnerfutter schließen. Und dass der Lachs im Supermarkt so eine appetitliche Farbe hat, liegt auch nur am Futter in den Zuchtfarmen – sonst wäre er nämlich gräulich weiß.

Flugzeuge lassen beim Landeanflug routinemäßig Kerosin ab

Stimmt nicht. *Fuel dump* heißt in der Fliegersprache das Ablassen von Kerosin, und es ist bei weitem kein Standardmanöver – im Jahr 2002 mussten im deutschen Luftraum 34 Piloten zu dieser Notmaßnahme greifen, etwa die Hälfte davon saß im Cockpit einer Militärmaschine.

In der zivilen Luftfahrt verfügen nur die Langstreckenjets wie die Boeing 747 oder der Airbus A 340 überhaupt über die entsprechenden Ablassventile. Bei diesen Flugzeugen ist nämlich in vollgetanktem Zustand das Startgewicht manchmal mehr als 100 Tonnen höher als das zulässige Landegewicht. Wenn dann kurz nach dem Start ein Notfall eintritt, der eine Rückkehr zum Ausgangsflughafen erforderlich macht, dirigieren die Fluglotsen den Jet über unbewohntes Gebiet, und dort lässt der Pilot in vier bis acht Kilometer Höhe das Kerosin ab. Das wird dann in feinste Tröpfchen verwirbelt. Höchstens acht Prozent des Treibstoffs kommen tatsächlich am Boden an, der Rest verdampft und wird früher oder später durch das Sonnenlicht zersetzt.

Die sogenannten Wirbelschleppen an den Tragflächen von landenden Flugzeugen, die man bei feuchtem Wetter manchmal beobachten kann, haben dagegen nichts mit Kerosin zu tun – sie bestehen aus harmlosem Wasserdampf.

Manchmal fallen fußballgroße gefrorene Fäkalklumpen aus Flugzeugtoiletten auf die Erde

Stimmt. Zur Ehrenrettung der Fluggesellschaften und ihrer Piloten muss man zunächst klarstellen: Eine regelmäßige und geplante Entleerung der Toiletten während des Fluges gibt es nicht. Flugzeugtoiletten sind geschlossene Systeme, die Fäkalien werden in einem Tank gesammelt und am Boden durch ein Ventil entsorgt, das nur von außen zugänglich ist. Der Pilot kann während des Fluges nichts «ablassen». Also kein Vergleich mit der Schweinerei, die immer noch in älteren Zügen der Deutschen Bahn praktiziert wird und die Menschen, die unter Eisenbahnbrücken leben und ihre Wäsche draußen zum Trocknen aufhängen, manchmal gesprenkelte Bettlaken beschert.

Die unappetitlichen Eisklumpen gibt es aber trotzdem. International ist das Phänomen unter dem Namen *blue ice* bekannt – nach der typischen blauen Färbung, die von chemischen Zusätzen des Spülwassers herrührt. Das Auslassventil des Toilettentanks kann nämlich undicht sein, etwa weil es beim letzten Service nicht richtig verschlossen wurde oder sich ein Fremdkörper darin festgesetzt hat (die Lufthansa erwähnt ausdrücklich Teebeutel). Dann tritt die Flüssigkeit aus diesem Leck aus und gefriert sofort zu Eis. Der Klumpen wächst, und irgendwann löst er sich vom Flugzeug und fällt zu Boden. Dabei kann er auch schon einmal ein Hausdach durchschlagen. Aus Österreich wird berichtet, dass ein solcher Klumpen schon einmal spielenden Kindern vor die Füße gefallen ist.

Sehr häufig sind diese Vorfälle nicht – in den USA wird etwa einer pro Jahr bekannt. Der ehemalige Sprecher der amerikanischen Luftfahrtbehörde, Jerome Doolittle, hat einmal im Scherz vorgeschlagen, dem Desinfektionsmittel statt des Einheitsblaus eine für die jeweilige Fluggesellschaft charakteristische Farbe zu geben. Dann wäre der Schuldige leichter zu ermitteln. Und die Airlines würden vielleicht die Dichtigkeit der Kloventile sorgfältiger überwachen.

Frauen dürfen/können, wenn sie ihre Tage haben, nicht Sahne schlagen, Wurst machen und Marmelade einkochen

Stimmt nicht. Vielleicht muss man es ja einmal deutlich sagen: Wir leben im 21. Jahrhundert. Frauen werden nicht mehr als die Quelle allen Übels angesehen, auch nicht während ihrer Periode. Das Menstruationsblut enthält keine besonderen Gifte oder Mikroben, die die Sahne gerinnen lassen, die Marmelade am Gelieren hindern oder die Wurst verderben lassen – abgesehen davon, dass die meisten Frauen eher noch mehr als sonst auf Reinlichkeit bedacht sind, wenn sie ihre Tage haben.

GEFRORENER FÄKALKLUMPEN
SCHWEINEREI DER DEUTSCHEN BAHN
HAHA

Welche geheimnisvollen Ingredienzien der Unreinheit also sollen die Milch zum Gerinnen bringen oder die Marmelade vom Gelieren abhalten? Es gibt sogar heute noch Fotografen, die eine menstruierende Gehilfin nicht ins Labor lassen, um den Film nicht zu verderben. Die Legenden sind zahllos, aber sobald man nach seriösen Quellen sucht, bleibt nichts mehr übrig von der angeblich seit Jahrhunderten belegten Wirkung.

So gibt es im Nahrungsmittelgewerbe, das ja wirklich penibel auf Hygiene bedacht ist, keinerlei entsprechende Vorschriften. Und in der medizinischen Literatur wird die Vorstellung vom giftigen Menstruationsblut schon seit über 50 Jahren nicht mehr vertreten. Fazit also: Es handelt sich um einen Mythos, der in unterschiedlichen Kulturen und bei vielen Naturvölkern bis heute wirkt, wissenschaftlich aber ohne Grundlage ist.

Frauen frieren schneller als Männer

Stimmt. Das kann fast jeder aus Erfahrung bestätigen. Zum Beispiel fügen Hersteller von Outdoor-Schlafsäcken ihren Temperaturtauglichkeitsangaben gern Sätze hinzu wie «Frauen frieren durchschnittlich 5 Grad früher als Männer».

Aber wieso? Es hat weder mit einer anderen Körpertemperatur zu tun noch mit «den Hormonen», wie manchmal gesagt wird. Zwei einfache Gründe lassen den durchschnittlichen Frauenkörper schneller frieren: Erstens sind Frauen meist kleiner als Männer. Betrachten wir die Frau, grob vereinfacht, als maßstabsgerecht verkleinerten Männerkörper: Das Verhältnis von Körperoberfläche zu Körpervolumen ist ungünstiger – ein kleiner Körper strahlt verhältnismäßig mehr Wärme ab als ein großer, wie man zum Beispiel auch bei großen und kleinen Kartoffeln sehen kann. Das ist gut bei Hitze, aber schlecht bei Kälte. Zweitens ist bei Frauen (wiederum im Durchschnitt!) der

Anteil der Muskelmasse am Körper kleiner als bei Männern und der Fettanteil größer. Die Muskeln sind aber das am besten durchblutete Gewebe und sozusagen unsere innere Heizung.

Dass diese beiden Faktoren wichtig für das Fröstelverhalten sind, bestätigt auch eine Studie, die kanadische Forscher im Jahr 2000 im *Journal of Applied Physiology* veröffentlichten: 11 Frauen und 14 Männer wurden 90 Minuten lang bis zum Hals in ein Becken mit 18 Grad kaltem Wasser eingetaucht – beziehungsweise so lange, bis sie es nicht mehr aushielten. Sie waren mit einem rektalen Fieberthermometer ausgerüstet, außerdem wurde über den Atem ihr Metabolismus gemessen. Ergebnis: Die Frauen kühlten schneller ab als die Männer und produzierten weniger Wärme im Verlauf des Versuchs. Wenn man allerdings die Körperoberfläche und den Körperfettanteil berücksichtigte, dann verschwand der Geschlechtsunterschied.

Es handelt sich also keineswegs um hysterisches Gejammer, sondern es ist objektiv begründbar, warum Frauen (und kleine dicke Männer) schneller frieren. Der Gentleman macht sich also nicht darüber lustig, sondern dreht die Heizung höher oder legt der Dame seinen wärmenden Mantel über die Schultern.

Wenn man einen Frosch in kochendes Wasser wirft, dann versucht er zu entkommen. Setzt man ihn in lauwarmes Wasser und erhöht langsam die Temperatur, dann lässt er sich bei lebendigem Leibe kochen, ohne zu fliehen

Stimmt nicht. Die Geschichte ist eine der beliebten «Weisheiten», die auf Managementseminaren verbreitet werden. Der Tenor: Wir nehmen langsame Veränderungen zum Schlechteren nicht wahr. Auch

Greenpeace hat mit dem gekochten Frosch bereits geworben. Vielleicht hätten die Naturschützer sich besser erst einmal bei einem Biologen kundig gemacht.

Ich habe nach längerem Suchen tatsächlich einen Zoologen gefunden, der schon einmal im Dienst der Wissenschaft Frösche erhitzt hat: Victor Hutchinson von der amerikanischen University of Oklahoma. Die Amphibien wurden in einen Topf mit Wasser gesetzt, dessen Temperatur pro Minute um ein Grad erhöht wurde. «Wenn die Temperatur steigt, wird der Frosch immer aktiver bei dem Versuch, dem erhitzten Wasser zu entkommen», schreibt Hutchinson. Irgendwann zeigt das Tier dann Zeichen von Hitzestress, und es kommt zu muskulären Spasmen. Diesen Punkt, der schon bei einer Temperatur von unter 40 Grad erreicht werden kann, nennt man auch das «kritische thermale Maximum» – wird das Wasser noch wärmer, dann kommt es zur Hitzestarre und zum Tod.

Für Organisationen und Völker mag also gelten, dass sie eine kontinuierliche Verschlechterung ihrer Situation hinnehmen, ohne mit der Wimper zu zucken – bei Tieren lassen sich die Sensoren nicht so leicht täuschen.

Manchmal regnen Frösche oder Fische vom Himmel

Stimmt. Zeugnisse über Tiere, die vom Himmel fallen, gibt es seit dem Altertum – schon Plinius der Ältere berichtete im 1. Jahrhundert davon. Neben Würmern, Tintenfischen und sogar (in einem zweifelhaften Bericht) Alligatoren ist es vor allem Fisch- und Froschregen, von dem immer wieder berichtet wird. Das Phänomen hat auch Künstler inspiriert, berühmt ist zum Beispiel eine Szene in dem Film «Magnolia», in dem nach dem Regen eine Straße übersät ist mit Fröschen.

Es gibt zu viele gut dokumentierte Fälle, um solche Ereignisse ins Reich der Phantasie zu verweisen. Sogar wissenschaftliche Zeitschriften haben von tierischem Regen berichtet, etwa *Scientific American* (1873 über einen Froschregen im amerikanischen Kansas City) oder *Nature* (1918 über Fische in der britischen Stadt Sunderland).

Die Berichte sind in ihren Details durchaus unterschiedlich: Mal fallen Fische und Frösche lebendig vom Himmel, was darauf schließen lässt, dass sie nur eine sehr kurze Reise durch die Lüfte hinter sich haben. Dann wieder ist die Rede von toten, steifgefrorenen Tieren, die sich in großer Höhe befunden haben müssen. Und es gibt sogar Erzählungen, in denen es nur blutige Körperteile von Tieren regnet – ein Hinweis darauf, dass sie von den ungeheuren Kräften, wie sie in Gewitterwolken herrschen, zerfetzt worden sind.

Das Problem: Es ist zwar vielfach beobachtet worden, wie Tiere vom Himmel fallen – aber noch nie, wie sie denn in die Lüfte gelangt sind. Die einzige plausible Erklärung sind Wind- und Wasserhosen – kleine lokale Wirbelstürme, die die Tiere hochreißen und mit sich forttragen. Bis in die Wolken führt die Reise wohl in den seltensten Fällen, sobald sich der Wirbel auflöst, fallen die Tiere zu Boden. Manche Anhänger von paranormalen Theorien geben sich mit dieser Erklärung nicht zufrieden, sie führen zum Beispiel an, dass in den meisten Berichten nur von einer Tierart die Rede ist, die vom Himmel regnet. Was für übernatürliche Ursachen der Tierregen haben soll, können sie aber auch nicht sagen.

Auf nassem Rasen wird der Fußball schneller

Stimmt nicht. Auch wenn bei Fußballspielen, die im Regen stattfinden, so mancher Kommentator gern diese Legende verbreitet.

Beantworten wir erst einmal die Frage: Kann ein Fußball überhaupt beim Aufprallen schneller werden? Damit das passiert, muss die Bewegungsenergie größer werden. Da dem Ball von außen keine Energie zugeführt wird, kann dieses Energieplus nur aus dem Ball selbst kommen – nämlich dann, wenn Rotations- in Bewegungsenergie umgesetzt wird. Das ist theoretisch beim sogenannten Topspin möglich, wenn der Ball einen extremen Vorwärtsdrall hat. Im Gegensatz zum Tischtennis ist dieses Kunststück aber beim Fußball sehr schwierig, und es funktioniert auf trockenem Boden besser als auf nassem.

Der Glaube an die beschleunigende Wirkung des nassen Rasens kommt wohl eher daher, dass der Ball auf feuchtem Untergrund nicht so stark abgebremst wird wie auf trockenem. Wenn er bei seinem parabelförmigen Flug auf den Rasen springt – ein Vorgang, der etwa acht Millisekunden dauert –, dann rutscht er zunächst ein Stückchen, wobei er durch die Reibung mit dem Boden stark abgebremst wird. Dann folgt eine kurze Rollphase, bevor er sich wieder in die Luft erhebt. Weil auf nassem Rasen die Reibung erheblich geringer ist als auf trockenem, geht während der Rutschphase weniger Energie verloren, eventuell kommt er gar nicht erst ins Rollen. Man kann also zusammenfassen: Der Ball wird nicht schneller, sondern allenfalls weniger langsam.

Man gähnt, weil man unter Sauerstoffmangel leidet

Stimmt nicht. Gähnen gehört zu den Körperphänomenen, über die wir erstaunlich wenig wissen. Irgendeinen Zweck muss es erfüllen, schließlich wird auch im Tierreich viel gegähnt. Das Gähnen hat eine soziale Komponente, es ist offenbar ansteckend (siehe den ersten «Stimmt's?»-Sammelband). Aber was hat der Körper davon, wenn wir gähnen?

Einer der größten Gähnexperten ist der amerikanische Psychologe Robert Provine von der University of Maryland, der mit seinen Studenten schon unzählige Experimente durchgeführt hat. Auch die Sauerstoffthese hat er getestet. Gähnen wir bei einer Unterversorgung mit dem Gas mehr? Dazu ließ er seine Probanden Luft mit unterschiedlichem Sauerstoffanteil atmen – von 20 Prozent, wie sie in der normalen Atemluft enthalten sind, bis zu 100 Prozent. Die Gähnrate blieb bei diesen Versuchen erstaunlich konstant bei etwa 24-mal pro Stunde. Auch als er den Sauerstoffanteil konstant ließ und die Konzentration von CO_2 erhöhte (das ist die Hauptursache dafür, dass wir in «verbrauchter Luft» müde werden), gähnten die Testpersonen nicht häufiger.

Was könnte sonst der Grund fürs Gähnen sein? Oft unterstellen wir ja Menschen, die zum Beispiel in einer Konferenz gähnen, dass sie sich langweilen. Aber es gibt auch andere Erklärungen. Gähnen kühlt das Gehirn, sagen manche Forscher. Gähnen steigert unsere Leistungsbereitschaft, sagen andere, und macht uns fit für wichtige Aufgaben. Zum Beispiel gähnen Leistungssportler vor dem Wettkampf besonders viel oder auch Fallschirmspringer vor dem ersten Sprung. Wer also in einer Sitzung vom Chef bei einem verstohlenen Gähner ertappt wird, der kann sich immer damit herausreden, dass er sich gerade auf eine besondere Herausforderung vorbereitet und dazu einen kühlen Kopf benötigt.

Galilei warf Kugeln vom Turm zu Pisa, um die Fallgesetze zu testen

Stimmt nicht. Die Feststellung hat zwei Komponenten. Erstens: Hat Galilei Dinge vom Schiefen Turm geworfen? Die Anekdote stammt von seinem ersten Biographen Vincenzio Viviani, dem sie der greise Forscher erzählt haben soll. Von den meisten Historikern wird sie aber bezweifelt, da es dafür keine weitere Quelle gibt.

Zweitens: Hat er mit solchen Experimenten die Fallgesetze entdeckt? Das konnte er gar nicht, denn die Uhren waren in der damaligen Zeit viel zu ungenau, um derart schnelle Bewegungen exakt zu messen. Galilei benutzte dafür schiefe Ebenen, auf denen er Kugeln rollen ließ. Dort finden Fallprozesse quasi «in Zeitlupe» statt.

In Galileis Frühwerk «De Motu», das um 1590 entstand, schrieb der Forscher aber tatsächlich einmal von Türmen und Würfen. In der Arbeit versuchte er, die falsche These von Aristoteles zu widerlegen, dass die Fallgeschwindigkeit eines Körpers von seinem Gewicht abhängt. Der junge Galilei entwickelte eine alternative, leider ebenfalls falsche Theorie, nach der nicht das Gewicht, sondern die Dichte eines Körpers die Fallgeschwindigkeit bestimmt – durchaus nicht unplausibel, wenn man sich etwa die Situation unter Wasser betrachtet: Körper mit mehr Auftrieb (der tatsächlich von der Dichte abhängt) schweben langsamer zu Boden als Körper mit weniger Auftrieb.

Aber Galileo war im Gegensatz zu vielen seiner Zeitgenossen offen für Erkenntnisse, die aus Experimenten gewonnen werden, und er sah ein, dass die Wirklichkeit seiner Theorie offenbar Hohn sprach: «Denn wenn man zwei unterschiedliche Körper nimmt, die solche Eigenschaften haben, dass der erste zweimal so schnell fallen sollte wie der zweite, und lässt sie von einem Turm fallen, dann erreicht der erste den Boden nicht wesentlich schneller als der zweite.» Gleich große Holz- und Eisenkugeln fallen ziemlich genau gleich schnell, auch wenn das eine Material eine doppelt so große Dichte hat wie das andere. Eine schmerzliche Einsicht, die ihn nicht ruhen ließ, bis er Jahre später das tatsächliche Fallgesetz entdeckte, nach dem zumindest im Vakuum alle Körper dieselbe Beschleunigung erfahren.

In Holland gab es früher eine Gardinensteuer

Stimmt nicht. Wer in den Niederlanden durch die Straßen schlendert, kann so mancher Familie ins Wohnzimmer schauen. Viele Wohnungen sind ebenerdig, und oft hängen keine Gardinen vor den Fenstern. Als Grund wird häufig die Geschichte von der Gardinensteuer bemüht, die es früher gegeben habe. Um die Abgabe zu vermeiden, hätte sich der Niederländer lieber den Blicken der Nachbarn ausgesetzt, und der Brauch habe sich bis heute gehalten.

Wenn es um neue Geldquellen geht, ist der Staat erfinderisch – zur Finanzierung der Kriegsflotte etwa führte Kaiser Wilhelm die deutsche Sektsteuer ein, die bis heute erhoben wird. Und in einigen Ländern gab es früher eine Fenstersteuer, eine bequeme Methode, Gebäude zumindest ungefähr entsprechend ihrer Größe zu besteuern: Die Steuereintreiber mussten nur durch die Straßen gehen und die Fenster zählen, man musste keine großen Messungen durchführen und die Häuser auch nicht betreten. Englische Hausbesitzer reagierten, indem sie ein paar Fenster kurzerhand zumauerten. In den Niederlanden gab es von 1821 bis 1896 die Personalsteuer, in die Mobiliar, Diener, Pferde, der Wert des Hauses und eben auch die Zahl der Fenster eingingen. In kleinen Gemeinden kostete ein Fenster 40 Cents, in größeren 1,10 Gulden pro Jahr.

Von Gardinen war in dieser Steuer nicht die Rede. Dass die Holländer quasi im Schaufenster leben, hat wohl andere Ursachen. Es könnte am Calvinismus liegen, der dort weit verbreitet ist: Wer ein rechtschaffenes Leben ohne Luxus und Ausschweifungen führt, hat nichts zu verbergen – und muss keine Gardinen vors Fenster hängen.

Das Gehirn verbraucht 50 Prozent unserer Energie

Stimmt nicht, jedenfalls für erwachsene Menschen. Deren Gehirn ist zwar auch ein Energiefresser, aber es braucht «nur» 20 Prozent der Energie, die sie sich über Nahrung und Atmung zuführen.

Das ist jedoch immer noch eine ganze Menge, wenn man berücksichtigt, dass der Denkklumpen in unserem Kopf nur etwa zwei Prozent der Körpermasse ausmacht. Babys dagegen benötigen tatsächlich die Hälfte ihrer Energiezufuhr für die Entwicklung des Gehirns. In dieser frühen Lebensphase wächst der Kopf rapide, und im Hirn werden viele Synapsen gebildet, also die Verbindungen zwischen den Gehirnzellen. Nach dem fünften Lebensjahr lernen wir nur noch, indem wir einen Teil der Synapsen wieder entfernen, das Gehirn arbeitet dann insgesamt «ökonomischer».

Was den Energielieferanten Glukose (vulgo Traubenzucker) angeht, so braucht auch das erwachsene Gehirn nicht nur die Hälfte, sondern sogar 60 Prozent des Gesamtzuckerhaushalts. Und weil es insgesamt nur 33 Gramm des süßen Treibstoffs zwischenspeichern kann, ist eine stetige Glukosezufuhr über das Blut äußerst wichtig. Eine Banane oder ein Brötchen vor der Mathearbeit kann also durchaus eine positive Wirkung haben – übrigens eine bessere als reiner Traubenzucker, der zwar sehr schnell ins Blut geht, dessen Wirkung aber nach wenigen Minuten verpufft.

Der Mensch nutzt nur zehn Prozent seiner Gehirnkapazität

Stimmt nicht. Vor allem in esoterischen Kreisen wird diese angebliche Tatsache gern bemüht – meist verbunden mit der Aufforderung, die brachliegenden neun Zehntel des Hirns endlich in einem teuren Kursprogramm zu aktivieren. So wirbt zum Beispiel die Scientology-Organisation mit dem Porträt von Albert Einstein, dem die Aussage zugeschrieben wird. Doch soll, so heißt es in anderen Quellen, schon der amerikanische Psychologe und Philosoph William James Ende des 19. Jahrhunderts eine entsprechende Bemerkung gemacht haben, und der Anthropologin Margaret Mead wird nachgesagt, sie sei sogar der Meinung gewesen, wir benutzten lediglich sechs Prozent unseres Denkvermögens.

Beginnen wir mit Einstein: Hat er's nun gesagt oder nicht? Alice Calaprice von der Princeton University in New Jersey, die Herausgeberin der Zitatensammlung «Einstein sagt», ist schon öfter danach gefragt worden. «Ich persönlich bezweifle, dass diese Äußerung von ihm stammt», erklärt sie, «denn bestimmt hätte jemand widersprochen, und es hätte eine Diskussion gegeben. Aber natürlich wurde auch nicht jedes Wort, das je aus seinem Munde kam, aufgeschrieben.» Auch die anderen Quellen sind nicht zweifelsfrei zu belegen.

Aber selbst wenn Einstein den Satz fallengelassen hätte: Was könnte er gemeint haben? Sollte die Bemerkung «Nur zehn Prozent des Gehirns werden genutzt» wirklich eine quantitative Aussage gewesen sein, dann bieten sich mehrere Interpretationen an.

Erstens: Neunzig Prozent der Hirnzellen liegen nutzlos im Schädel herum und haben keine Funktion. Aber soweit die Wissenschaft es beurteilen kann, sind alle gesunden Zellen in irgendeiner Weise an den Prozessen im Gehirn beteiligt. Ein Indiz dafür ist, dass beim Ausfall einer Hirnfunktion, beim Verlust eines Auges zum Beispiel, die zuständigen Neuronen zugrunde gehen. Und wenn andere Hirnregionen die Funktion der ausgefallenen Zellen übernehmen, dann scheinen sie das gewissermaßen durch «Mehrarbeit» zu bewerkstelligen und nicht durch die Aktivierung bisher womöglich nicht genutzter Neuronen.

Zweitens: Zu jedem gegebenen Zeitpunkt ist lediglich jede zehnte Gehirnzelle aktiv. Da kann man nur sagen: Gut, dass es nicht alle sind, denn das wäre gleichbedeutend mit einem epileptischen Anfall.

Überhaupt ist die Vorstellung irrig, mehr Hirnaktivität sei gleichbedeutend mit «besserem» Denken. Detlef Linke, verstorbener Hirnforscher an der Universität Bonn, wies darauf hin, dass unsere intellektuelle Leistung oft darin besteht, viele Einzelerfahrungen in einem «Superzeichen» zusammenzufassen – Abstraktion macht das Denken ökonomischer. Linke schätzte, dass fünfzig Prozent aller Hirnfunktionen inhibitorisch sind, dass sie also die Aktivität der grauen Zellen verringern und nicht verstärken. Mehr «Flackern» im Schädel bedeutet also nicht, dass wir es mit einem klügeren Kopf zu tun haben.

Eine dritte Interpretation: Wir nutzen nur einen Bruchteil unseres Erinnerungsvermögens, könnten uns also eigentlich viel mehr Dinge merken. Aber das Gehirn hat keine «Speicherzellen» wie ein Computer. Erinnerungen sind Muster, an denen viele Zellen beteiligt sind, und die Zahl dieser Muster ist unbegrenzt. Niemand weiß, wie viel Information man dem Gedächtnis maximal eintrichtern kann.

Die Vorstellung, die Natur schaffe ein Organ wie das Gehirn, das sehr viel Energie verbraucht, und nutze dann nur ein Zehntel davon, ist für Biologen überhaupt sehr fremd. Der Anpassungsdruck der Evolution hat immer für sehr große Effektivität gesorgt. Oder, wie der kanadische Psychologe Barry Beyerstein sagt: «Wie lange würden Sie eine riesige Stromrechnung in Kauf nehmen, um zehn Zimmer in Ihrem Haus zu heizen, wenn Sie ohnehin nie die Küche verließen?»

Bleibt noch die Erklärung, dass Einstein die Äußerung, wenn sie denn von ihm stammt, metaphorisch gemeint hat: Wir alle würden gut daran tun, unseren Grips ein wenig mehr einzusetzen. Und wer wollte ihm da widersprechen?

Man kann einen Menschen ohne Spuren umbringen, indem man ihm unbemerkt fein gemahlenes Glas ins Essen mischt

Stimmt nicht. «Wenn ich jemanden umbringen wollte», sagt der Rechtsmediziner Alfred Du Chesne von der Universität Münster, «dann würde ich mir etwas anderes überlegen.»

Vorab: Natürlich sind größere Glassplitter gefährlich, wenn man sie verschluckt. Sie können die Speiseröhre oder die Verdauungsorgane verletzen und zu inneren Blutungen führen, die unter Umständen tödlich enden. Die Rede ist hier aber von «fein gemahlenem Glas». Irgendwie hat sich die Legende verbreitet, dass dieses Glasmehl, über längere Zeit eingenommen, wie ein Gift wirkt und Menschen töten kann. Meist wird dann noch hinzugefügt, dass ein solcher heimtückischer Anschlag im Nachhinein nicht nachweisbar sei.

Glas hat aber keine solchen geheimnisvollen Wirkungen. In wirklich fein gemahlenem Zustand ist es völlig ungefährlich. Der amerikanische Arzt August A. Thomen berichtete schon im Jahr 1941, dass im Auftrag des US-Landwirtschaftsministeriums Fütterungsversuche mit Ratten durchgeführt worden seien. Das Ergebnis der damaligen Studien: Die Nager hätten sogar eine Diät mit grob gemahlenem Glas überlebt.

Generell kann man sagen: Was das Opfer beim Essen nicht bemerkt, das richtet auch keine inneren Schäden an. Und wenn einmal jemand tatsächlich scharfkantige Glassplitter verschluckt, dann sind sie nach Du Chesnes Worten auch im Inhalt von Magen oder Darm nachweisbar – also kein Rezept für einen «perfekten Mord».

Der Genitiv-Apostroph im Deutschen («Tanja's Salon») ist ein moderner Anglizismus

Stimmt nicht. Der Apostroph bezeichnet eine Auslassung, und beim Genitiv wird nichts ausgelassen, deshalb ist das Zeichen an dieser Stelle «falsch». Aber das war nicht immer so: Seit Anfang des 17. Jahrhunderts wurde der Strich im Deutschen auch für den Genitiv benutzt, zunächst dichterisch bei Formen, wo der Poet tatsächlich etwas ausließ, um das Wort ins Versmaß zu zwängen («Gott's Verstand»), später dann auch bei Eigennamen und geographischen Bezeichnungen («Berlin's»). Die Akzeptanz hing immer davon ab, was die obersten Sprachwächter meinten: Adelung tolerierte in seinem Wörterbuch von 1811 den Genitiv-Apostroph, woraufhin der Gebrauch kräftig zunahm.

Jacob Grimm war ein Apostroph-Gegner, und Konrad Duden

schloss sich ihm an. Im ersten Duden hieß es 1880: «Bei Eigennamen ist es nicht erforderlich, das S des Genitivs durch einen Apostroph abzutrennen.» Thomas Mann hat sich trotzdem nicht immer daran gehalten.

Der Genitiv-Apostroph ist also kein Anglizismus, auch wenn das Englische zu der neuerlichen Epidemie beigetragen haben mag. Nach der reformierten Rechtschreibung wird sein «gelegentlicher Gebrauch» wieder toleriert. Als falsch gelten dagegen weiterhin der Plural-Apostroph («Top-Job's», gefunden in der *ZEIT*) sowie diverse kreative Neuschöpfungen, die man auf «Apostroph-Hasser-Seiten» im Netz findet: «Weihnacht'sBaum», «Bauer'n Hof», «Bierstüb'le», «Nudel'n» und «nicht's».

Je nach Windrichtung werden Geräusche mehr oder weniger weit getragen

Stimmt. Aber wie schafft es eine Luftströmung, die sich mit wenigen Metern pro Sekunde bewegt, Schallwellen zu «tragen», deren Geschwindigkeit 330 Meter pro Sekunde beträgt? An der minimalen Beschleunigung der Schallausbreitung kann es nicht liegen.

Es hat etwas mit Brechung zu tun. Denn nicht nur Lichtwellen, auch Schallwellen können gebrochen werden. Normalerweise breitet sich der Schall von seiner Quelle aus geradlinig und kugelförmig aus. Bei Wind ändert sich das. Das liegt daran, dass die Windgeschwindigkeit in den unterschiedlichen Luftschichten nicht konstant ist, meist nimmt sie vom Boden aus nach oben hin zu. Das bedeutet, dass der Schall bei Rückenwind in der Höhe zusätzlichen Schub bekommt. Die Folge: Die Schallwellen werden gebrochen und ändern ihre Richtung – wie Lichtstrahlen, die in ein anderes Medium mit höherer optischer Dichte eintreten.

ICH STEHE LEIDER IM SCHALLSCHATTEN, ABER ETWA HUNDERT METER GEGEN DEN WIND SIND SI ZU HÖREN. DA HAT SICH EIN HALBKREIS "UM SIE" GEBILDET.
DA WÜRDE ICH DIE KISTE FÜRS GELD HINSTELLEN

Der Rückenwind lenkt nun in der Höhe Wellen, die den Zuhörer sonst nicht erreichen würden, zum Boden hin ab – sie können auf diese Weise sogar Hindernisse wie Mauern oder Häuser überwinden. Die entfernte Blaskapelle klingt sehr laut.

Spielt sie allerdings gegen den Wind, werden die Schallwellen vom Boden weggebrochen und quasi in den Himmel geschickt. Der Schallpegel sinkt, es kann sogar ein «Schallschatten» entstehen, in dem praktisch nichts von der Musik zu hören ist, obwohl zwischen der Kapelle und dem Zuhörer kein Hindernis steht.

Die Ernährung der Frau vor der Schwangerschaft hat einen Einfluss auf das Geschlecht des Babys

Stimmt. Es gibt einige Legenden, wie man angeblich das Geschlecht des Babys beeinflussen kann – etwa indem das Paar bestimmte Fruchtbarkeitstage abpasst oder gar während des Zeugungsakts besondere gymnastische Stellungen einnimmt.

Fast all das ist Humbug. Aber 2008 ging eine neue Meldung zum Thema durch die Presse: Das Geschlecht des Kindes hänge von der Art und Weise ab, wie die Mutter sich ernähre.

Natürlich kann es nur um die Ernährung vor der Empfängnis gehen – sind Samen- und Eizelle einmal verschmolzen, steht das Geschlecht fest. Forscher der britischen University of Exeter haben 740 Schwangere, die das Geschlecht des Kindes noch nicht kannten, nach ihren Ernährungsgewohnheiten befragt und sie je nach Kalorienzufuhr in drei Gruppen eingeteilt. In der Gruppe, die am kräftigsten zulangte, wurden 56 Prozent Jungen geboren, in der Gruppe mit der niedrigsten Energiezufuhr waren es nur 45 Prozent. Eine andere Version des Ergebnisses: Mütter von Mädchen konsumierten pro Tag im Schnitt 2283 Kilokalorien, Mütter von Jungen 2413. «Auch

der Konsum von Frühstückscerealien war stark mit der Geburt eines männlichen Kinds assoziiert», sagte die Leiterin der Studie, Fiona Matthews.

Offenbar sind die Wissenschaftler da einem Phänomen auf der Spur, auch wenn sie noch nicht die geringste Ahnung haben, wie diese Geschlechterselektion funktionieren könnte. Deshalb meldeten sich auch sofort Kritiker zu Wort: «Eine Korrelation macht noch keine Wahrheit», kommentierte der Reproduktionsexperte Paul Mergell. Das Geschlecht eines Babys wird durch die männliche Samenzelle festgelegt – und niemand kann erklären, wieso das Ei einer wohlgenährten Mutter männliche Spermien bevorzugen sollte.

Immerhin hat man auch schon bei Pferden, Kühen und sogar einigen Insektenarten festgestellt, dass in Zeiten, in denen die Nahrung knapp ist, vermehrt weibliche Nachkommen geboren werden. Die Forscher glauben mit ihren Zahlen auch erklären zu können, warum in der westlichen Welt der Anteil der Jungengeburten stetig zurückgeht: Es liege daran, dass die Frauen allgemein weniger äßen und gerne das Frühstück ausfallen ließen.

Sollen Frauen nun ihre Ernährung umstellen, um gezielt einen Sohn oder eine Tochter zu bekommen? Davon kann man nur abraten – es geht bei alldem ja lediglich um eine kleine statistische Abweichung.

Gestillte Kinder sind intelligenter als ungestillte

Stimmt. Das jedenfalls ist das Ergebnis der meisten Studien, die sich mit dem Thema beschäftigen.

In Dänemark untersuchten Erik Lykke Mortensen und seine Kollegen vom Kopenhagener Kommunehospitalet 3000 Menschen, die zwischen 1959 und 1961 geboren worden waren. Die Mütter wurden nach ihren Stillgewohnheiten befragt, und die mittlerweile erwachsenen Kinder absolvierten einen Intelligenztest. Ergebnis: Die Kinder, die gar nicht oder maximal einen Monat lang gestillt worden waren, hatten den niedrigsten IQ (durchschnittlich 99,4), wer hingegen sieben bis neun Monate an der Mutterbrust gesaugt hatte, kam im Schnitt auf einen Wert von 106. Interessantes Detail der Untersuchung: Bei noch längerer Stillzeit nahm die Intelligenz wieder ab.

In einer sogenannten Metastudie verglichen James Anderson und Kollegen im *American Journal of Clinical Nutrition* 20 Studien, die sich mit der Auswirkung des Stillens auf die kognitiven Fähigkeiten des Kindes beschäftigen. Auch hier schnitten die Stillkinder in den Tests generell besser ab.

Es sind sogar schon Kandidaten für die schlau machenden Substanzen in der Muttermilch identifiziert worden: die Fettsäuren Docosahexansäure (DHA) und Arachidonsäure (AA). In anderen klinischen Versuchen wurde nämlich gezeigt, dass Flaschennahrung, der man diese Fettsäuren zusetzt, offenbar für eine bessere Hirnentwicklung der Kinder sorgt.

Das heißt natürlich noch nicht, dass durch solche Zusätze die Muttermilch gänzlich ersetzbar wäre. Sie enthält ja einen ganzen Cocktail an Substanzen, die längst noch nicht alle identifiziert sind. Generell wird daher allen Frauen zum Stillen geraten, die dazu in der Lage sind. Während es bei uns 90 Prozent zumindest in den ersten Lebenswochen tun, liegt in den USA die Flaschenquote bei 40 Prozent.

Alle Intelligenzvergleiche zwischen Flaschen- und Stillkindern sind allerdings noch mit einem gewissen Vorbehalt zu interpretieren: Eine Korrelation lässt noch lange keinen Schluss auf eine wirkliche Ursache zu. Vielleicht neigen ja auch die gebildeteren, wohlhabenderen und um ihre Kinder besorgteren Mütter einfach generell mehr zum Stillen.

Scharfe Gewürze machen das Essen haltbarer

Stimmt. Gerade in warmen und heißen Gegenden der Welt, wo das Essen ohne Kühlung sehr schnell verdirbt, wird auch häufig sehr scharf gegessen. Kommt das von der konservierenden Wirkung der Gewürze, oder hat es einfach den Zweck, den Geschmack von Speisen zu übertünchen, die schon etwas angegammelt sind, wie manche vermuten?

Die konservierende Wirkung von Gewürzen ist schon seit vielen Jahrhunderten bekannt. Vielleicht haben die Inkas sogar deshalb damit begonnen, Chili in ihre Speisen zu mischen. Ägypter, Griechen und Römer haben Senf verwendet, um Fleisch haltbarer zu machen.

Dass das keine Legende ist, haben auch wissenschaftliche Untersuchungen ergeben. Im Jahr 2002 machte ein Team um Pedro Roncales von der spanischen Universität von Saragossa einen Versuch mit Rinderhack: Acht Portionen Burger-Fleisch, jeweils mit unterschiedlichen Mengen von Paprikapulver und Cayennepfeffer versetzt, ließ man bei 20 Grad vor sich hin gammeln. Während das unbehandelte Fleisch sich vier Tage hielt (und auch da wird der Verzehr schon einer Mutprobe gleichgekommen sein), blieb das gewürzte Fleisch bis zu 16 Tage lang genießbar – sowohl mit süßem als auch beim scharfen Pulver.

Daraus lässt sich schließen: Offenbar haben schädliche Mikroorganismen eine Abneigung gegen scharfe Gewürze. Und weil Chili, Pfeffer und Paprika sogenannte Antioxidantien enthalten, verzögern sie auch das Verderben des Fleisches durch Oxidation.

Eine ähnliche Wirkung kann man offenbar schon beim lebenden Tier erzielen: Mit Chili gefütterte Hühner (Vögel haben offenbar keine Sensoren für dessen Schärfe) infizierten sich in einem Versuch der Virginia Tech University (USA) nur halb so oft mit Salmonellen wie normal ernährte.

Glas ist nicht fest, es fließt – wie alte Kirchenfenster beweisen, die unten dicker sind als oben

Stimmt nicht. Vielleicht rührt die Legende daher, dass selbst Wissenschaftler Glas manchmal als «eine Flüssigkeit» beschreiben, «die die Fähigkeit zu fließen verloren hat» – so C. Austin Angell in einem *Science*-Artikel. Aber das ist eine eher philosophische Bemerkung und hat mit den physikalischen Eigenschaften von Glas herzlich wenig zu tun.

Unsere Unterscheidung der Aggregatzustände geht auf die alten Griechen, etwa Aristoteles, zurück. Einfach, wie das Weltbild damals war, unterschied man drei Zustandsformen der Materie: fest, flüssig und gasförmig. Wasser ist ein Beispiel für eine Substanz, die (unter normalen Bedingungen) saubere «Phasenübergänge» demonstriert: Bei ganz bestimmten Temperaturen (die vom Umgebungsdruck abhängen) wechselt es seinen Aggregatzustand. Jeder Phasenübergang ist mit einer sprunghaften Veränderung der physikalischen Eigenschaften verbunden – Wasser ist entweder gefroren oder flüssig, es gibt keinen «weichen» Übergang. Das liegt daran, dass festes Wasser Kristalle bildet, und diese Struktur ist entweder vorhanden oder nicht.

Heute ist die Einteilung der Aggregatzustände ziemlich obsolet. Es gibt zu viele Stoffe, die in diese klaren Kategorien nicht hineinpassen, etwa Gele, Polymere, Flüssigkristalle, Kolloide – und eben auch Gläser. Glas bildet sich auf folgende Weise: Eine flüssige Schmelze wird immer tiefer abgekühlt, bis unter ihren Schmelzpunkt. Dann ist sie eine sogenannte unterkühlte Flüssigkeit. Die Viskosität (also die Zähigkeit) steigt immer weiter an, und schließlich erstarrt der Brei zu Glas – einem «amorphen Festkörper». Amorph deshalb, weil die Moleküle in einer zufälligen, unregelmäßigen Struktur eingefroren werden.

Es gibt weder eine definierte Temperatur, bei der dieser Übergang geschieht, noch eine sprunghafte Veränderung der Eigenschaften. Es ist, für die Physikkenner, ein «Phasenübergang zweiter Ordnung». Für den Laien reicht es zu wissen, dass tatsächlich ein Übergang stattfindet – die Vorstellung, es sei eine «sehr, sehr langsam fließende Flüssigkeit», ist falsch.

Was heißt eigentlich flüssig? Bei Flüssigkeiten ist die Verformung proportional zur einwirkenden Kraft. Auch kleine Kräfte, etwa das eigene Gewicht, haben über große Zeiträume auch große Wirkungen. Bei Festkörpern, seien es kristalline oder amorphe, ist eine Mindestkraft erforderlich, um die Moleküle aus ihrer Ordnung zu lösen. Genau das ist bei Glas der Fall: Unterhalb einer gewissen Temperatur, die von der genauen Zusammensetzung abhängig ist und irgendwo

OB UNTEN DICKER ALS OBEN ODER OBEN DICKER ALS UNTEN – VOR GOTT SIND ALLE KIRCHEN-FENSTER GLEICH.
RATTELSCHNECK

zwischen 300 und 600 Grad Celsius liegt, zerspringt es eher, als dass sich die Moleküle frei gegeneinander verschieben.

Dass die Vorstellung vom fließenden Glas irrig ist, zeigt das Beispiel von Teleskoplinsen. Es gibt sehr große Teleskope, von denen einige schon über hundert Jahre alt sind. Wären diese auch nur um Bruchteile von Millimetern «zerflossen», so wären sie heute völlig unbrauchbar. Das ist aber nicht der Fall.

Wohl kann sich Glas elastisch verbiegen – das ist der Grund, warum die Größe von Linsenteleskopen begrenzt ist. Das Glas «hängt durch», kehrt aber bei genügender Unterstützung wieder in seine ursprüngliche Form zurück.

Warum aber sind dann viele alte Fenster tatsächlich unten dicker als oben? In dem Artikel «Antique windowpanes and the flow of supercooled liquids», erschienen 1989 im *Journal of Chemical Education*, weist Robert C. Plumb darauf hin, dass es in früheren Jahrhunderten noch nicht möglich war, so ebenmäßige Glasscheiben herzustellen wie heute. Damals wurde das Glas zunächst zu großen Flaschen geblasen und dann durch Rotation zu einer flachen Scheibe gedreht. Diese Scheiben, aus denen die Fenster geschnitten wurden, waren oft am Rand dicker als in der Mitte. Und es ist nur logisch, dass die Glaser dann die Fensterscheibe auf das dickere Ende gestellt haben – der Stabilität wegen.

Und selbst das war nicht immer so: Auf der International Conference on Industry Education, die 1995 im englischen York abgehalten wurde, berichtete Peter Gibson von seiner langjährigen Arbeit an mittelalterlichen Glasfenstern. Im Lauf der Zeit, sagte Gibson, habe er Hunderte von Fenstern gesehen, die oben dicker gewesen seien als unten.

Hinter einer Glasscheibe kann man nicht braun werden

Stimmt. Jedenfalls gilt das für Fensterglas und das Verbundglas der Autofenster. Doch es gibt durchaus Spezialgläser, die ultraviolettes Licht durchlassen – sonst wäre die Herstellung von Neonröhren für Solarien verlorene Liebesmüh.

Braun werden ist ein komplizierter Vorgang, wie mir Günther Mattes vom Glashersteller Vegla erklärt hat. Die gefährlichsten UV-Strahlen sind die kurzwelligen UVC-Strahlen, vor denen uns die Ozonschicht in der Atmosphäre schützt. Die UVB-Strahlen (Wellenlänge 280 bis 315 Nanometer) stimulieren an der Hautoberfläche die Produktion von Pigmenten, sind also die eigentlich bräunenden Strahlen. Die längerwelligen UVA-Strahlen (315 bis 380 Nanometer) dringen tiefer ein und können die unteren Hautschichten schädigen, ohne dass ein Effekt sichtbar wird. Um braun zu werden, braucht der Mitteleuropäer allerdings beide UV-Typen.

Fensterglas (Fachterminus: «Floatglas») blockt UVB-Strahlen fast komplett ab, lässt aber UVA-Strahlen durch. Deshalb wird man hinter der Glasscheibe nicht braun, eine vorzeitige Alterung der Haut oder eine Sonnenallergie sind dennoch möglich. Autowindschutzscheiben bestehen dagegen heute meist aus Verbundglas. Die darin verarbeiteten Folien sorgen dafür, dass praktisch das gesamte UV-Spektrum absorbiert wird.

Männer mit Glatzen sind mit überdurchschnittlicher Potenz gesegnet

Stimmt nicht. Zwar beeinflussen die männlichen Sexualhormone wie das Testosteron den Haarwuchs, und zwar auf sehr unterschiedliche Art und Weise, je nach Körperregion: In manchen Bereichen, etwa beim Bart, unter den Achseln oder auf der Brust, fördern sie die Körperbehaarung, auf dem Kopf dagegen sind sie für das Wachstum der Haare eher hinderlich, wie die meist erblich bedingte Glatzenbildung bei Männern belegt. Dabei lagert sich das Testosteron an der Haarwurzel ab und schneidet sie allmählich von der lebenswichtigen Blutzufuhr ab.

Es ist nun aber nicht so, dass die Glatzenträger unbedingt mehr Testosteron im Blut hätten. Der Hauptgrund ist die größere Zahl der entsprechenden Rezeptoren an den Haarwurzeln. Auf diesem Mechanismus bauen übrigens auch neuartige Anti-Glatzen-Medikamente auf: Sie sollen hormonell diese Rezeptoren in ihrer verhängnisvollen Aktivität behindern.

Aber selbst wenn manche Glatzenträger tatsächlich einen höheren Testosteronspiegel haben als ihre üppig behaarten Geschlechtsgenossen: Dass die Potenz eines Mannes von der Menge des Testosterons im Blut abhänge, sei ohnehin ein Ammenmärchen, so der Androloge Wolfgang Schulze von der Hamburger Uniklinik: «Ein Auto mit 50 Litern Sprit im Tank fährt nicht schneller als eines mit 25 Litern.»

Alles Gold der Welt, das bisher gefördert wurde, passt in einen Würfel mit einer Seitenlänge von 20 Metern

Stimmt. Gold ist eigentlich gar nicht so selten. In der Erdkruste gibt es davon 30 Milliarden Tonnen. Der Wert eines Metalls bestimmt sich aber auch gar nicht so sehr nach seiner Häufigkeit, sondern nach dem Aufwand zu seiner Gewinnung. Und weil die Goldkonzentration im Boden meist sehr gering ist – im Durchschnitt weniger als ein millionstel Prozent –, lohnt sich die Ausbeutung in den meisten Fällen nicht.

Jährlich werden auf der Welt 2500 Tonnen Gold gefördert. Würde man aus dieser Menge einen Würfel formen, hätte er eine Kantenlänge von fünf Metern. Anders gesagt: Man könnte mit der jährlichen Goldfördermenge ein Wohnzimmer füllen.

Aber kann man annähernd schätzen, wie viel Gold in der Menschheitsgeschichte produziert wurde? Man kann. Das liegt daran, dass bis ins 18. Jahrhundert hinein die Fördermengen sehr viel geringer waren. Die Goldproduktion des Römischen Reichs wird auf acht Tonnen pro Jahr geschätzt. Im Mittelalter, als die leicht erreichbaren europäischen Vorkommen weitgehend erschöpft waren, sank die Jahresförderung sogar auf mickrige drei Tonnen. Erst mit der Kolonialisierung begann die industrielle Ausschöpfung der Goldminen; das 19. Jahrhundert erlebte einen Goldrausch. Aber mehr als 80 Prozent der bisherigen Goldproduktion der Menschheit, so schätzt das amerikanische United States Geological Survey, wurden nach 1900 gefördert, 50 Prozent seit 1960. Und so kann man die Gesamtmenge recht genau schätzen, auf etwa 160 000 Tonnen. Würde man die in einen Würfel pressen, so betrüge dessen Kantenlänge tatsächlich etwas über 20 Meter.

(Für diejenigen, die sich darüber wundern, dass doch jedes Jahr ein Würfel mit fünf Meter Kantenlänge dazu kommt: der lässt die Größe der gesamten Würfelseite nur um etwa zehn Zentimeter wachsen!)

Weil Gold so begehrt ist, wird es gut aufgehoben. Von dem hypothetischen Goldwürfel sind bisher nur etwa zehn Prozent verlorengegangen.

Goldfische haben ein Gedächtnis von drei Sekunden

Stimmt nicht. Die Mär vom Drei-Sekunden-Gedächtnis der Goldfische ist nichts weiter als eine Entschuldigung von Tierquälern, die ihre Fische in zu engen Aquarien halten – nach der Devise: Selbst die kargste Umgebung bietet dem Tier immer wieder etwas Neues. Wenn man sie in einem Goldfischglas hält, haben sie nach einer Umrundung alles vergessen, und die Behausung erscheint ihnen ganz neu. Aber das kleine kugelförmige Goldfischglas gilt heute nicht mehr als eine artgerechte Behausung für die Fische.

Aber auch die Wissenschaftler haben die Gehirnleistung der Fische lange Zeit unterschätzt. Schließlich ist es gar nicht so einfach herauszufinden, was sich so ein stummes Tier merken kann. In den vergangenen Jahren hat es aber einige Experimente gegeben, bei denen Fische ein erstaunliches Lernvermögen gezeigt haben, das teilweise an die Gelehrigkeit von Hunden erinnert – und Gelerntes zu reproduzieren ist ja eine Art der Erinnerung.

So gelang es Phil Gee von der britischen Plymouth University, Goldfischen beizubringen, einen Hebel zu drücken, um an ihr Futter zu kommen. Und nicht nur das: Die Fische lernten sogar, dass der Mechanismus immer nur zu einer bestimmten Stunde des Tages aktiv war, und kamen dann pünktlich zum Essen angeschwommen. Sein Kollege Jothan Lovell von derselben Hochschule trainierte seine Fische auf ein bestimmtes Tonsignal – fortan konnte der Forscher die Tiere regelrecht zur Fütterung herbeirufen. «Die Wissenschaft weiß schon seit langem, dass Goldfische ein Gedächtnis von mehr als drei

Sekunden haben», sagt Gee. «Die Untersuchungen zeigen, dass ihre Gedächtnisspanne mindestens drei Monate beträgt.»

Alle heute lebenden Goldhamster stammen von wenigen Exemplaren ab, die 1930 ein Forscher aus Syrien mitgebracht hat

Stimmt. Als eigenständige Spezies wurde der Goldhamster erstmals 1839 von dem britischen Zoologen George Robert Waterhouse beschrieben. Sein Beleg war das recht schäbige Fell eines verstorbenen Weibchens. Später wurden die putzigen Tiere noch ein paarmal nach Großbritannien exportiert, aber bis 1920 waren alle bekannten Exemplare gestorben.

Im Jahr 1930 suchte der Parasitologe Saul Alder von der Hebrew University in Jerusalem nach Hamstern als Versuchstieren für seine medizinischen Forschungen. Er bat einen Kollegen, den Biologen Israel Aharoni, ihm einige Exemplare aus Syrien mitzubringen, wo die ersten Goldhamster gefunden worden waren. Aharoni gelang es mit Hilfe einheimischer Bauern, in zweieinhalb Meter Tiefe ein Nest mit einer Hamstermutter und elf Jungen auszugraben. Die Mutter biss sofort eines ihrer Kinder tot (um ihm das Leben als Versuchstier zu ersparen, notierte Aharoni) und wurde eingeschläfert, bevor sie dasselbe mit den anderen Jungen tun konnte. Vom Rest des Wurfs entkamen beim Transport alle Tiere bis auf vier – drei Männchen und ein Weibchen. In Jerusalem gelang es, binnen eines Jahres daraus 150 Goldhamster zu züchten. Bald schon wurden sie nach England und in die USA exportiert. In Deutschland kam der erste Goldhamster 1945 an, heute leben bei uns etwa eine Million.

Es stimmt also, dass sämtliche Goldhamster von vier Tieren abstammen – zumindest fast alle. In der Folge wurden nämlich noch ein paarmal wilde Goldhamster in Syrien gefangen, und es ist nicht auszuschließen, dass sich einige davon in Gefangenschaft vermehrt haben.

Eine Google-Suche verbraucht so viel Energie wie eine 60-Watt-Birne in einer Stunde

Stimmt nicht. Die Firma Google gibt sich sehr bedeckt, wenn es um ihre Rechenzentren geht – sie sagt nicht, wie viele sie hat, wo sie stehen und wie viel Energie sie verbrauchen. Der Suchmaschinenbetreiber beteuert nur pauschal, sehr energiebewusst zu sein und Strom zu sparen, wo immer es geht.

Kein Wunder also, dass im Netz alle möglichen Gerüchte kursieren, wie viel Strom eine einzelne Internetsuche verbraucht. Die Londoner *Times* schrieb einmal, mit der Energie könnte man das Wasser für eine Kanne Tee zubereiten.

Hinter den Kulissen passiert in den 0,2 Sekunden, die Googles Computer für eine Antwort brauchen, eine Menge. Bis zu 1000 einzelne Rechner sind beteiligt. Trotzdem hält sich die Energie, die dafür benötigt wird, im überschaubaren Rahmen. Google selbst gibt den Stromverbrauch für eine Anfrage (inklusive der Vorarbeiten, die dafür nötig sind, also etwa die Erstellung des Suchindex) mit 0,0003 Kilowattstunden an. Die angesprochene 60-Watt-Birne (die es ja bald nicht mehr geben soll) kann mit dieser Strommenge lediglich 18 Sekunden lang brennen – von wegen eine Stunde.

Google vergleicht auch den CO_2-«Fußabdruck» einer Suche mit dem Autofahren. Das ist natürlich noch schwieriger, weil es dabei immer drauf ankommt, wie der Strom erzeugt worden ist. Jedenfalls kommt die Firma auf einen Wert von 0,2 Gramm CO_2 pro Suchanfrage – das erzeugt ein Auto schon, wenn es nur einen Meter weit fährt.

Das alles klingt nach wenig, aber natürlich macht's die Masse. Jetzt schon brauchen die großen Datencenter in den USA mehr als ein Prozent des Stroms. Oder anders gesagt: Die meisten Länder der Erde verbrauchen weniger Elektrizität, als allein die Google-Server benötigen.

Der Genuss von Grapefruitsaft verändert die Wirkung von Medikamenten

Stimmt. Erst vor etwa 17 Jahren entdeckte man, dass Grapefruitsaft offenbar in der Lage ist, die Wirkung vieler Medikamente zu beeinflussen. In einigen Ländern wird auf den Beipackzetteln der betroffenen Medikamente vor dem Genuss von Pampelmusen gewarnt, in Deutschland ist das längst nicht immer der Fall.

Die Früchte enthalten sogenannte Bioflavonoide. Das ist eine große Gruppe von pflanzlichen Substanzen, denen vielerlei Wirkungen nachgesagt werden. Bei der Grapefruit geht es um das Naringin, das auch für den charakteristischen Bittergeschmack verantwortlich ist. Dieser Stoff hat im Darm eine hemmende Wirkung auf die Enzyme, die dort die Wirksubstanzen von Medikamenten abbauen. Weniger Abbau bedeutet: Es gerät mehr von den Stoffen in die Blutbahn, sodass die Wirkung der Arzneien verstärkt wird.

Betroffen sind durchaus starke Medikamente, etwa Herz-, Krebs- und Asthma-Arzneien, Potenzmittel und Antidepressiva. Und ausgerechnet bei der Antibabypille reduzieren die Südfrüchte die Wirkung. Auch für Orangensaft ist nachgewiesen worden, dass er die Bioverfügbarkeit von Medikamenten reduzieren kann.

Ärzte haben schon ernsthaft erwogen, den Verstärkungseffekt der Grapefruit gezielt zu nutzen, um die Dosis eines Medikamentes herabzusetzen. Das scheitert aber am stark schwankenden Gehalt von Flavonoiden im Grapefruitsaft. Am besten verzichtet man bei der Einnahme von Medikamenten ganz auf den Genuss von Pampelmusensaft.

Man kann über Nacht graue Haare bekommen

Stimmt nicht. Auch wenn in der Literatur immer wieder Fälle auftauchen, in denen ein besonders schlimmes persönliches Erlebnis dazu führt, dass jemand am nächsten Morgen mit grauem oder weißem Schopf aufwacht. Schon Grimmelshausen erzählte im «Simplicissimus» von einem Mann, dessen Haare und Bart eines Morgens grau waren, «wiewohl er den Abend als ein dreißigjähriger Mann mit schwarzen Haaren zu Bette gegangen» sei. Und in dem Gedicht «Die Füße im Feuer» von Conrad Ferdinand Meyer (1825–1898) heißt es: «Vor seinem Lager steht des Schlosses Herr – ergraut, / Dem gestern dunkelbraun sich noch gekraust das Haar.»

Solche Geschichten können nicht stimmen: Haare bestehen aus toten Zellen, ähnlich wie Fingernägel. Sind die Farbpigmente einmal drin, bleiben sie dort. Graue (also farblose) Haare können nur von der Wurzel her – also in einem allmählichen Prozess – nachwachsen.

Eine mögliche Erklärung für ein scheinbar schnelles Ergrauen: Bekanntlich übt die Psyche Einfluss auf das Immunsystem aus. Nun gibt es eine Autoimmunkrankheit mit dem Namen *Alopecia areata diffusa*, bei der die Kopfhaare ausfallen. Das kann recht schnell gehen, wenn auch wohl nicht über Nacht. Aus ungeklärten Gründen sind pigmentierte Haare anfälliger für diesen Haarausfall als graue. Auf diese Weise ändert sich das zahlenmäßige Verhältnis der Haare, und der Schopf wirkt nachher grauer – obwohl die grauen Haare schon vorher da waren.

Grönland war früher ein grünes Land

Stimmt nicht. Jedenfalls nicht in historischer Zeit. Vor der Vergletscherung in der Riss-Eiszeit könnte Grönland tatsächlich einmal ein grünes Land gewesen sein. Aber das ist mehr als 200 000 Jahre her, und es war niemand da, um ihm diesen Namen zu geben.

Der Name stammt von den Wikinger-Siedlern um Erik den Roten, die vor über 1000 Jahren von Island hinübersegelten und die Insel entdeckten. Erik war für drei Jahre aus Island ausgewiesen worden, er hatte von einem sagenhaften, fruchtbaren Land im Westen gehört, also segelte er in diese Richtung. Aber auf der Insel, auf die er traf, herrschten damals ähnliche Klimaverhältnisse wie heute – das Land lag zu mehr als 80 Prozent unter einem Eispanzer. Der Großteil der restlichen Fläche war felsig, nur etwa ein Prozent des Landes war für den Ackerbau geeignet und ergrünte zumindest zeitweise in den Sommermonaten. Als Erik nach Verbüßung seines Exils im Jahr 985 wieder in Island ankam, erzählte er seinen Landsleuten trotzdem vom grünen «Grönland» – ein PR-Gag, um Siedler zu rekrutieren. Das funktionierte, mit 25 Schiffen brachen die Wikinger auf, um eine Kolonie in dem gelobten Land zu gründen.

In der Folgezeit wurde es dann vorübergehend noch kälter in Grönland. In der «Kleinen Eiszeit» im 15. Jahrhundert bibberte auch Europa, und Eisberge behinderten den Zugang zu der Insel. Nach 450 Jahren starben die Wikinger auf Grönland aus – aber nicht die Kälte war der Hauptgrund, sondern ihre Lebensweise. Sie versuchten auf Teufel komm raus, ihren gewohnten Stil mit Ackerbau und Viehzucht beizubehalten, anstatt sich wie die einheimischen Eskimos den Verhältnissen ihrer neuen Heimat anzupassen. Eine solche Integrationsunwilligkeit konnte auf die Dauer nicht gutgehen.

Grünkohl soll man bis zum ersten Frost auf dem Feld lassen, weil er dann süßer schmeckt

Stimmt nicht. Oft liest man über den Grünkohl, dass der Nachtfrost die Stärke in seinen Blättern in Zucker verwandele und ihm so einen angenehmeren Geschmack verleihe. Wenn das so wäre, spräche natürlich nichts dagegen, dem Kohl in der Kühltruhe den Kälteschock zu verpassen, das Ergebnis müsste dasselbe sein.

Aber es ist nicht der Frost, der die langen Stärkemolekülketten in ihre zuckrigen Bestandteile zerlegt. Das erledigen Enzyme in der Pflanze. Außerdem ist im reifen Grünkohl kaum noch Stärke enthalten, die sich so umwandeln ließe.

Der geheimnisvolle Mechanismus, der den Kohl bei Kälte süßer macht, sei ein anderer, erklärt Monika Schreiner vom Institut für Gemüse- und Zierpflanzenbau in Großbeeren. Wenn es kalt wird auf dem Acker – Frost ist gar nicht unbedingt erforderlich –, werden die Stoffwechselvorgänge in der Pflanze langsamer. Der Kohl verbraucht weniger von seinem Treibstoff, dem Zucker. Insbesondere wird das Enzym Phosphofruktokinase stark gehemmt. Gleichzeitig läuft aber die Zucker bildende Photosynthese weiter. So wird die Pflanze insgesamt süßer.

Diese Glukose-Anreicherung kann jedoch nur funktionieren, solange der Kohl lebt. Ist er einmal gepflückt, kommt die Photosynthese zum Erliegen, und kein Frost macht ihn mehr süßer. Trotzdem ist auch Tiefkühlkohl genießbar – die Hersteller wählen dafür Sorten, die von vornherein über einen hohen Zuckeranteil verfügen.

Haare und Fingernägel wachsen nach dem Tod weiter

Stimmt nicht. Außer wenn man besonders spitzfindig sein will (siehe unten). Das Phänomen sei ein «postmortales Artefakt», erklärt uns Markus Rothschild, Rechtsmediziner an der Freien Universität Berlin. Immer wieder gebe es Vorkommnisse dieser Art: Eine Leiche wird in der Klinik oder von einem Bestattungsunternehmen fachgerecht präpariert, wozu bei männlichen Toten auch eine Rasur gehört. Anschließend wird der Verstorbene in einem trockenen, gut gelüfteten Kellerraum gelagert. Und ein oder zwei Tage später hat er dann einen Stoppelbart, und die Angehörigen beklagen sich, der Verstorbene sei nicht richtig rasiert worden.

Tatsächlich sind in einem solchen Fall aber nicht die Haare gewachsen. In Wirklichkeit ist die Haut ausgetrocknet und eingeschrumpelt, und dadurch sind die vorher verborgenen Bartstoppeln sichtbar geworden. Bei diesem Vorgang handle es sich um eine Vorstufe der Mumifizierung, erklärt Rothschild, wie sie auch bei Toten zu beobachten sei, die lange in einer trockenen Wohnung gelegen hätten. Von Haarwachstum kann bei Toten keine Rede sein – mit dem Tod kommen alle Lebensprozesse zum absoluten Stillstand. Das sollte Basiswissen jedes Medizinstudiums sein – trotzdem glaubt die Hälfte der fortgeschrittenen Medizinstudenten, die etwa im neunten Semester in die Rechtsmedizin kommen, an die Wachstumslegende.

Hier könnte die Geschichte zu Ende sein, aber da tritt ein weiterer Berliner Wissenschaftler auf den Plan: Professor Manfred Dietel, Pathologe an der Charité. «Die Haare wachsen nach dem Tod kurze Zeit weiter», erklärt der. Denn Tod ist nicht gleich Tod: Während das Gehirn als Erstes stirbt (und der Hirntod wird heute als der «offizielle» Todeszeitpunkt angesehen), leben andere Zellen im Körper weiter. Bindegewebszellen, zu denen auch die haarproduzierenden gehören, können durchaus noch einige Stunden funktionieren.

VORHER
NACHHER
OLLiii

Viel Haar, da sind sich die Experten einig, können diese Zellen im Todeskampf allerdings nicht mehr produzieren. «Das sehen Sie nicht», sagt uns eine dritte Stimme der Wissenschaft, der Rechtsmediziner Professor Helmut Maxeiner von der Freien Universität Berlin.

Auf jeden Fall gehören Geschichten ins Reich der Dichtung, wie sie der Schriftsteller Gabriel García Márquez in seinem Roman «Von der Liebe und anderen Dämonen» erzählt. Dort wird berichtet, wie das Grab eines Mädchens geöffnet wird, dem noch kurz vor dem Tod die Haare geschnitten worden waren. «Der Grabstein sprang beim ersten Schlag mit der Hacke in Stücke, aus der Öffnung ergoss sich, leuchtend kupferfarben, eine lebendige Haarflut.»

Durch regelmäßiges Haareschneiden oder Rasieren wachsen die Haare stärker und schneller

Stimmt nicht. Zwar hoffen Jünglinge in der Pubertät, dass durch regelmäßige Rasur ihre Barthaare schneller wachsen und der Bart dichter wird. Diese Ansicht ist aber eine Legende, schreibt Professor Eberhard Heymann von der Universität Osnabrück in seinem Lehrbuch «Haut, Haar und Kosmetik». «Sie beruht auf der Beobachtung, dass bei jungen Männern der Bart zunächst als Flaum sprießt und in der Zeit, in der man sich üblicherweise zu rasieren beginnt, in sehr dicke Haare übergeht.» Das Barthaar wird also von selbst dicker, es scheint nur, dass die Rasur einen Einfluss darauf hat.

Jedes einzelne Haar am Körper durchlebt einen Zyklus: Zunächst sprießt es schnell, aber allmählich kommt das Wachstum zum Stillstand. Nach einer Ruhephase fällt das Haar aus, und ein Neues wächst nach. Von den hunderttausend Haaren auf unserem Kopf befinden sich immer 85 bis 90 Prozent in der Wachstumsphase.

Dieser Zyklus ist der Grund, warum wir uns zum Beispiel nicht die Wimpern schneiden müssen: Ihr Zyklus beträgt nur hundert bis hundertfünfzig Tage, bei den Kopfhaaren kann er bis zu fünf Jahren dauern, in denen das Haar bis zu sechzig Zentimeter lang wird.

Das alles gilt unter der Annahme, dass das Haar nicht geschnitten wird. Weil das Haar aus toten Zellen besteht, «weiß» die Haarwurzel nicht, ob draußen ein langes Haar hängt oder nur ein paar Millimeter – sie durchlebt einfach ihren Zyklus, egal ob das Haar zwischendurch geschnitten wird.

Dass die Stoppeln etwa am Damenbein nach der Rasur kräftiger wirken, hat zwei Gründe: erstens rein mechanische – ein kurzes Haar ist steifer als ein langes. Zudem wird das Haar beim Rasieren immer an seiner dicksten Stelle abgeschnitten, die dann in vollem Umfang herauswächst – anders als die ungeschnittenen Flaumhaare, die zum Ende hin spitz verlaufen. Wer deshalb die Rasur bereut, braucht nur ein paar Monate zu warten: Dann hat der Körper alle einst rasierten Haare durch neue ersetzt – die Regel «Wer einmal die Beine rasiert, muss sie immer rasieren» stimmt also auch nicht.

Menschliches Blut im Wasser zieht Haie kilometerweit an

Stimmt nicht. Das Klischee ist aus Film und Fernsehen bekannt: Ein Schwimmer im Meer verletzt sich oberflächlich, eine kleine Menge Blut tritt aus – aber diese winzige Menge reicht aus, um Haie in wilde Raserei zu versetzen, die dann aus großer Entfernung angeschwommen kommen und sich auf das Opfer stürzen.

Die Nase des Hais ist tatsächlich erstaunlich fein, sie kann gewisse Substanzen in millionenfacher Verdünnung wahrnehmen. Bei Riffhaien ist sogar schon gezeigt worden, dass sie Fischextrakte in einer Verdünnung von 1 zu 10 Milliarden wittern. Nehmen wir an, ein Taucher verliert 100 Milliliter Blut und dieses Blut verteilt sich gleichmäßig im Wasser. Rein theoretisch kann man sich das als eine Kugel aus Wasser-Blut-Gemisch vorstellen. Wenn die einen Radius von mehr als 62 Metern hat, sinkt die Konzentration des Blutes so weit, dass der Hai es nicht mehr riechen kann. Der Raubfisch könnte also höchstens aus 62 Metern Entfernung die Fährte aufnehmen. Bei einem Liter Blutverlust würde die Zahl auf 134 Meter steigen – also keinesfalls auf mehrere Kilometer. Und der geritzte Finger sondert ganz gewiss nicht genügend Blut ab, um Haie aufmerksam werden zu lassen.

Die wichtigere Frage aber ist: Interessieren sich Haie überhaupt für Menschenblut? Frank Velte, Vorsitzender der Deutschen Elasmobranchier-Gesellschaft (die vielleicht mehr Mitglieder hätte, wenn sie sich «Rettet die Haie e. V.» nennen würde), sagt dazu: «‹Den Hai› gibt es nicht. Mehr als 400 Arten mit unterschiedlicher Biologie sind bekannt, insofern sind Pauschalisierungen problematisch.» Manchen der Tiere kann man literweise Blutkonserven ins Wasser kippen, und sie zeigen keine Reaktion. Aber es gibt auch andere: «Auf Schwarzspitzen-Riffhaie wirkt Blut im Wasser stark anziehend», sagt Velte, «auf Graue Riffhaie eher mäßig.» Leider kann nicht jeder Urlauber die Arten auseinanderhalten.

Halogen-Glühlampen darf man beim Einsetzen nicht mit den Fingern berühren

Stimmt. Die Warnung gilt sowohl für die Birnchen von Autoscheinwerfern als auch für die hellen Strahler im Haus, allerdings nicht für normale Glühbirnen. Der Grund dafür ist das Glas, aus dem die Glühlampen gefertigt sind, erläutert Markus Rademacher von der Firma Osram. Im Gegensatz zu herkömmlichen Birnen bestehen die Halogenlämpchen nämlich aus reinem Quarzglas, und das ist besonders anfällig. Schädlich für die Birnen ist beim Anfassen nicht das Fett, das sich auf der Haut befindet, sondern der Schweiß, genauer gesagt die Alkali-Verbindungen, die in ihm enthalten sind – unter anderem gewöhnliches Kochsalz. Diese Stoffe können sich beim Betrieb der Lampe regelrecht ins Glas einbrennen. Die Folge sind Verunreinigungen, die sich als Schlieren und Flecken bemerkbar machen. Das ist im Haushalt nicht weiter schlimm, aber bei den exakt eingestellten Autoscheinwerfern kann es die Leuchtkraft durchaus beeinträchtigen. Eine lebensgefährliche Explosion muss man aber nicht befürchten: Dass die Halogenlämpchen, die an der Oberfläche bis zu 600 Grad heiß werden und einen Innendruck von etwa 20 Bar aushalten müssen, wegen der Verunreinigung platzen, bezeichnet Rademacher als einen «Extremfall».

Lebensmittel sind nur bis zum aufgedruckten Termin haltbar

Stimmt nicht. Die meisten Verbraucher wissen nicht, dass es zwei unterschiedliche Ablaufdaten für Lebensmittel gibt: das Mindesthaltbarkeitsdatum und das Verbrauchsdatum, beide in der Verordnung zur Kennzeichnung von Lebensmitteln geregelt.

Bis zum Mindesthaltbarkeitsdatum («mindestens haltbar bis ...») garantiert der Hersteller den einwandfreien Zustand eines Lebensmittels, oft mit einer Einschränkung wie «bei kühler Lagerung». Meist ist das Produkt danach noch genießbar, es darf sogar, mit deutlichem Hinweis versehen, noch verkauft werden – aber dann haftet der Händler, wenn die Ware verschimmelt oder sonst wie ungenießbar ist. Mikrobiologisch sehr leicht verderbliche Lebensmittel, etwa Fleischwaren, sind dagegen mit einem Verbrauchsdatum zu versehen («verbrauchen bis ...»). Ist dieses abgelaufen, darf die Ware auf keinen Fall mehr verkauft oder umgepackt werden, siehe Gammelfleischskandal. Den Lebensmitteln sieht man den schlechten Zustand nicht unbe-

GAMMELFLEISCH DIE ERSTE!
GF 1
SIE GREIFEN NACH DER WURST ÜBER VERBRAUCHSDATUM, UM SIE AUS DEM KÜHLSCHRANK ZU ENTSORGEN.
TV
BEI DIESEN GAR NICHT KÜHLENDEN FILMKÜHLSCHRÄNKEN KUCKE ICH BESONDERS ANGEWIDERT.

dingt an, deshalb sollte man Fleisch mit abgelaufenem Verbrauchsdatum aus dem Kühlschrank entsorgen. Beim Mindesthaltbarkeitsdatum dagegen kann man durchaus seinen fünf Sinnen trauen. Milch zum Beispiel hält sich bei guter Kühlung meist ein paar Tage länger frisch, als auf der Packung steht.

Man kann mit einem Handy Eier kochen

Stimmt nicht. Die Frage, ob die Strahlung von Handys biologische Auswirkungen auf den Menschen hat, ist auch unter Forschern heiß umstritten. Und so ist eine Meldung, die im Internet kursiert, Wasser auf die Mühlen mancher Mobilfunkkritiker: Man kann ein Ei gar kochen, indem man es zwischen zwei Handys positioniert, die miteinander telefonieren. Woher kommt die Nachricht? Die älteste Version stammt von einer humoristischen Website namens *Wymsey Village*, deren Betreiber offen zugibt, dass er die ganze Sache als Witz gemeint hat: «Ich fand die Behauptung, dass Handystrahlung das Gehirn zum Kochen bringen kann, ziemlich dumm und wollte ein bisschen zu dieser Dummheit beitragen.»

Die zweite Quelle ist eine richtige Zeitung: In der *Komsomolskaja prawda* berichteten im April 2006 zwei Redakteure, sie hätten den Versuch erfolgreich durchgeführt. Die beiden platzierten ein Ei zwischen zwei Handys, stellten eine Gesprächsverbindung her, unterlegten sie mit Musik (damit das Gespräch nicht automatisch beendet würde) und ließen die beiden Geräte miteinander telefonieren, bis bei einem das Gesprächsguthaben aufgebraucht war. Ihr angebliches Resultat: Nach 40 Minuten sei das Ei fühlbar warm geworden, und als sie das Experiment nach 65 Minuten hätten beenden müssen, sei das Eiweiß hart gewesen, das Eigelb dagegen noch ein bisschen flüssig. Kosten der Aktion, so der Artikel: 123 Rubel.

Die *Komsomolskaja prawda* war früher das Zentralorgan des sowjetischen Jugendverbandes und ist heute ein Boulevardblatt, das es offenbar mit der Wahrheit immer noch nicht so genau nimmt. Jedenfalls entbehrt die Geschichte jeder physikalischen Grundlage. Das Mobile Manufacturers Forum, eine Organisation der Handyhersteller, machte sich offenbar trotzdem Sorgen ums Image und rechnete auf seiner Website vor: Selbst wenn die gesamte Funkenergie der beiden Handys komplett von dem Ei aufgenommen würde – eine unrealistische Annahme –, ließe sich dessen Temperatur um maximal 13 Grad erhöhen. Das ist viel zu wenig, um das Eiweiß gerinnen zu lassen.

Offenbar aber scheint die Idee die Menschen zu faszinieren. So kursiert auch ein Video, in denen vier junge Japaner mit ihren Handys Popcorn produzieren. Dieser Clip hat sich allerdings als Werbefilmchen entpuppt. Dahinter steckt ein Hersteller von Handy-Headsets, der offenbar die Angst vor der Strahlung schüren will, damit die Leute seine Produkte kaufen. Um letzte Zweifel zu beseitigen, haben wir das Experiment noch einmal im «Stimmt's-Labor» wiederholt und zweifelsfrei – auch per Video – dokumentiert, dass das Eierkochen mit dem Handy ins Reich der Legenden gehört.

In den Armeen der Welt werden den Soldaten Stoffe ins Essen gemischt, die die Libido verringern («Hängolin»)

Stimmt nicht. In fast jeder Armee der Welt gibt es den Mythos, dass man den Soldaten etwas ins Essen mischt, um ihren Geschlechtstrieb im Zaum zu halten. In Deutschland wird die vermeintlich verwendete Substanz gern mit dem Wort «Hängolin» umschrieben – entsprechende Geschichten gab es schon im Ersten Weltkrieg, in der Nazi-Wehrmacht, und sie haben sich über NVA und Bundeswehr bis zum heutigen Tag gehalten. Neben Natron oder Jod, das angeblich in

den Kaffee geschüttet wurde, stand auch immer wieder das chemische Element Brom im Verdacht, eine solche lusthemmende Wirkung zu haben.

Salze dieses Elements, die Bromide, wurden vor allem im 19. Jahrhundert als Medikamente eingesetzt. Man verabreichte sie zum Beispiel zappelnden Kindern zur Beruhigung. Denn Bromide haben eine sedierende Wirkung. Ein Mensch, der sie einnimmt, wird müde und schläfrig, ihm fehlt jeglicher Antrieb, und es mag ihm tatsächlich auch die Lust auf Sex vergehen. Aber welcher Kommandant wäre schon daran interessiert, dass seine Untergebenen schlaff herumhängen und kaum noch die Augenlider offen halten können?

Nein, man muss die Geschichte von den pharmakologischen Lusthemmern ins Reich der Legenden verweisen. Wenn junge Rekruten tatsächlich feststellen, dass ihre Libido ein wenig nachlässt, dann hat das wohl eher mit den Strapazen des Dienstes und mit der wenig anregenden Umgebung zu tun.

Brom dagegen hat eine solche Wirkung nicht, jedenfalls nicht bei oraler Einnahme. Der britische Komiker Spike Milligan schrieb einmal: «Das einzige Mittel, einem britischen Soldaten wirklich die Lust zu nehmen, ist es, Brom in eine 300-Pfund-Granate zu packen und sie ihm in den Unterleib zu schießen.»

Das Lied «Happy Birthday» ist urheberrechtlich geschützt

Stimmt. Das Lied «Happy Birthday to You» hieß ursprünglich «Good Morning to All». Im Jahr 1893 wurde es von zwei Erzieherinnen geschrieben, den Schwestern Mildred und Patty Hill aus Louisville in Kentucky, die das Lied morgens mit den Kindern in ihrem Kindergarten sangen. Der Ursprung des Geburtstagstextes liegt im Dunkeln. Er tauchte 1924 das erste Mal in gedruckter Form auf.

Eine dritte Hill-Schwester, Jessica, führte Anfang der dreißiger Jahre einen Prozess gegen die Verwendung des Liedes in einem Broadway-Musical. Zusammen mit einem Musikverlag, der Clayton F. Summy Company, sicherte sie sich im Jahr 1935 das Copyright für das Stück und veröffentlichte es. Damit war die Kombination von Melodie und Text geschützt («Good Morning to All» darf dagegen jeder singen). Das Urheberrecht ist indes kompliziert und von Land zu Land verschieden. In den USA galt es damals für maximal 56 Jahre nach der Erstveröffentlichung. Diese Frist wurde jedoch immer wieder verlängert und beträgt heute 95 Jahre – also ist das Geburtstagslied bis 2030 geschützt. In Europa dagegen ist die gängige Frist 70

Jahre nach dem Tod des letzten Urhebers. Da Patty Hill 1946 starb, gilt der Schutz noch bis 2016. Der Musikverlag ist inzwischen im Konzern AOL Time Warner aufgegangen. Den Erben und dem Verlag bringt das Lied heute noch etwa zwei Millionen Dollar pro Jahr ein. Wenn es in einem Film gesungen wird, kann der Zuschauer sicher sein, dass es im Abspann erwähnt wird – und dass für die Verwendung des Lieds Tantiemen geflossen sind.

Trotzdem darf man im Familienkreis weiterhin «Happy Birthday» singen – der Schutz bezieht sich auf die kommerzielle Verwertung und die öffentliche Aufführung. Grenzwertig ist es, wenn etwa in einer öffentlich zugänglichen Kneipe ein spontanes Ständchen gegeben wird – aber wo kein Kläger ist, ist auch kein Richter.

England und Deutschland haben 1890 die Inseln Helgoland und Sansibar getauscht

Stimmt nicht. Deutschland konnte Sansibar nicht gegen Helgoland tauschen, weil die vor Ostafrika liegende Insel ihm nie gehört hat. Der «Helgoland-Sansibar-Vertrag» regelte weit mehr als die Hoheit über zwei Inseln.

Zum Ärger der Deutschen gehörte Helgoland seit 1807 zu England. Mit dem Bau des Nord-Ostsee-Kanals (damals: Kaiser-Wilhelm-Kanal) war die Lage noch prekärer geworden, die Briten besaßen praktisch einen Brückenkopf am Eingang der Wasserstraße. Schon Bismarck hatte daher über den Erwerb der Insel verhandelt, sein Nachfolger Caprivi konnte den Deal perfekt machen.

Und die Gegenleistung? In Afrika steckten die beiden Nationen ihre Einflussgebiete neu ab, das Reich verzichtete auf Gebiete in Uganda, Botswana und auf das sogenannte Deutsch-Wituland im heutigen Kenia. Über das damals eigenständige Sultanat Sansibar heißt es in dem Vertrag: «Deutschland verpflichtet sich, die Schutzherrschaft Großbritanniens anzuerkennen über die verbleibenden Besitzungen des Sultans von Zanzibar.» «Schutzherrschaft» – das klingt so fürsorglich wie das «Schutzgeld», das die Mafia einfordert. Kritiker in Deutschland maulten, die Regierung habe «einen neuen Anzug für einen Hosenknopf» hergegeben. Die Engländer verleibten die Insel denn auch umgehend ihrem Kolonialreich ein, bis sie 1963 unabhängig wurde. 1964 wurde Sansibar mit dem ebenfalls eigenständig gewordenen Tanganjika zum neuen Staat Tansania vereinigt.

Manche Menschen haben das Herz auf der rechten Seite

Stimmt. In Deutschland wird etwa einer von 20 000 Säuglingen mit komplett vertauschten Organen geboren. Beim sogenannten Situs inversus liegen die Organe nicht nur auf der anderen Seite als bei der Mehrheit der Menschen, sie sind auch strukturell gespiegelt. Seltener ist der Situs ambiguus – dabei haben die Organe ihre ganz gewöhnliche Form, sitzen nur an der «falschen» Stelle im Körper. Die spiegelbildliche Anordnung der Organe an sich ist gar kein Problem. Trotzdem haben Menschen mit gespiegelten Organen oft gesundheitliche Beschwerden, vor allem der Atemwege.

Das hat die Mediziner lange erstaunt, bis sie auf die Ursache dieses sogenannten Kartagener-Syndroms stießen, das auch als Primäre Ciliäre Dyskinesie bekannt ist: Es ist die Unbeweglichkeit der Zilien – feiner Härchen, die alle unsere Körperhöhlen von innen bedecken. In der Lunge sorgt die konzertierte Bewegung dieser Härchen dafür, dass Fremdkörper und Schleim nach draußen transportiert werden. Weil die Schwänze der Spermien sich nach demselben Prinzip bewegen, leiden Männer mit Kartagener-Syndrom oft unter Fruchtbarkeitsstörungen.

Die Zilien spielen aber auch eine Rolle bei der Entwicklung des Embryos. Der ist zu Beginn völlig symmetrisch, aber an einem bestimmten Punkt der Entwicklung sorgen bewegliche Härchen dafür, dass gewisse Botenstoffe ungleichmäßig verteilt werden. Bei Menschen mit unbeweglichen Zilien entscheidet daher der Zufall über die Orientierung der Organe – und bei der Hälfte ergibt sich die «seitenverkehrte» Orientierung.

Ärzte müssen heute noch den hippokratischen Eid schwören

Stimmt nicht. Zum Glück nicht. Denn dann müssten sie ihren Professor wie einen Vater behandeln, ihn im Alter versorgen und die Medizinerkunst kostenlos an dessen männliche Nachkommen weitergeben. Und auf keinen Fall dürfte der Arzt Patienten operieren, die unter Blasensteinen leiden – das müsste er nämlich den «Handwerkschirurgen» überlassen.

Der hippokratische Eid ist ein über 2000 Jahre alter historischer Text (nicht einmal die Autorenschaft des Hippokrates ist belegt). Damals stellte er nicht nur einen ethischen Code dar, sondern auch eine Standesordnung. Sich heute darauf zu berufen wäre purer Anachronismus. «Das suggeriert eine Einheitlichkeit des medizinischen Ethos, die nicht gegeben ist», sagt der Heidelberger Medizinhistoriker Axel Bauer. Mit dem Fortschritt der Medizin haben sich auch die ethischen Probleme verändert – man denke an Abtreibung oder Sterbehilfe –, und da kann Hippokrates wenig helfen.

Jeder Arzt, der in Deutschland approbiert wird, ist aber durch seine Zwangsmitgliedschaft in der Ärztekammer auf die Berufsordnung verpflichtet, in die unter anderem das Genfer Gelöbnis Eingang gefunden hat. Es ist eine modernisierte Fassung des alten Schwures, das «in seiner vieldeutigen Beliebigkeit ein würdiger Nachfolger des hippokratischen Eides» ist, wie der Freiburger Medizinhistoriker Karl-Heinz Leven urteilt. Die Unzulänglichkeiten ihrer Ordnungsschrift korrigieren die Ärztekammern mit Ergänzungen zu aktuellen ethischen Streitfragen, etwa mit Empfehlungen zur Sterbebegleitung.

Das beste Hochdeutsch wird in Hannover gesprochen

Stimmt. Die Hannoveraner sprechen tatsächlich das reinste – sprich dialektfreieste – Deutsch. Allerdings nicht «von Natur aus» – sie haben es sich mühsam vor etwa 200 Jahren antrainiert.

Das, was wir heute als Hochdeutsch bezeichnen, ist nämlich eine Kunstsprache, die aus keinem der deutschen Dialekte hervorgegangen ist, erzählt Herbert Blume, Sprachwissenschaftler an der TU Braunschweig. Hochdeutsch ist nichts weiter als der Versuch, das seit dem späten Mittelalter einigermaßen einheitlich geschriebene Deutsch auszusprechen.

Noch bis Ende des 18. Jahrhunderts galt das «Meißnische» als das Nonplusultra der deutschen Hochsprache, was vor allem auf die literarische Blüte Sachsens zurückzuführen ist. Das Meißnische wurde sogar mit dem attischen Dialekt im alten Griechenland verglichen. Aber irgendwann konnte das Bürgertum in den großen Städten dann doch nicht mehr darüber hinwegsehen, dass die Sachsen ihre phonetischen Schwierigkeiten hatten, vor allem bei der Differenzierung zwischen b und p, g und k, d und t. Der Image-Abstieg des sächsischen Dialekts begann, verbunden mit einem politischen Niedergang Sachsens zugunsten des immer stärker dominierenden Preußen. Spätestens nach dem Siebenjährigen Krieg (1756–1763) hatte sich das kulturelle Zentrum von Dresden und Leipzig nach Berlin verlagert, und schon Goethe spottete über den Anspruch der Sachsen, das schönste Deutsch zu sprechen.

Und es stellte sich heraus, dass das Plattdeutsche der Niedersachsen (deren kulturelles Zentrum damals noch Braunschweig war und nicht Hannover) über den besten Vorrat an Lauten verfügte, um das Schriftdeutsch wiederzugeben. In den norddeutschen Städten schaffte es das neue Hochdeutsch schnell, den Dialekt fast völlig zu verdrängen. Um 1790 riet schließlich der Schriftsteller Karl Philipp Moritz den Berliner Damen, denen er das feine Sprechen beibringen sollte, sich die Braunschweiger und Hannoveraner zum Vorbild zu nehmen.

So ganz perfekt sind aber auch die Niedersachsen nicht: Wenn sie «Fluch» sagen, kann durchaus der «Pflug» gemeint sein.

Drei Hornissenstiche töten einen Menschen, sieben Stiche töten ein Pferd

Stimmt nicht. Hornissen werden zu Unrecht als Horrorwesen dargestellt. Die Naturschutzverbände versuchen seit Jahren, den Ruf des größten staatenbildenden Insekts unserer Breiten zu verbessern – und da wollen wir uns gern anschließen: Hornissen, die zur Familie der Wespen gehören, sind sehr friedliebende, scheue Tiere. Ein Hornissenvolk vertilgt am Tag bis zu einem halben Kilo anderer Insekten, die wir Menschen als lästig und schädlich empfinden. Diese eiweißreiche Nahrung brauchen sie zur Aufzucht ihrer Larven und zur Fütterung ihrer Königin. Die ausgewachsenen Hornissen begnügen sich dann mit Kohlenhydraten aus Pflanzensäften und Fallobst. Hornissen sind weniger angriffslustig als etwa Honigbienen und ziehen die Flucht vor, wenn es brenzlig wird. Sollten sie doch einmal zustechen (etwa weil sie glauben, dass man sich an ihr Nest heranmachen will), dann ist die Wirkung nicht schlimmer als bei einer Biene oder Wespe. Saugt man die Wunde aus, so lässt der Schmerz bald nach. Allenfalls bei allergischen Reaktionen ist Vorsicht geboten.

Wahrscheinlich haben die wenigsten Menschen je eine Hornisse zu sehen bekommen, denn sie sind fast ausgestorben und stehen seit 1987 auf der roten Liste der geschützten Tierarten. Man darf sie also nicht töten und ohne Erlaubnis der Naturschutzbehörde auch keine Nester entfernen – das kann zu einem Bußgeld von bis zu 100 000 Mark führen.

Fazit (um es mit den Worten des Naturschutzbundes auszudrücken): «Ein Zusammenleben von Mensch und Hornisse ist möglich.» Richtig bleibt allerdings, was Robert Gernhardt einmal festgestellt hat: Ein einziger Pferdebiss reicht aus, um eine Hornisse zu töten.

Ein Huhn legt jeden Tag ein Ei

Stimmt fast. Das Lied «Ich wollt, ich wär ein Huhn» liegt gar nicht so falsch, wenn es dort heißt: «... und legte jeden Tag ein Ei und sonntags auch mal zwei.»

Alle Haushühner stammen von dem wilden Bankivahuhn ab, das man heute nur noch in entlegenen Gebieten Südostasiens findet. Vor mehr als 3000 Jahren hat der Mensch begonnen, das Federvieh zu domestizieren. So sind die etwa 150 Hühnerarten entstanden, die es heute gibt. Dabei wurde die Legeleistung in unnatürliche Rekordhöhen getrieben: Ein Wildhuhn legt vielleicht 30 Eier pro Jahr in mehreren Gelegen von etwa zehn Stück. Schon die robusten, frei laufenden Landhühner vergangener Jahrhunderte produzierten ein Vielfaches davon, bis zu 180 Eier jährlich. Die Haltung in Käfigbatterien hat die Leistung noch einmal gesteigert – das moderne Huhn leistet eine Jahresproduktion von 200 bis 300 Eiern und schafft damit wirklich fast täglich ein Ei. Allerdings sollte man sich dann an die Alternativversion des Liedes halten, die mit den Worten endet: «... und sonntags hätt ich frei.»

Trotz dieser Leistung lässt sich der Eierkonsum der Deutschen von etwa 220 Eiern pro Kopf und Jahr aus der inländischen Produktion nicht decken – ein Drittel wird importiert. Sollte die Käfighaltung wirklich abgeschafft werden, wird dieser Importanteil wohl noch steigen.

Weiße Hühner legen weiße Eier, braune Hühner legen braune

Stimmt nicht. Die Farbe der Eier ist zwar genetisch bedingt (ein Huhn legt entweder nur braune oder nur weiße Eier), aber es gibt kein einfaches Merkmal am Huhn, an dem Sie zweifelsfrei erkennen können, wie das Ei aussehen wird. In manchen Quellen ist davon die Rede, dass alle Hühner mit roten Ohrläppchen braune Eier legten – auch das ist falsch.

Das gelte jedenfalls für die frei laufenden Rassehühner auf kleineren Höfen, wo die Vielfalt der Hühnersorten sehr groß sei, erklärt Johannes Petersen von der Universität Bochum. In den großen Legebatterien dagegen werden nur wenige unterschiedliche Rassen gehalten und die Daumenregel «braune Federn, braune Eier – weiße Federn, weiße Eier» stimmt meistens. Aber das ist reiner Zufall und liegt nur an den dort verwendeten Züchtungen.

Die Farbe des Eis sagt auch überhaupt nichts über seine Qualität aus. Trotzdem ist sie ein wichtiger Verkaufsfaktor. Früher konnte man in Deutschland fast nur weiße Eier verkaufen, während die Franzosen und Engländer vorwiegend braune aßen. In den letzten 15 Jahren hat dann eine Farbrevolution auf dem deutschen Frühstückstisch stattgefunden: Heute sind 60 Prozent aller Eier braun – wahrscheinlich denkt der Verbraucher, dass Braun irgendwie öko ist.

Hunden darf man keine Hühnerknochen zu fressen geben

Stimmt nicht. Geflügelknochen seien zu spitz und könnten splittern, heißt es oft, und viele Hundehalter verzweifeln fast vor dem flehenden Blick ihres Hundes, dem sie die Knochen angeblich nicht geben dürfen. Aber schon die Überlegung, dass in der freien Natur Wölfe Schneehühner reißen, zeigt, dass das nicht so ganz stimmen kann. Und der Fuchs, der die Gans gestohlen hat, muss einzig das Schießgewehr des Jägers fürchten, nicht aber den Tod durch Gänseknochen.

Trotzdem – wenn man ein im Ganzen gegrilltes Hühnchen verspeist, sollte man dem Hund die Hühnerknochen nicht zu fressen geben. Der Unterschied: Das Hühnchen wurde gegart, Wolf und Fuchs bevorzugen Rohkost.

Die Hühner, die wir essen, sind ein paar Wochen alt und haben weiche, elastische Knochen. Darauf kann ein Hund gefahrlos herumkauen, sie auch zerkleinern. Durchs Kochen oder Braten werden die Knochen allerdings hart und spröde und können tatsächlich splittern. Auch wenn Tierärzte kaum von durch Hühnerknochen punktierten Hundemägen oder -speiseröhren berichten – man sollte lieber vorsichtig sein.

Ein Hundemaul ist sauberer als ein Menschenmund

Stimmt nicht. «Die Zunge eines Hundes ist nicht nur sein Waschlappen, sondern auch sein Toilettenpapier», sagt der amerikanische Tierarzt Gary Clemons, der in einer Radiosendung Haustierbesitzer berät. Je nachdem, was der Hund zuletzt getan hat, kann sein Maul die übelsten Bakterien enthalten, und auch im «Normalbetrieb» ist es

HAT IHR HUND ARTSPEZIFISCHE BAKTERIEN, DIE NUR HUNDE BEFALLEN UND NICHT MENSCHEN ?
JA ODER NEIN ?

keineswegs keimfrei, sondern mindestens genauso besiedelt wie unser Mund. Das kann man übrigens auch riechen.

Ein Grund für das Gerücht, ein Hundemaul sei sauberer als ein Menschenmund, ist die Tatsache, dass viele Bakterien artenspezifisch sind – sie befallen den Hund, aber nicht den Menschen. Das gilt aber längst nicht für alle Bazillen, siehe den Tollwuterreger, der für Mensch und Tier gefährlich ist.

Lange Zeit hieß es auch, Hundebisse seien für den Menschen weniger gefährlich als Menschenbisse. In medizinischen Studien war das angeblich sogar belegt worden. Neuere Untersuchungen legen aber nahe, dass diese Ergebnisse auf eine falsche Auswahl der Fälle zurückzuführen waren – vergleicht man die Bisse, die wirklich vergleichbar sind, so ist die Infektionsrate dieselbe: Bei etwa zehn Prozent der Bisse kommt es zu gefährlichen Entzündungen – egal, ob der Mensch von einem Artgenossen oder einem Tier verletzt worden ist.

Insekten fliegen zum Licht

Stimmt nicht immer. Es gibt Insekten, die vom Licht angezogen werden, und andere, die eher lichtscheu sind. Positive beziehungsweise negative Fototaxis nennt man das in der Wissenschaft. Ein Negativ-Beispiel sind Kakerlaken: Kommt man in ein von ihnen besiedeltes dunkles Zimmer und schaltet das Licht an, dann hört man nur ein Huschen – die Viecher haben sich blitzschnell in ihr dunkles Versteck verzogen. Andere, vor allem tagaktive Insekten, zum Beispiel Mücken, interessieren sich kaum für künstliches Licht, sie werden eher vom Geruch ihrer Opfer angezogen.

Sprichwörtlich ist die Anziehungskraft, die das Licht auf nachtaktive Insekten wie die Motten ausübt. Unter denen gibt es Arten, die wie Zugvögel über Hunderte von Kilometern wandern und sich dabei, wie eine recht gut überprüfte Theorie besagt, am Mond orientieren. Sie richten ihre Flugbahn so ein, dass der Mond immer in einem konstanten Winkel zu ihnen steht (und korrigieren diesen Winkel sogar im Lauf der Nacht). Wenn sie nun eine Straßenlaterne oder ein anderes künstliches Licht für den Mond halten, dann führt der konstante Winkel allerdings nicht zu einer geraden Flugbahn, sondern zu einer spiralförmigen Kurve, auf der sie der Lichtquelle immer näher kommen. In Australien gibt es viele dieser Wandermotten, und manchmal werden die Städte dort von fehlgeleiteten Insekten regelrecht überfallen. Eine entsprechende Mottenplage gab es zum Beispiel während der Olympischen Spiele in Sydney.

Eine allgemeine Erklärung für die Fototaxis ist das allerdings nicht. Nicht alle Insekten migrieren, und viele fliegen auch nicht auf einer Spiralbahn auf die Lichtquelle zu, sondern in einer geraden Linie, um dann im letzten Moment auszuweichen und das Licht zu umkreisen. Eine mögliche Erklärung für dieses Verhalten: Eine weit entfernte Lichtquelle bedeutet (wie der Mond bei Nacht) «oben» und damit Freiheit. Ist das Licht nahe, dann sucht das Insekt eher die Dunkelheit, um Räubern zu entgehen – und am dunkelsten erscheint der Himmel in unmittelbarer Nähe der Lichtquelle. So entsteht die Kreisbahn. Aber diese Theorie ist noch ziemlich löchrig.

Die Menschen werden immer intelligenter

Stimmt nicht. Dass der Mensch im Verlauf der Evolution seine intellektuellen Fähigkeiten verbessert hat, ist unstrittig. Der sogenannte Flynn-Effekt hingegen ist nicht genetisch zu erklären: 1984 entdeckte der neuseeländische Politologe James Flynn, dass die Menschen in den Industrieländern in IQ-Tests immer besser abschnitten – der Zuwachs betrug etwa drei Punkte pro Jahrzehnt. Da die Tests so normiert werden, dass sich ein Durchschnittswert von 100 ergibt, mussten die Intelligenzforscher ihre Aufgaben immer schwerer machen. Ein

Psychologe schätzte, dass amerikanische Kinder aus dem Jahr 1932 bei einem Test aus dem Jahr 1997 nur einen durchschnittlichen IQ von 80 erzielt hätten statt des eigentlich erwarteten Werts von 100.

Doch Intelligenztests sind seit jeher umstritten. «Der Zugewinn an IQ-Punkten ist kein Zugewinn an dem, was die meisten Menschen unter Intelligenz verstehen», sagt Flynn. Die besseren Resultate sollen vor allem zwei Ursachen haben: Erstens sind die Menschen besser ernährt und gesünder. Zweitens sind durch eine breitere Bildung mehr Menschen überhaupt mit Aufgaben vertraut, wie sie in typischen Tests vorkommen. Vor allem dass es weniger Menschen mit sehr niedrigem IQ gab, führte zu dem von Fynn beschriebenen Effekt.

Offenbar geht dieser Trend aber nicht ewig weiter. In Skandinavien, aber auch in Deutschland ist der IQ inzwischen sogar rückläufig. Wir werden also wieder «dümmer». Über die Ursachen dafür wird unter Bildungsforschern heftig gestritten. Der Intelligenzforscher Siegfried Lehrl führt es unter anderem auf die Beschäftigung der Jugendlichen mit Computern, Handys und Medien zurück, Flynn spricht von «Dekadenz», und manche Forscher glauben sogar, dass Umweltgifte uns dümmer machen.

Man darf Joghurtdeckel nicht ablecken, weil Aluminium die Alzheimer-Erkrankung fördert

Stimmt nicht. Die Frage, ob Joghurtdeckel mit Konservierungsstoffen und anderen potenziell schädlichen Substanzen behandelt sind, habe ich schon in einem früheren Buch negativ beantwortet. Das Lebensmittelgesetz verbietet solche Zusatzstoffe auch auf Verpackungen. Wie sieht es nun mit der Alzheimer-Gefahr durch Aluminium aus?

Erstens: Der Zusammenhang zwischen Aluminium und Alzheimer ist alles andere als geklärt. 1965 kam erstmals der Verdacht auf,

STREIT ÜBER URSACHEN DES RÜCKGANGS AN IQ-PUNKTEN.

als man nachweisen konnte, dass sich die Hirne von Versuchstieren durch Aluminium schädigen ließen. Aber dies war keine Alzheimer-Erkrankung. Inzwischen gehen die meisten Forscher nicht mehr davon aus, dass es einen ursächlichen Zusammenhang gibt.

Zweitens: Der Körper scheidet 99 Prozent des Aluminiums, das er aus der Umwelt erhält, direkt wieder aus. Was absorbiert wird, verlässt den Organismus bald schon über die Nieren. Der Körper eines Erwachsenen enthält nur etwa 30 bis 50 Milligramm Aluminium.

Und drittens: Selbst wenn einiges dafürspricht, dass man nicht zu viel Aluminium schlucken sollte – die Hauptquelle für den Stoff ist sicherlich nicht der Joghurtdeckel. Der größte Teil des Leichtmetalls ist in den Nahrungsmitteln selbst enthalten, weitere Quellen sind Alutöpfe und -pfannen, in denen säurehaltige Lebensmittel zubereitet werden. Mit Abstand am meisten Aluminium nehmen Menschen zu sich, die säurehemmende Magenmedikamente schlucken. Und die bekommen, soweit man weiß, auch nicht öfter Alzheimer als andere.

Fazit: Gegen das Ablecken des Joghurtdeckels sprechen weiterhin allenfalls ästhetische Gründe.

Wenn eine Wunde juckt, ist das ein Zeichen dafür, dass sie heilt

Stimmt meistens. Der Juckreiz gehört zu den weniger genialen Erfindungen der Natur. Ähnlich wie sein großer Bruder, der Schmerz, macht er uns zwar darauf aufmerksam, dass irgendwo auf unserer Haut Außergewöhnliches geschieht. Neben einer Wunde oder Narbe kann das zum Beispiel der Befall durch Parasiten sein. Wenn man dann aber anfängt zu kratzen (was vom Lustzentrum im Gehirn noch belohnt wird), verschlimmert man die Sache nur. Wir reißen Wunden wieder auf, infizieren sie möglicherweise noch mit Bakterien. Also, Finger weg!

ICH HAB' DEN AFFEN GESAGT, WENN IHR NICHT AN DER WUNDE KRATZT UND SIE GUT VERHEILT, DARF EINER ZUR BELOHNUNG DEN SCHORF ABMACHEN.

Bei einer relativ frischen Verletzung ist Jucken ein Zeichen dafür, «dass Leben in der Wunde ist», sagt Joachim Dissemond, Dermatologe und Wundexperte an der Hautklinik der Universität Essen. Nach einer Verletzung gibt es rund um die Wunde eine Menge zu tun: Die Stelle muss abgeschottet werden gegen schädliche Erreger, neues Gewebe wird aufgebaut, koordiniert wird der Wiederaufbau von Botenstoffen wie dem Histamin. Auch eine lokale Entzündung, erkennbar an der Rötung der Haut, ist dabei durchaus positiv. Die Nervenzellen rund um die Verletzungsstelle bekommen die Aktivität mit und melden das als Juckreiz ans Gehirn. Also tatsächlich ein Zeichen dafür, dass die Heilung im Gange ist.

Kritisch wird es nur, wenn der Juckreiz lange anhält. Das könnte bedeuten, dass sich Komplikationen ergeben haben, zum Beispiel eine Infektion der Wunde. «Wenn der rote Bereich sich mehr als zwei Zentimeter um die Wunde ausbreitet, ist es Zeit, zum Arzt zu gehen», sagt Dissemond. Und ganz schlimm wird es, wenn die Wunde chronisch wird – dann kommt zu den Komplikationen der offenen Verletzung noch ein ständiger Juckreiz hinzu, der dann überhaupt kein gutes Zeichen mehr ist.

Kaffee entzieht dem Körper so viel Flüssigkeit, wie er ihm zuführt

Stimmt nicht. Die Regel, dass man Kaffee und Tee bei der täglichen Flüssigkeitsaufnahme nicht mitzählen darf, ist eher symbolisch gemeint und nicht wörtlich zu nehmen – auch wenn es unter gesundheitlichen Gesichtspunkten bestimmt nicht sinnvoll ist, den gesamten Flüssigkeitsbedarf mit koffeinhaltigen Getränken zu decken. Tatsächlich wirkt Kaffee harntreibend. Trotzdem wird niemand verdursten, der große Mengen Kaffee oder Tee trinkt und sonst nichts.

Die diuretische, also den Harnfluss verstärkende Wirkung von

Koffein ist seit über 100 Jahren bekannt. Sie beruht hauptsächlich darauf, dass Koffein die Durchblutung der Niere steigert und dadurch deren Aktivität erhöht. Außerdem hemmt es (ebenso wie Alkohol) die Produktion des Hormons ADH, auch Vasopressin genannt. Dieses ADH wiederum hemmt die Flüssigkeitsausscheidung der Niere. Die Hemmung wird gehemmt – die Niere scheidet mehr aus.

Es ist aus verschiedenen Gründen schwierig, genau zu beziffern, wie viel Flüssigkeit man verliert, wenn man einen Liter Kaffee trinkt: Erstens ist die diuretische Wirkung von Mensch zu Mensch verschieden. Zweitens gibt es einen Gewöhnungseffekt – bei starken Kaffeetrinkern lässt diese Wirkung nach. Und drittens hängt der Effekt von der Flüssigkeitsbilanz ab: Wenn man zusätzlich andere Getränke zu sich nimmt, wird auch der durch den Kaffee erzeugte Harndrang stärker. Das symbolische Glas Wasser zum Espresso nützt also für die Flüssigkeitsbilanz nicht viel.

Es gibt einen Luxus-Kaffee, dessen Bohnen schon einmal durch den Verdauungstrakt von Schleichkatzen gegangen sind

Stimmt. Auch wenn es für viele unappetitlich klingt – die Bohnen des teuren Kopi-Luwak-Kaffees sind schon einmal von Schleichkatzen gefressen und wieder ausgeschieden worden, bevor sie als Delikatesse verkauft werden.

Genauer gesagt geht es um den indonesischen Fleckenmusang (Paradoxurus hermaphroditus). Der ernährt sich unter anderem von Kaffeekirschen. Das rote Fruchtfleisch verdaut er, die Kerne, also die Kaffeebohnen, scheidet er wieder aus. Im Magen und Darm des Tiers werden die Bohnen durch Enzyme fermentiert, und das verändert ihren Geschmack. Der Kopi-Luwak-Kaffee schmeckt milder, und Fans wie der Schauspieler John Cleese beschreiben seinen Geschmack als «erdig, modrig, mild, mit Untertönen von Dschungel und Schokolade».

Die Jahresproduktion an echtem Kopi Luwak ist auf gut 200 Kilogramm beschränkt, daher beträgt der Preis einige hundert Euro pro Kilo. Man findet im Internet auch billigere Angebote – aber da muss man bezweifeln, dass es sich um wirklichen Schleichkatzenkaffee handelt.

Nachdem diese «Stimmt's?»-Folge in der *ZEIT* erschien, bekam ich Post von einem Leser, der mir von einer ähnlichen Praxis bei der Gewinnung des edlen Arganöls in Marokko berichtete. Dieses Öl wird aus den Kernen der Frucht des Arganbaums gewonnen. Die Ernte dieser Früchte ist nicht einfach, da die Bäume üble Dornen haben. Die Berber treiben deshalb oft ihre Ziegen ins Gestrüpp, die sich die Früchte vom Baum klauben. Die unversehrt ausgeschiedenen Kerne werden dann weiterverarbeitet. In diesem Fall geht es aber nicht um eine Verbesserung des Geschmacks, sondern lediglich um eine Arbeitserleichterung.

Kaffeesatz reinigt den Abfluss

Stimmt nicht. Internetseiten mit Titeln wie «Frag Mutti» preisen Kaffeesatz als Mittel gegen Rohrverstopfung, und sogar Seiten von Installateuren empfehlen das Zeug zur Prävention. Durch Fakten gedeckt ist diese Empfehlung nicht.

Unterscheiden wir zwei Fälle. Erstens: Wenn der Abfluss bereits verstopft ist, bringt es nichts, irgendetwas hinterherzukippen, was nicht mechanisch oder chemisch auf die Verstopfung wirkt. Das beste Mittel für den Laien ist der gute alte Pümpel, der den Pfropf mit Druck lockert. «Wenn die Rohre zugewachsen sind, hilft nur noch Mechanik», sagt Ralph Sluke vom Verband Deutscher Rohr- und Kanal-Technik-Unternehmen.

Zweitens: Der Abfluss ist noch frei. Kann Kaffeesatz wenigstens vorbeugen? «Humbug», sagt Ralph Sluke. Kaffeekörner wirken nicht wie Schmirgelpapier. Im Gegenteil, sie verbinden sich gern mit anderen Ablagerungen, insbesondere mit Fett, und «das wird hart wie Beton», so der Experte. Diese Eigenschaft wird sogar für Produkttests genutzt: In einer Untersuchung der Zeitschrift *Öko-Test* wurde Kaffeesatz verwendet, um das Rohr so richtig schön zu verstopfen. Bei dem Test kam übrigens heraus, dass die chemischen Rohrfrei-Keulen nur sehr bedingt wirken und außerdem Gesundheit und Umwelt gefährden.

Also: Besser gleich nichts in den Ausguss kippen, was nicht hineingehört, weder Essensreste (inklusive Kaffeesatz) noch flüssiges Bratfett. Und zur Prävention sollte man auf chemische Rohrreiniger verzichten – ab und zu einen Liter heißes Wasser als Fettlöser hineinschütten reicht völlig.

Kakerlaken sind die einzigen Tiere, die einen Atomkrieg überleben würden

Stimmt nicht. Insekten können tatsächlich radioaktive Strahlen besser vertragen als wir Säuger. Während für einen Menschen eine Strahlendosis von fünf bis zehn Gray (diese Einheit hat die frühere Maßangabe Rad abgelöst) in einem Zeitraum von wenigen Wochen tödlich ist, halten die Krabbeltiere ohne weiteres die zehnfache Menge aus, wie ich dem Standardwerk «The Compleat Cockroach» von David George Gordon entnehme. Andere Insekten sind da aber auch nicht zimperlicher. Die Bomben von Hiroshima und Nagasaki hätten die Kerbtiere mit dieser Strahlenverträglichkeit überleben können.

Heute beträgt die Vernichtungskraft der Atomwaffen allerdings ein Vielfaches, und es wäre schlecht um ihre Überlebenschancen bestellt. Man muss davon ausgehen, dass durch einen weltweiten

Atomkrieg die meisten Wirbeltiere und Insekten ausgelöscht würden. Und die wenigen, die vielleicht in unterirdischen Höhlen und Gängen überleben würden, fänden nachher eine Erdoberfläche vor, auf der aufgrund des nuklearen Winters auch die meisten Pflanzenarten nicht mehr überleben könnten – sie würden wahrscheinlich verhungern.

Die letale Wirkung radioaktiver Strahlung besteht vor allem darin, dass sie die Erbsubstanz DNA in den Zellen schädigt. Im Reich der Bakterien gibt es ein paar Winzlinge, die auch extreme Strahlendosen überleben, weil sie offenbar über einen genialen Reparaturmechanismus verfügen – etwa die Mikrobe *Deinococcus radiodurans*, die im «Guinness Buch der Rekorde» als widerstandsfähigstes Lebewesen geführt wird: Das Bakterium, das eine rosa Farbe hat und nach verfaultem Kohl riecht, überlebt auch ein Strahlenbombardement von 15 000 Gray – also 1500-mal so viel, wie der Mensch verkraften könnte.

Man soll Kakerlaken nicht zertreten, weil die Weibchen vor dem Tod noch ihre Eier abwerfen

Stimmt nicht. Ob das Zertreten eine humane Form der Schädlingsbekämpfung ist, möchte ich an dieser Stelle nicht erörtern. Die Legende knüpft an die Erfahrung an, dass man der Insektenplage nicht durch das Töten einzelner Tiere Herr wird – denn es tauchen immer wieder neue Kakerlaken auf. Es gibt auch den schönen Spruch: Wenn eine Kakerlake stirbt, kommen Hunderte zur Beerdigung.

Aber das liegt einfach daran, dass Kakerlaken die Dunkelheit lieben. Wenn sich eine von ihnen bei Tageslicht zeigt, kann man ziemlich sicher davon ausgehen, dass sich in dunklen Ritzen und Ecken noch viele andere verstecken. Wenn man also eine Kakerlake umbringt

ICH ZERTRETE KAKERLAKEN UND LASSE DEN SCHUH VOR ORT, UM DIE EIER NICHT WEITERZUVERBREITEN.

und nachher weitere auftauchen, dann sind das nicht unbedingt ihre Nachkommen.

Die weibliche Kakerlake bildet etwa 15 bis 40 Eier, die sie in einer sogenannten Oothek aufbewahrt – einem erbsengroßen, mit Chitin umhüllten Paket. Manche Arten legen diese Oothek zwei bis drei Tage nach der Befruchtung ab, meist an einem unzugänglichen Ort, wo sich die Eier in Ruhe zu Babykakerlaken entwickeln können. Die Deutsche Schabe *(Blatella germanica)* dagegen, eine der am häufigsten in Haushalten anzutreffenden Küchenschaben, trägt das Eipaket bis kurz vor dem Schlüpfen des Nachwuchses mit sich herum.

Der Mythos sagt nun: Tritt man auf ein solches «trächtiges» Weibchen, dessen Junge kurz vor dem Schlüpfen sind, dann bleiben die Eier am Schuh kleben, und man verbreitet die Insekten unfreiwillig weiter. Aber die Eier sind sehr empfindlich – ein Tritt, der die Mutter umbringt, zerquetscht im Allgemeinen auch die empfindliche Oothek. Die Chance, dass die Eier die Attacke im groben Profil eines Turnschuhs überleben, halten alle Schabenexperten für vernachlässigbar.

Das Wort «Känguru» bedeutet in der Sprache der australischen Aborigines «Wie bitte?»

Stimmt nicht. Der berühmte britische Seefahrer James Cook segelte im Juni 1770 im Pazifischen Ozean, als bei der Fahrt durch das Great-Barrier-Riff sein Schiff «Endeavour» leck schlug. Man landete am Strand des heutigen Queensland, und während die Mannschaft das lädierte Schiff reparierte, erspähte Cook ein ihm bis dahin unbekanntes Tier. Er notierte in seinem Tagebuch: «Die Tiere, die ich erwähnt habe, werden von den Eingeborenen *kangooroo* oder *kanguru* genannt.»

Als später die australischen Eingeborenensprachen näher untersucht wurden, fand man alle möglichen Namen für das Beuteltier, der gebräuchlichste war *patagaran*. Keine der Vokabeln aber klang nach «Känguru». Daher stammt wohl die Legende, die sogar noch heute in dem etymologischen Wörterbuch «The Facts on File Encyclopedia of Word and Phrase Origins» zu finden ist: «Cook fragte einen Eingeborenen nach dem Namen eines seltsamen Beuteltiers. Der Eingeborene antwortete ‹Känguru› oder ‹Ich weiß nicht›.» So sei die Vokabel fälschlich in die Wörterbücher geraten.

Schön erfunden, diese kleine Geschichte, aber leider ist sie unwahr. Es gibt nämlich tatsächlich einen australischen Dialekt namens Guuge Yimidhirr, und schon 1898 hat ein Ethnologe bemerkt, dass darin das Wort *gang-oo-roo* existiert. Im Jahr 1972 wurde die Vokabel von dem Anthropologen John Haviland «wiederentdeckt» und ist inzwischen auch im «Australian National Dictionary» verzeichnet. Es kann also keinen Zweifel geben: James Cook hat die Eingeborenen richtig verstanden, sie haben ihm den Namen des Tiers genannt.

Als der Königsberger Philosoph Immanuel Kant 50 Jahre alt wurde, begann die Festrede zu seinen Ehren mit den Worten «Ehrwürdiger Greis ...»

Stimmt nicht. Die Anekdote wird immer wieder als Beleg dafür gebracht, dass noch vor 250 Jahren ein 50-Jähriger als alter Mann gegolten habe. Aber sie stimmt hinten und vorne nicht.

Nicht nur, dass es für die Geschichte keinen Beleg gibt, sie ist auch nicht plausibel, sagt Werner Stark, Kant-Forscher an der Universität Marburg. An seinem 50. Geburtstag war Kant gerade seit vier Jahren Professor an der Königsberger Universität. Geburtstagsfeiern für Professoren waren damals nicht üblich, selbst wenn es sich um ein langjähriges Mitglied des Kollegiums handelte. Gefeiert wurden dagegen 50-jährige Jubiläen, etwa das der ersten Publikation. Einen solchen Festakt gab es tatsächlich 1797 für Immanuel Kant, und bei dieser Gelegenheit überreichte Graf Heinrich Lehndorff dem Philosophen im Namen der Königsberger Studenten ein «wohlverfasstes Gedicht». In diesem wird er tatsächlich als «weiser Greis» angesprochen – was angesichts seines Alters von 73 Jahren aber auch nicht verwundert.

In Kants Briefwechsel hat ein Leser meiner *ZEIT*-Kolumne noch einen anderen Beleg gefunden – in einem Brief, den Kant kurz nach Eintritt des Rentenalters von dem Magister Johann Heinrich Abicht aus Erlangen bekam. Der Brief wurde am 22. April 1789 geschrieben, Kants 65. Geburtstag, und beginnt mit der Anrede: «Wohlgebohrener Herr Professor, verehrungswürdiger Greis». Mit 65 war man damals tatsächlich schon ein alter Mann.

Aber nicht mit 50. Es stimmt, dass die Lebenserwartung im 18. Jahrhundert unter 50 Jahren lag. Das bedeutet aber nicht, dass die Menschen so viel früher senil wurden – sie starben einfach häufiger an diversen Krankheiten, die wir heute heilen können. Auf die Idee, einen 50-Jährigen als Greis zu bezeichnen, wäre auch damals niemand gekommen.

Kapitäne dürfen auf hoher See Trauungen durchführen

Stimmt nicht. Der Kapitän ist zwar die höchste Autorität auf einem Schiff, aber an Recht und Gesetz des Landes gebunden, unter dessen Flagge das Schiff fährt. Es gibt in allen Staaten Bestimmungen, die regeln, wer heiratswillige Paare trauen darf. In Deutschland zum Beispiel sagt Paragraph 11 des Gesetzes über die Eheschließung klipp und klar: «Eine Ehe kommt nur zustande, wenn die Eheschließung vor einem Standesbeamten stattgefunden hat.»

Ein Kapitän, der eine Trauungszeremonie durchführen wollte,

müsste also gleichzeitig Standesbeamter sein. Doch von einer solchen Doppelqualifikation eines deutschen Schiffsführers hat man bislang nicht gehört. Es gibt zwar ein aus dem Jahr 1950 stammendes Gesetz über die Anerkennung sogenannter Nottrauungen, aber auch bei denen muss zwingend ein Standesbeamter anwesend sein. Und es geht dabei um wirkliche Notlagen wie lebensbedrohende Krankheiten, nicht um spontane Heiratsgelüste bei einer Butterfahrt auf der Ostsee.

Weil sich die Legende trotzdem hartnäckig hält, haben einige Länder sogar explizite Rechtsvorschriften erlassen, um den Trauungsunfug auf See zu unterbinden. Bei der U. S. Navy zum Beispiel heißt es eindeutig: «Der kommandierende Offizier darf an Bord seines Schiffes oder Flugzeuges keine Trauungszeremonie durchführen» (Code of Federal Regulations, 32 CFR 700716). Ist das Schiff im Staat New York registriert, droht dem Käpt'n bei Zuwiderhandlung sogar Gefängnis. Auch die britische Handelsmarine läßt ihre Kapitäne nicht im Unklaren über die Ungültigkeit von Hochseetrauungen.

In einem berühmt gewordenen Fall wurde freilich nachträglich eine auf See geschlossene Ehe anerkannt. In dem Verfahren Fisher gegen Fisher erklärte im Jahr 1929 das Appellationsgericht von New York, daß die Ehe gültig sei, weil kein Gesetz ausdrücklich dagegen spreche. Dazu muss aber gesagt werden, dass in angelsächsischen Ländern oft noch das Prinzip des *common law* angewandt wird; demnach kann eine Ehe auch dann rechtmäßig geschlossen sein, wenn sie nicht durch offizielle Stellen abgesegnet wird. In diesem Falle wäre aber auch nicht der Kapitän vonnöten gewesen, es hätte auch ein einfacher Schiffsjunge getan.

Trotz der zumindest in Deutschland eindeutigen Rechtslage wollen sich immer mehr Paare auf schwankenden Planken das Jawort geben. Und deshalb haben findige Köpfe auch Möglichkeiten gefunden. Eine Zeitlang gab es tatsächlich vier Kapitäne mit Trauungsbefugnis. Sie waren vom schwedischen Staat ausdrücklich ermächtigt worden, auf dem Kreuzfahrtschiff «Nils Holgersson» Ehen zu schließen, die auch in Deutschland anerkannt wurden. Die Kapitäne waren sozusagen

Standesbeamte ehrenhalber (seit 1993 ist das nicht mehr möglich, weil die Schifffahrtslinie jetzt eine rein deutsche Firma ist).

In Hamburg kann man sich auf einem Alsterschiffchen trauen lassen – von einem mitfahrenden Standesbeamten. Ansonsten gelten die Hinweisschilder, die es auf einigen Vergnügungsdampfern geben soll: «Alle vom Kapitän durchgeführten Eheschließungen haben nur für die Dauer der Reise Gültigkeit.»

Der Genuss von Karotten lässt einen schärfer sehen

Stimmt nicht. Diese «Weisheit» (oft ergänzt um den Zusatz «... oder haben Sie schon mal einen Hasen mit Brille gesehen?») ist ein Paradebeispiel dafür, wie aus einem Körnchen Wahrheit eine Falschaussage wird. Richtig ist, dass Karotten Betacarotin enthalten, das im Körper zu Vitamin A umgewandelt wird. Richtig ist auch, dass dieses Vitamin unabdingbar ist für unsere Sehkraft. Es ist ein Baustein des Rhodopsins, mit dem die Zellen der Netzhaut Hell und Dunkel unterscheiden. Wem es daran mangelt, der kann nachtblind werden. Mit «scharf sehen» hat das aber nichts zu tun. Kurz- und Weitsichtige können noch so viele Möhren mümmeln, sie bekommen davon allenfalls einen gelblichen Teint (auch eine Wirkung des Betacarotins), aber keinen besseren Durchblick!

Es gibt auch erheblich bessere Vitamin-A-Lieferanten als die Möhre. In tierischen Produkten wie Leber (insbesondere: Eisbärleber) und Milchprodukten ist das Vitamin selbst enthalten und nicht nur die Vorstufe. Und beim Gemüse haben Kohl, Spinat und Kürbis einen höheren Betacarotin-Gehalt als die Karotte.

Überhaupt braucht der Mensch gar nicht viel Vitamin A. Zwei Möhren am Tag decken den Bedarf. Am besten mit Butter zubereitet, weil das Vitamin fettlöslich ist.

Katzen fallen immer auf die Füße

Stimmt. Katzen entwickeln schon im Alter von wenigen Wochen den sogenannten Umdrehreflex. Sie schaffen es, sich in der Luft so zu drehen, dass die Füße nach unten zeigen. Das ist gar nicht so einfach, denn nach den Gesetzen der Physik bleibt der Drehimpuls eines Körpers im freien Fall stets erhalten. Wenn sich der vordere Teil der Katze nach links dreht, dreht sich der hintere zum Ausgleich nach rechts. Es ist ein ziemlich kompliziertes Manöver, bei dem auch der Schwanz eine wichtige Rolle spielt. Der Prozess dauert nur Bruchteile von Sekunden, und nach weniger als einem Meter Fallstrecke hat sich die Katze komplett gedreht. Mit Hochgeschwindigkeitsaufnahmen ist dieser Trick sehr schön dokumentiert worden.

Auf den Füßen landet die Katze also fast immer – die andere Frage ist, ob das Tier dabei unverletzt bleibt. Es heißt oft, dass eine Katze aus einer beliebigen Fallhöhe, etwa vom Balkon eines Hochhauses, immer heil unten ankommt. Dafür wird gern ein Artikel zitiert, der 1987 im *Journal of the American Veterinary Medical Association* erschien. Dort beschrieben Ärzte 132 Fälle von Katzen, die in New York aus großer Höhe (im Durchschnitt 5,5 Stockwerke) auf die Straße gefallen waren und in eine Tierklinik eingeliefert wurden. 90 Prozent überlebten den Sturz, teilweise jedoch mit schweren Verletzungen. Diese Statistik hat allerdings einen Haken: Ist die Katze tot, wird der Besitzer sie kaum noch ins Krankenhaus bringen. Die Stichprobe war also verzerrt, sie erfasste die schlimmsten Fälle nicht.

Auch wenn die Zahl von 90 Prozent zweifelhaft ist, enthält die Studie doch interessante Ergebnisse: Die Überlebenschance sank zunächst mit steigender Höhe, vom 7. Stockwerk an jedoch wurde sie wieder etwas größer. Das liegt daran, dass die Fallgeschwindigkeit nicht ins Unermessliche steigt, sondern einen Grenzwert erreicht und nicht mehr wächst, wenn der Luftwiderstand die Fallbeschleunigung aufwiegt. Je kleiner der Körper, desto geringer ist diese Grenzgeschwindigkeit. Für Katzen liegt sie bei 100 Kilometern pro Stunde (für Menschen bei 200). Nach einer Phase des unruhigen Fluges stabilisiert sich die Position der Katze, sie streckt alle viere von sich und segelt fast wie ein Flughörnchen zu Boden. Für diese Stabilisierung braucht die Katze ein paar Stockwerke, und nachdem sie ihre Grenzgeschwindigkeit erreicht hat, wird das Todesrisiko nicht mehr größer.

Hinzu kommt, dass das Skelett von Katzen elastischer ist als das des Menschen, sodass die Überlebenschance erstaunlich groß ist. Trotzdem sollte man das Schicksal nicht herausfordern und Fallversuche mit Katzen unterlassen. Es sind wirklich schon viele beim Sturz gestorben oder wurden schwer verletzt – auch wenn sie mit den Pfoten zuerst aufkamen.

Dreifarbige Katzen sind immer weiblich

Stimmt. Tatsächlich sind die weiß-schwarz-orangefarbenen Calico-Katzen, die manchmal auch als «Glückskatzen» bezeichnet werden, immer weiblich. Oder fast immer.

Das liegt an den Genen für die Farbgebung des Katzenfells. Sie sitzen auf den Chromosomen, die bei der Katze in 19 Paaren vorkommen. Eine Fleckung entsteht, wenn ein Chromosom das Gen für Orange enthält und das Gegenstück das Gen für Nicht-Orange. Dann gibt es sozusagen einen Wettstreit zwischen beiden, und in manchen Regionen des Fells obsiegt das eine Gen, in manchen das andere (an weißen Stellen setzt sich ein drittes Gen durch, das auf einem anderen Chromosom sitzt). Das Orange-Gen ist jedoch Teil des Geschlechtschromosoms X, das nur bei den Weibchen paarweise vorkommt. Männchen haben ein X- und ein Y-Chromosom. Letzteres trägt gar keine Farbinformation, weshalb es bei Katern nicht zum malerischen Konflikt kommt.

So weit der Normalfall. Einer von 3000 Katern besitzt jedoch ein X-Chromosom zu viel – nämlich zwei X- und ein Y-Chromosom. Diese können tatsächlich ein Fleckmuster haben, sind aber steril.

Obendrein gibt es bei Katzen auch Chimären, die durch Verschmelzen zweier Embryonen entstehen. Die haben dann eine Mischung aus «männlichen» und «weiblichen» Zellen. So können sogar fortpflanzungsfähige Kater mit weiblicher Fellzeichnung entstehen – als sehr seltene Laune der Natur.

Man weiß nicht, wie Katzen schnurren

Stimmt nicht. Es gibt zwar einige offene Fragen im Zusammenhang mit dem Schnurren der Katzen, aber wie es erzeugt wird, haben Wissenschaftler ziemlich genau erforscht. Einer von ihnen ist Gustav Peters, Kustos und Säugetierforscher am Museum Alexander Koenig in Bonn.

Peters hat zusammen mit zwei Kollegen ausgedehnte Forschungen zu dieser eigentümlichen Lautäußerung unternommen. Katzen schnurren mit ihrem ganz normalen Stimmapparat, allerdings gerät dabei der ganze Körper ins Vibrieren. Das Schnurren kann beim Ein- wie beim Ausatmen produziert werden, sodass ein fast kontinuierlicher Ton mit einer Grundfrequenz von etwa 26 Hertz entsteht – beim Ausatmen ist er ein bisschen höher. Auch können Katzen beim Schnurren noch weitere Laute erzeugen, und Katzenbabys schaffen es sogar zu schnurren, während sie an Mutters Zitze saugen.

Das Schnurren wird im Allgemeinen als Ausdruck des Wohlbefindens gedeutet. Allerdings schnurren Katzen auch während der Geburtswehen oder wenn sie verletzt sind – in diesem Fall scheint der Laut eher der Selbstberuhigung zu dienen. Während die Frage nach dem Grund des Schnurrens noch diskutiert wird, ist die seiner Erzeugung also weitgehend geklärt.

ICH FRAGE MICH, WIE KATZEN DAS MACHEN: SCHNURREN!?
GUTE FRAGE, WEIL LEICHT ZU BEANTWORTEN.
SCHADE! ICH HOFFTE, "GUTE FRAGE" HEISST, SCHWER ZU BEANTWORTEN.

Übrigens schnurren fast alle Verwandten der Katze – außer Löwe, Tiger, Leopard und Jaguar.

Brennende Kerzen «verzehren» Zigarettenrauch

Stimmt nicht. Auch wenn so mancher Raucher behauptet, die luftverpestende Wirkung seines Lasters durch das Aufstellen von ein paar Kerzen mindern zu können. Denn Kerzen und Zigaretten tun im Prinzip etwas sehr Ähnliches: Sie verbrennen organische Substanzen mit Hilfe von Sauerstoff. Diese Verbrennung ist nicht vollständig, und die unvollständig verbrannten Reste, die in die Luft gelangen, nennt man Ruß. Beim Rauchen ist dieser Ruß erwünscht – nichts anderes ist ja der Zigarettenrauch. Bei Kerzen erwarten wir dagegen, dass sie möglichst wenig rußen. Aber zusätzlich den Ruß aus der Zigarette magisch anziehen und ihn verbrennen – das tun Kerzen nicht.

Walter Schütz vom Verband Deutscher Kerzenhersteller hat zwei Erklärungen für die angenehme Wirkung von Kerzen in einer Raucherrunde: Da sind zum einen die Duftkerzen, die mit ihrem Aroma den Rauch «übertönen» (ein Effekt, mit dem einige Hersteller auch werben). Die Wirkung ähnelt dem Versuch, unangenehme Körpergerüche mit Parfüm zu überdecken – kein wirklich reinigender Effekt. Zweitens sorgen Kerzen, die im Zimmer verteilt sind, durch eine unregelmäßige Erwärmung der Raumluft für ständigen Zug. Durch diese sogenannte Konvektion wird der Rauch besser von den Rauchern wegtransportiert und im Raum verteilt. Die Gesamtmenge bleibt aber gleich. Die einzigen wirklichen Rauchverzehrer sind die aktiv oder passiv rauchenden Menschen im Zimmer.

Wenn man Kirschen isst und dann Wasser trinkt, kriegt man Bauchschmerzen

Stimmt nicht. Bei der Beantwortung dieser Frage hilft uns Antal Bognar von der Bundesforschungsanstalt für Ernährung in Karlsruhe, der auch eine richtungweisende Studie über Vitamine in Obstschalen durchgeführt hat (siehe S. 341). Zwar gibt es diesmal keine eigens angestellte Untersuchung über Kirschenessen und Wassertrinken. Herr Bognar kann aber «nach eigener Erfahrung» Folgendes sagen:

Bauchschmerzen nach Kirschengenuss entstehen durch Gärprozesse im Magen. Damit es gärt, müssen Keime vorhanden sein. Diese sitzen zuhauf auf der Schale der Kirschen, sie werden aber meist von der Magensäure abgetötet. Bei größeren Mengen von Kirschen (mehr als ein Pfund) kann es sein, dass der Magen überfordert ist und der Gärprozess in Gang kommt – mit den erwähnten Folgen.

Die Legende mit dem Wassertrinken ist wahrscheinlich darauf zurückzuführen, dass in früheren Zeiten das Trinkwasser von mangelhafter Qualität war und viele Keime enthielt – unter anderem auch die Hefepilze, die für die unangenehme Gärung im Bauch sorgen.

Ein ebenso deutliches «Stimmt nicht» gibt es auf die Frage, ob Wassertrinken nach dem Genuss von Speiseeis zu Bauchschmerzen führt. Hier ist die Antwort sogar noch eindeutiger: Eis enthält nichts, was gären kann, und (in den meisten Fällen) auch keine Keime.

In heißen Ländern sollte man eher dunkle Kleidung tragen als helle

Stimmt nicht. Die Antwort scheint auf den ersten Blick leicht, ähnlich wie bei der Frage nach den schwarzen und weißen Autos: Schwarze Oberflächen absorbieren mehr Sonnenstrahlen als weiße. Aber Schwarz nimmt nicht nur mehr Wärme auf, es strahlt auch mehr Wärme ab. Und der menschliche Körper produziert ständig Wärme, die irgendwie nach außen geleitet werden muss. Das kann schwarze Kleidung besser.

Was wiegt nun stärker? Darauf gibt es keine eindeutige Antwort. 1978 haben drei Zoologen der Washington State University die Frage für Vögel untersucht – weißes gegen schwarzes Federkleid. Ihr Ergebnis: Es kommt auf die Nebenbedingungen an. Bei Windstille wurde schwarzen Vögeln besonders heiß, ein weißes Federkleid kühlte besser.

Die Ergebnisse kehrten sich allerdings um, als man eine leichte Brise von mehr als zehn Kilometern pro Stunde wehen ließ. Weil der Wind Hitze vom Körper wegtransportiert und so die Wärmeabstrahlung unterstützt, waren plötzlich die schwarzen Vögel im Vorteil. Am günstigsten war ein luftiges schwarzes Federkleid – das entspricht der Empfehlung, es wie die Tuareg zu halten und locker fallende dunkle Kleidung zu tragen.

Die wenigsten von uns laufen aber in wallenden Gewändern herum. In Bezug auf enganliegende T-Shirts kamen dänische Forscher zum gegenteiligen Ergebnis: Sie ließen Testpersonen auf einem Trainingsrad strampeln und bestrahlten ihren Rücken mit künstlichem Sonnenlicht. Dabei trugen die Versuchspersonen weiße oder schwarze Hemden aus Baumwolle oder Polyester. Ergebnis: Man schwitzt in schwarzer Baumwolle am meisten, in weißem Polyester am wenigsten.

Insgesamt sind aber die Unterschiede sehr gering. Vielleicht tragen die Nomaden der Sahara ja auch deshalb Schwarz, weil sie es sich im Gegensatz zu den Mitgliedern des saudischen Königshauses nicht leisten können, täglich den sandigen Umhang zu wechseln – und auf Schwarz sieht man den Schmutz nicht so gut.

Kokosmilch ist ein Blutplasma-Ersatz

Stimmt. Einen Ersatz für das menschliche Blut gibt es bis jetzt nicht – deshalb ist die Medizin immer noch auf leibhaftige Blutspender angewiesen, um mit diesem ganz besonderen Saft in Notfällen Opfern zu helfen. Wenn Spenderblut knapp ist, etwa im Krieg, kommen die Menschen manchmal auf die seltsamsten Ideen. Zwar kann man die roten Blutkörperchen, die den Körper mit Sauerstoff versorgen, nicht so einfach ersetzen. Anders ist es beim Blutplasma – also der Flüssigkeit, in der die Blutkörperchen schwimmen. Das Plasma macht etwa 55 Prozent des Blutvolumens aus, es ist eine klare Flüssigkeit und weit mehr als ein reines Transportmedium: Blutplasma enthält wertvolle Nährstoffe und die Gerinnungsfaktoren, die das Verbluten verhindern.

Kokosmilch wird hergestellt, indem man das Fruchtfleisch der Kokosnuss mit dem in der Nuss enthaltenen Kokoswasser mixt. Dieses Wasser ist es, das im Zweiten Weltkrieg, genauer gesagt an der pazifischen Front, tatsächlich in Notzeiten als Plasma-Ersatz Verwendung fand. Zwei Eigenschaften prädestinieren das Kokoswasser dazu: Erstens ist es steril, eine Seltenheit in tropischen Dschungeln, und zweitens ist es isotonisch, hat also einen ähnlichen Salz- und Nährstoffgehalt wie das Original – reines Wasser wäre als Infusion nämlich keine Alternative. Aber natürlich kann das Wasser aus der Nuss das Blut nicht komplett ersetzen.

Christoph Kolumbus glaubte bis an sein Lebensende, Indien und nicht Amerika entdeckt zu haben

Stimmt. Kolumbus war besessen von der Idee, den westlichen Seeweg nach Indien zu finden. Sein Verdienst wird oft fälschlich darin gesehen, dass er als Erster die Kugelgestalt der Erde entdeckte und deshalb auf die Idee kam, sozusagen «hintenrum» die asiatischen Länder zu erreichen. Der Landweg galt als von den Muslimen versperrt. Aber das stimmt nicht. Das Wissen, dass die Erde rund ist, war damals Allgemeingut, und insbesondere die Portugiesen kannten den Umfang der Erde recht genau. Läge zwischen Europa und Asien tatsächlich nur Wasser und nicht Amerika, so betrüge die Distanz 20 000 Kilometer, ein unmögliches Unterfangen für damalige Schiffe. Kolumbus dagegen verschätzte sich gewaltig und glaubte, nur 4000 Kilometer zurücklegen zu müssen. Seine fulminante Entdeckung von 1492, als er auf der Bahamas-Insel San Salvador landete, beruhte also auf einem großen Irrtum.

Ein Irrtum, von dem Kolumbus auch in seinen verbleibenden 14 Lebensjahren nicht abrückte, obwohl die Indizien dagegen immer zwingender wurden. Er unternahm drei weitere Reisen gen Westen und erkundete dabei die Küste Mittel- und Südamerikas: keine Spur von Japan oder Indien. Andere Seefahrer erforschten zu Kolumbus' Lebzeiten Nordamerika, Vasco da Gama umsegelte das Kap der Guten Hoffnung und fand den östlichen Seeweg nach Indien. Für Kolumbus aber durfte nicht sein, was nicht sein konnte. Seine endgültige Widerlegung durch die Weltumseglung Magellans im Jahr 1522 erlebte er nicht mehr.

Kommissare probieren Rauschgift mit dem Finger

Stimmt nicht. Trotz Hunderter von Kriminalfilmen, in denen der Kommissar die Fingerspitze in das weiße Pulver taucht, kurz dran leckt und dann sagt: «Prima Stoff!»

«Theoretisch kann man einen Geschmackstest machen», sagt Karina Sadowsky von der Pressestelle der Hamburger Polizei. «Allerdings lässt sich dadurch lediglich feststellen, ob eine betäubende Wirkung auf der Zunge eintritt.» Kokain ist nämlich weitgehend geruchs- und geschmacklos, da schmeckt der Kommissar nur die beigemengten Stoffe wie Stärke oder Traubenzucker. Heroin schmeckt bitter, aber auch das probiert der Polizist tunlichst nicht aus. Gar nicht mal, weil er sich damit selbst strafbar machen würde, sondern aus Gesundheitsgründen. «Diese Praxis kann in die Abhängigkeit führen», sagt Karina Sadowsky.

Der «Fingertest» ist also ein Stereotyp des Fernsehkrimis, das mit der Wirklichkeit ebenso wenig zu tun hat wie das Auto, das beim kleinsten Kabelbrand explodiert (siehe S. 35). Richtige Kommissare gehen die Sache wissenschaftlicher an: Sie haben Schnelltests dabei, mit denen sie das Pulver identifizieren können.

Wenn man die Beine häufig übereinanderschlägt, bekommt man Krampfadern

Stimmt nicht. Man liest den Tipp in vielen Ratgebern: Wer viel mit übereinandergeschlagenen Beinen dasitze, der behindere den Blutfluss in den Venen, und das könne auf die Dauer zu Krampfadern führen. Es gibt zwei Hauptrisikofaktoren für ausgeleierte Venen: eine gewisse genetische Veranlagung sowie das Alter. Das jedenfalls sagte

HEROIN ODER KOKAIN ?
DIE SHOW
PRIMA STOFF!
HEROIN?
KOKAIN?
RICHTIGE KOMMISSARE HABEN SCHNELLTESTS DABEI, ABER DA BRAUCHT ES BESSERE SCHAUSPIELER, UM DEN ZUSCHAUER ZU FESSELN.

mir Eberhard Rabe, der Präsident der Deutschen Gesellschaft für Phlebologie (das ist die Lehre von den Gefäßerkrankungen).

Gegen beides kann man wenig tun. Aber es gibt einen weiteren Risikofaktor, auf den wir durchaus einen Einfluss haben: Auch Übergewicht trägt nämlich zur Entstehung der nicht nur kosmetisch bedenklichen Aderschäden bei.

Hinsichtlich der übereinandergeschlagenen Beine sagt Rabe nur: «Das ist Quatsch.» Wer schon Krampfadern habe, bei dem könne diese Sitzposition zu zusätzlichen Beschwerden führen, vielleicht bemerke er auch die Krampfadern nach einem langen Tag im Sitzen zum ersten Mal. Ursächlich ist diese Körperhaltung jedoch nicht. Das heißt umgekehrt: Man kann die Krampfadern nicht verhindern, indem man in jungen Jahren diese Sitzposition meidet.

Die Kinder von heute glauben, dass Kühe lila sind

Stimmt nicht. Die Legende geht zurück auf einen Schüler-Malwettbewerb, der Mitte der 90er Jahre in Bayern stattfand und an dem 40 000 Kinder teilnahmen. Als sie eine Kuh ausmalen sollten, wählten tatsächlich 30 Prozent der Schüler die Farbe Lila, offenbar in Anlehnung an die Werbung eines Schokoladenherstellers.

Aber was beweist das? Zunächst einmal nur, dass die Werbung offenbar wirkt. Aber glaubten diese Kinder wirklich, Kühe seien lila, oder fanden sie ihre Malerei einfach nur witzig? Diese Frage ist daraufhin tatsächlich wissenschaftlich untersucht worden. Soziologen von der Universität Marburg beschlossen 1997, das Naturbild von Kindern genauer zu untersuchen – in einer Studie mit dem bezeichnenden Titel «Lila Kuh». 2003 wurde die Erhebung noch einmal in einer kleineren Gruppe wiederholt.

Die Forscher kamen zu dem Schluss, dass mit dem Naturbild

von Kindern und Jugendlichen tatsächlich einiges nicht in Ordnung ist – offenbar aufgrund mangelnder Erfahrung, aber auch wegen der Vorstellung, die ihnen ihre Eltern vorleben. Die Kinder idealisieren die Natur zu einer idyllischen, harmonischen Parallelwelt, in der der Mensch nichts verloren hat. Bäume zu pflanzen ist gut, Bäume zu fällen ist böse, und der Jäger ist sowieso ein Mörder.

«Bambi-Syndrom» nannten die Forscher das. Bezüglich der lila Kuh konnten sie allerdings Entwarnung geben – den Unterschied zwischen Werbung und Wirklichkeit sahen praktisch alle Kinder. Allerdings glaubten elf Prozent der Kinder 2003, dass Enten gelb seien – 1997 waren es noch sieben Prozent.

Leere Kühltruhen verbrauchen mehr Strom als volle

Stimmt. Halten wir erst mal fest: Wir reden nicht vom Einfrieren – das verbraucht mit Abstand die meiste Energie. Wir stellen uns zwei Kühltruhen vor, die eine bis zum Rand mit Gefrorenem gefüllt, die andere leer. Es muss also nur die «einsickernde» Wärme wieder herausgeschafft werden. Welche Truhe verbraucht mehr?

Fall 1: Der Deckel bleibt stets geschlossen. Dann ist der Verbrauch im Wesentlichen der gleiche. Lothar Litz, Leiter der Transferstelle für Kältetechnik an der Universität Kaiserslautern, erklärt uns, dass für den Energieverbrauch nur drei Größen maßgeblich sind: die Temperaturdifferenz zwischen innen und außen, die Oberfläche der Truhe und die Qualität der Isolation. «Unerheblich ist dabei, was sich in der Truhe befindet.»

Fall 2: Wir machen öfter mal den Deckel auf und werfen einen neugierigen Blick hinein. Dann kommt in die leere Kühltruhe viel mehr warme Umgebungsluft als in die volle, und die muss erst einmal heruntergekühlt werden. Zwar kostet das für 100 Liter Luft nur so viel

Energie wie für acht Kubikzentimeter Wasser, aber es macht etwas aus. Und weil warme Luft mehr Wasser fasst als kalte, schlägt sich in der leeren Truhe eher ein «Eispelz» nieder als in der vollen. Der beeinträchtigt den Wirkungsgrad des Kühlaggregats, die Truhe verbraucht mehr Strom. Zwei zugegeben kleine Quellen für einen erhöhten Verbrauch der leeren Kühltruhe gegenüber der vollen.

Was bei der Kühltruhe im Haushalt vielleicht nur eine Spitzfindigkeit ist, kommt bei den großen, teilweise offenen Supermarktgeräten tatsächlich zum Tragen. Dort schlägt sich der ständige Luftaustausch in einem messbar größeren Verbrauch der leeren Truhen nieder.

Kurzsichtige Menschen sind intelligenter als andere

Stimmt. Wir Brillenträger wissen es natürlich aus der täglichen Erfahrung, und seit über 100 Jahren haben viele statistische Untersuchungen den Zusammenhang zwischen Kurzsichtigkeit und Intelligenz belegt. Die wohl umfangreichste Datensammlung umfasste 157748 israelische Rekruten. Ergebnis: In der Gruppe mit dem niedrigsten IQ waren acht Prozent kurzsichtig, in der mit dem höchsten IQ dagegen 27,3 Prozent. Man kann den Zusammenhang auch anders ausdrücken: Im Schnitt schaffen Kurzsichtige etwa 7 bis 9 Punkte mehr beim IQ-Test. Doch so überwältigend die statistischen Belege sind, so dürftig sind die Erklärungen. Kurz gesagt: Keiner weiß, worauf dieser Zusammenhang beruht. Was die Wissenschaftler nicht davon abhält, wild zu spekulieren.

Die älteste Erklärung: Intelligente Kinder lesen mehr und verderben sich dadurch die Augen. Nun ist es aber höchst umstritten, inwieweit man durch Lesen überhaupt seine Augen schädigen kann. Ebenso wackelig ist die umgekehrte Erklärung: Kinder mit schlechten Augen gehen nicht so gern nach draußen, sondern beschäftigen sich mit «Nah-Aktivitäten» wie Lesen und schärfen so ihren IQ. Aber aller Erfahrung nach lässt sich der Intelligenzquotient nur sehr bedingt auf diese Weise verbessern.

Bleibt die Genetik. Gibt es ein Gen (oder mehrere), das auf geheimnisvolle Weise gleichzeitig für hohe Intelligenz und für schlechte Augen sorgt? Auf diese These haben in den letzten Jahren einige Forscher ihr Augenmerk gerichtet, etwa indem sie die Geschwister von hochintelligenten Kurzsichtigen untersucht haben. Mit einer überraschend simplen Erklärung wartet Edward Miller von der Universität von New Orleans auf: Es gibt eine Korrelation zwischen Intelligenz und Gehirngröße und ebenso eine zwischen der Kurzsichtigkeit und der Größe des Augapfels. Wenn es ein Gen gibt, das Auge und Hirn überdurchschnittlich wachsen lässt, dann könnte dort der Zusammenhang liegen. Aber das ist bislang nur eine hübsche Spekulation.

Für ein Lächeln braucht man 17 Muskeln, für ein ernstes Gesicht 43

Stimmt nicht. Tatsächlich werden diese (oder ähnliche) Zahlen viel verbreitet, selbst auf Internet-Seiten, die sich scheinbar wissenschaftlich mit der menschlichen Anatomie befassen. Lebensratgeber ziehen daraus den Schluss, dass man sich die Mühe des Runzelns sparen sollte (andere wiederum betonen, wie gesund doch das Lachen sei, gerade weil so viele Muskeln benutzt würden ...).

Ich habe den weltweit bekanntesten Experten für den Zusammenhang zwischen Mimik und Gefühl gefragt, den Amerikaner Paul Ekman von der University of California in San Francisco. Der gehört zu den Vätern von Facs, einem genormten System zur Bewertung von Gesichtsausdrücken, und 2004 ist sein Buch *Emotions Revealed* erschienen. Laut Ekman hat der Spruch «nichts mit der Realität» zu tun. «Ein ernstes Gesicht wird auf der Stirn mit einem Muskel erzeugt, dem Corrugator. Bei den Lippen mit einem weiteren, dem Triangularis. Ein einfaches Lächeln bekommt man schon mit einem Muskel hin, dem Zygomaticus Major. Ein wirklich freudiges Lächeln erfordert noch zusätzlich den Orbicularis Oculi.»

Alle genannten Muskeln kommen paarweise vor, also braucht man fürs ernste wie fürs erfreute Gesicht jeweils zwei bis vier. Natürlich sind meistens noch mehr der über 50 Gesichtsmuskeln an einer Miene beteiligt – aber die genannten Zahlen sind völlig aus der Luft gegriffen.

Lachs war früher ein «Arme-Leute-Essen»

Stimmt nicht. Festgemacht wird diese «Tatsache» an der Behauptung, Lachs sei bis zum Ende des 19. Jahrhunderts ein «Brotfisch» gewesen, so häufig und billig, dass Dienstboten es sich vertraglich zusichern ließen, nur zwei- oder dreimal in der Woche Lachs essen zu müssen. Die Geschichte mit den Verträgen der Dienstboten spielt mal in Hamburg, mal in Frankfurt oder in Lettland. Oft wird sogar behauptet, dass es eine gesetzliche Bestimmung gegeben habe, nach der die Herrschaften ihren Bediensteten nicht ständig Lachs vorsetzen durften. Eine Quelle wird freilich nie angegeben – ein typisches Indiz dafür, dass es sich wohl um eine Legende handelt. Zu dem Ergebnis kam auch ein Baseler Archivar, der sich vergeblich auf die Suche nach einem historischen Beleg machte.

Der Historiker Klaus Schwarz ist der Legende in Bremen nachgegangen. In seinem Artikel «Der Weserlachs und die Bremischen Dienstboten», veröffentlicht im «Bremischen Jahrbuch 1995/96», kommt er nicht nur zu dem Ergebnis, dass die Geschichte mit den Dienstboten Unfug ist, er hat auch die historischen Nahrungsmit-

WENN LACHS SO HÄUFIG UND BILLIG IST, MUSS WENIGSTENS DAS ANGELN SPASS MACHEN. ICH NEHME NUR LACHSE, DIE AM STRAHL DER WASSERPISTOLE HOCHSCHWIMMEN.

telpreise recherchiert. Sein Fazit: Zu allen Zeiten war der Lachs sehr teuer, er kostete stets ein Vielfaches von Rind- oder Schweinefleisch.

Allerdings wurde früher viel Lachs in den deutschen Binnengewässern gefangen. Lachse sind Wanderfische, die ihre Jugend in Flüssen verbringen, dann ins Meer schwimmen, wo sie sich ordentlich dick fressen, um dann zum Laichen an den Ort ihrer Geburt zurückzukehren. Um 1900 wurden allein aus dem Rhein jährlich 85 000 Tonnen Lachs gefischt. 50 Jahre später war der Fisch praktisch aus allen deutschen Binnengewässern verschwunden – Lachse reagieren sehr empfindlich auf eine schlechte Wasserqualität. Fortan mussten die Fische erheblich aufwendiger aus dem Meer gefischt werden. Inzwischen stammen die meisten Lachse, die wir essen, aus großen Fischfarmen im Meer und sind wieder für jedermann erschwinglich.

Seit einigen Jahren wird der Lachs erfolgreich im Rhein wieder angesiedelt. Von den ausgesetzten Jungfischen sind schon einige tausend aus dem Ozean zurückgekehrt. Aber die Zeiten des Lachsfangs in deutschen Flüssen sind wohl unwiederbringlich vorbei.

Elektrische Lampen verbrauchen beim Einschalten besonders viel Strom, deshalb ist es besser, sie in einem fort brennen zu lassen

Stimmt nicht. Zumindest wenn man den Raum für länger als zwölf Minuten verlässt (siehe unten), sollte man grundsätzlich das Licht ausschalten. Das spart Strom, und man muss auch nicht häufiger neue Birnen kaufen.

Zunächst einmal zu der Mär vom höheren Stromverbrauch: Leuchtstoffröhren haben einen Starter, der während des Aufflackerns die fünffache Energiemenge aufnehmen kann. Weil das aber sehr schnell geht, wird dieser Zusatzverbrauch schon durch eine Sekunde «Dunkelzeit» eingespart. Auch gewöhnliche Glühbirnen (der korrekte Ausdruck lautet übrigens «Glühlampen») verbrauchen im kalten Zustand mehr Strom als im heißen – ihre Glühfäden sind ein temperaturabhängiger elektrischer Widerstand. Da das Aufheizen aber sehr schnell geht, ist auch dieser Zusatzverbrauch vernachlässigbar.

Die Lebensdauer einer Birne oder Röhre sinkt tatsächlich durch häufiges Ein- und Ausschalten. Professor Volker Staben von der Fachhochschule Flensburg erklärt das mit der sogenannten Elektromigration: «Atome im Faden werden durch die sich bei Stromfluss bewegenden Elektronen quasi mitgerissen, sodass der Faden an einigen Stellen dünner wird.» Diese Stellen werden dann immer mehr beansprucht und dadurch noch dünner, bis sie schließlich reißen – gern beim Einschalten, weil in dem Moment der Stromfluss am größten ist.

Wie wägt man nun den Verschleiß durchs Ein- und Ausschalten gegen den Stromverbrauch ab? Professor Staben macht folgende Überschlagsrechnung auf: Nehmen wir an, eine durchschnittliche Birne brennt etwa tausend Stunden lang und hält bis zu fünftausend Schaltzyklen aus. Dann verkürzt jeder Einschaltvorgang die Brenndauer um etwa zwölf Minuten. Dieser Verschleißeffekt wird aber schon durch zwölf Minuten Dunkelheit aufgehoben.

Im Übrigen gilt natürlich für den umweltbewussten Zeitgenossen: Die sogenannten Energiesparlampen sind in jeder Hinsicht am günstigsten – sie verbrauchen weniger und halten länger als gewöhnliche Glühbirnen.

Die klebrige Substanz auf unter Bäumen geparkten Autos ist Läusekot

Stimmt. Im Frühling und Sommer klebt auf vielen Autos, die unter einem Baum geparkt haben, «die Scheiße der Blattläuse», wie es Wohlert Wohlers, Pressesprecher der Biologischen Bundesanstalt und davor Aphidologe (Läuseforscher), drastisch ausdrückt. Deshalb ist diese Plage auch nicht auf die Blütezeit der Bäume beschränkt, sondern dauert praktisch den ganzen Sommer lang.

Die kleinen Krabbelviecher sitzen auf den Bäumen und saugen aus dem sogenannten Phloem, dem Gefäßsystem der Pflanzen, den Saft in sich hinein. Dieser Saft enthält vor allem Kohlenhydrate in Form von Zucker – besonders viel etwa beim Ahornbaum. Die Läuse dagegen sind außerordentlich scharf auf nahrhafte Proteine, und die sind im Phloem nicht in sehr hoher Konzentration vorhanden. Also müssen die Tierchen saugen, saugen, saugen. Den überschüssigen Zucker scheiden sie wieder aus. Daher der feuchte Film, der auch den schmeichelhaften Namen «Honigtau» trägt.

Auch wenn es praktisch nur Zucker ist – ganz ungefährlich ist das klebrige Zeug für den Lack nicht. Wenn es nicht schnell entfernt wird, können hässliche Dauerflecken auf dem Wagen entstehen. Um das zu vermeiden, sollte man im Sommer öfter mal in die Waschanlage fahren.

Wer das alles nun ziemlich eklig findet, der sollte beim nächsten Honigkauf genau aufs Etikett schauen: Bienen finden den Honigtau nämlich sehr köstlich und schlecken ihn gern von Bäumen und vom Waldboden auf. Alles, was unter «Waldhonig» oder «Tannenhonig» firmiert, hat den Weg durch den Läusedarm genommen, bevor die Biene es geschluckt und wieder ausgespuckt hat.

WIR HABEN BEIDE UNTER DEM BAUM GEPARKT, ABER NUR ICH HABE EINEN SCHMIERFILM AUF DEM LACK!?
OPEL LÄUSE-KOTKLO

Nach Katastrophen muss man die Leichen sofort begraben, sonst drohen Seuchen

Stimmt nicht. Nach Naturkatastrophen glauben Überlebende und Helfer oft, in hektischer Aktivität zunächst die Toten «entsorgen» zu müssen. Anders kann man es nicht bezeichnen, wenn etwa nach dem Tsunami in Südostasien 2004 die Opfer zu Tausenden in Massengräbern verscharrt wurden. Nach einem Erdbeben in Indien, das im Jahr 2001 etwa 100 000 Menschen das Leben kostete, wurden gigantische Scheiterhaufen errichtet, um die Leichen zu verbrennen – und nachher fehlte es an Brennholz für Herde und Öfen.

Der Mythos, dass von toten Menschen eine Infektionsgefahr ausgeht, ist falsch. Die Weltgesundheitsorganisation (WHO) wird nicht müde, das zu betonen, sie hat auch ein entsprechendes Handbuch herausgegeben. «Leichen führen nach Naturkatastrophen nicht zu Epidemien», heißt es darin lapidar. Bei Erdbeben oder Flutwellen sterben die Menschen nicht an Infektionskrankheiten – und selbst wenn sie zum Zeitpunkt ihres Todes eine ansteckende Krankheit hatten, so sterben die Erreger binnen 48 Stunden (das Aids-Virus hält sich einige Tage). Auch das «Leichengift», das sich angeblich in den toten Körpern bildet, ist keines. Das Grundwasser auf Friedhöfen ist oft sauberer als das in der Umgebung.

Der Verlust von Freunden und Angehörigen ist ein schweres psychisches Trauma für die Überlebenden einer solchen Katastrophe. Dieses Trauma verschlimmert man, wenn man ihnen nicht die Gelegenheit gibt, sich gemäß ihrer Tradition von den Toten zu verabschieden, sondern die Leichen anonym vergräbt oder verbrennt. Deshalb ist es wichtig, Vernunft statt Panik walten zu lassen – und sich am Einsatzort als Erstes um die Überlebenden zu kümmern, nicht um die Verstorbenen.

Libellen können Menschen stechen

Stimmt nicht. Viele Menschen haben Respekt vor Libellen – das liegt wohl vor allem daran, dass einige Arten sehr groß werden, mit Flügelspannweiten von mehr als zehn Zentimetern. Vielleicht kommt die Furcht auch von einer anderen Beobachtung, der die Insekten die Bezeichnung «Pferdestecher» verdanken: Wenn im Sommer Tiere auf der Weide von Fliegen und Mücken umschwärmt werden, dann stößt manchmal eine Libelle im Sturzflug auf das Vieh herunter.

Aber die Libelle hat es in diesem Fall nicht auf das Pferd abgesehen, sondern auf Insekten. Für den Menschen sind Libellen völlig ungefährlich. Stechen können sie überhaupt nicht, weil sie keinen Stachel haben. Die Weibchen einiger Arten verfügen über einen schwarzen, gebogenen Dorn, einen sogenannten Legebohrer, mit dem sie Pflanzen anritzen, um ihre Eier darin abzulegen. Aber dieser Bohrer ist viel zu stumpf, um in die Haut des Menschen einzudringen.

Bleibt als einzige Angriffsform das Beißen. Aber dass Libellen Menschen blutig beißen, ist ebenfalls ein Gerücht – die größeren Arten können allenfalls ein bisschen an uns knabbern.

Light-Zigaretten sind weniger schädlich als normale

Stimmt nicht. Und das gleich aus mehreren Gründen.

Erstens: Die niedrigeren Nikotin- und Kondensatwerte kommen dadurch zustande, dass die Filter der Light-Zigaretten kleine Löcher enthalten. Dadurch wird von den Rauchautomaten, mit denen die Werte ermittelt werden, mehr Luft angesaugt. Der menschliche Raucher hält aber oft die Löcher zu und zieht stärker an der Zigarette, sodass er mehr Nikotin und Teer aus der Zigarette holt als die

Maschine. Für einen Fernsehfilm des SWR wurde das einmal simuliert, indem die Hälfte der Löcher im Filter zugeklebt wurden. Der maschinell ermittelte Nikotinwert war fast doppelt so hoch wie die Zahl auf der Packung.

Zweitens: Die Light-Zigarette enthält keinen «leichteren» Tabak als die normale, sondern nur weniger. Tatsächlich ist der Nikotingehalt pro Gramm Tabak meist höher, wie dasselbe Fernsehteam ermittelt hat. Die Hersteller verwenden die «vollaromatischen Tabake», wie sie sie nennen, um trotz der erwähnten Löcher noch für genügend Geschmack zu sorgen.

Und drittens: Der süchtige Raucher raucht, um seinen Nikotinspiegel aufrechtzuerhalten – wenn er aus einer Zigarette tatsächlich weniger von dem Nervengift holt, dann wird er im Zweifelsfall mehr Zigaretten konsumieren.

Fazit: Light-Zigaretten kann man rauchen, wenn sie einem besser schmecken. «Gesünder» sind sie nicht. Sage ich Ihnen als ehemaliger Light-Raucher. Professor Jack Hennigfield vom Nationalen Institut für Drogenmissbrauch der USA drückt es so aus: «Das ist so, als würde man fettarme Milch kaufen, aber Sahne bekommen.»

Linkshänder sterben früher als Rechtshänder

Stimmt nicht. Auch wenn es bei oberflächlicher Betrachtung so aussehen mag. Der kanadische Psychologe Stanley Coren stellte schon in den 70er Jahren fest, dass der Anteil der linkshändigen Menschen mit dem Alter immer kleiner wurde: Bevorzugten von den 20-Jährigen noch 13 Prozent die linke Hand, so war es von den über 80-Jährigen nur noch 1 Prozent.

Corens Schluss: Die Linkshänder sterben früher. Um den Verdacht zu erhärten, untersuchte er zunächst Baseballspieler (deren Daten in der *Baseball Encyclopedia* erfasst werden). Linkshändige Spieler, so lautete das Ergebnis, starben im Durchschnitt acht Monate früher als rechtshändige.

Aber dieser recht geringe Unterschied (der in mehreren Studien nicht bestätigt werden konnte) reichte Coren noch nicht, und so begann er selbst Daten zu sammeln: Er rief die Angehörigen von 2000 jüngst Verstorbenen an und fragte nach der Händigkeit der Toten. Das Ergebnis sorgte für Schlagzeilen: Linkshänder sterben neun Jahre früher als Rechtshänder! Wenn das stimmte, wäre es eine wissenschaftliche Sensation – der Unterschied ist größer als der zwischen Rauchern und Nichtrauchern.

Zum Glück erhöhten die Lebensversicherungen nicht gleich ihre Prämien für Linkshänder. Es gibt nämlich eine einfache Erklärung dafür, dass es unter den Alten weniger Linkshänder gibt als unter den Jungen: Früher wurden Linkshänder systematisch auf rechts «umgeschult», heute lässt man sie eher unbehelligt. Kein Wunder, dass es dann unter den heute Alten mehr Linkshänder gibt als unter den Jungen.

Um verlässlichere Zahlen zu bekommen, untersuchten mehrere Forschungsarbeiten die Lebensläufe einzelner Menschen. Britische Forscher etwa erfassten mehr als 6000 Menschen zwischen 15 und 80 Jahren und schauten nach neun Jahren nach, wer von den Probanden noch am Leben war. Und schon verschwand der Unterschied zwischen rechts und links.

Stanley Coren hat das Feld der Linkshänderforschung übrigens verlassen. Er publiziert jetzt Bücher über die Intelligenz von Hunden.

Ein Lkw, der Vögel geladen hat, wird leichter, wenn die Vögel hochflattern

Stimmt nicht. Der Leser, der mir die Frage stellte, schrieb in seiner Mail von einem Lastwagen, der «zwei Tonnen Kolibris» geladen hat, und wollte wissen, ob der eine Tonne leichter würde, wenn sich die Hälfte der Vögel in der Luft befände. Zwei Tonnen Kolibris – das wäre eine knappe Million Vögel! – Aber betrachten wir einfach die Physik. Wird der Lkw leichter, wenn die Vögel flattern? Zunächst einmal soll der Laderaum luftdicht abgeschlossen sein (ich weiß, das ist nicht gut für die Vögel). Dann ist das schlagendste Argument: Der Wagen mit den Kolibris ist ein abgeschlossenes System mit einer konstanten Masse. Deshalb ist es egal, ob die Vögel sitzen oder fliegen.

Weil viele dieses Argument nicht akzeptieren, kann man auch detaillierter argumentieren: Ein Vogel, der sich in der Luft befindet, braucht Auftrieb. Den bekommt er, wenn der Luftdruck unter seinem Flügel größer ist als der über dem Flügel. Er «pumpt» beim Flattern Luft nach unten, und der dadurch entstehende höhere Druck wird an den Boden des Laderaums weitergegeben – letztlich wirkt dort eine Kraft, die dem Gewicht des Vogels entspricht.

Weil viele Menschen das trotz aller Formeln nicht glauben, ist die Sache auch schon experimentell überprüft worden, in der amerikanischen Show *Mythbusters* (mit wenigen Vögeln, nicht mit zwei Tonnen Kolibris). Die Waage zitterte ein wenig, aber das Gewicht blieb konstant, als die Vögel in der Luft waren. Das Zittern hat seinen Grund: Sobald ein Vogel im Wagen herumflattert, bewegt sich der Schwerpunkt des Gesamtsystems. Wo der Schwerpunkt liegt, ist zwar für das Gewicht nicht bedeutsam, aber jede Beschleunigung des Schwerpunkts ändert kurzzeitig die Gewichtskraft. Denselben Effekt kann man sehen, wenn man auf einer Waage steht und schnell in die Hocke geht – für kurze Zeit zeigt die Waage mehr an, aber dann pendelt sie sich natürlich wieder auf den alten Wert ein.

Anders sieht es allerdings aus, wenn der Lkw nicht völlig dicht ist. Dann ist das System nicht mehr geschlossen, und die Luftdruckschwankungen durch den Flügelschlag können nach oben, unten oder zur Seite entweichen. Ein paar Luftlöcher zum Atmen machen nicht viel aus, aber wenn die Ladefläche nur eine Pritsche ist, werden die fliegenden Kolibris nicht mehr mitgewogen – abgesehen davon, dass sie sowieso bald weg sind. Und natürlich gibt es alle möglichen Zwischenwerte mit teilweise offenen Laderäumen.

Bundespräsident Heinrich Lübke hat bei einem Staatsbesuch in Afrika eine Rede mit den Worten begonnen: «Sehr geehrte Damen und Herren, liebe Neger!»

Stimmt nicht. Wobei das wieder die bei Zitaten übliche Antwort ist: bis zum Nachweis des Gegenteils. Ich habe das Bundespräsidialamt angerufen, mit Heinrich Lübkes Biographen gesprochen, mehrere Rundfunkarchive durchforsten lassen und Afrikaexperten befragt. Ergebnis: Jeder kennt das Zitat, die meisten hätten es Lübke auch zugetraut, es wird von manchen sogar genau datiert auf einen Staatsbesuch in Liberia im Jahr 1962 – aber es gibt keinen Beleg dafür!

Das berühmte Zitat findet sich weder auf der Schallplatte «... redet für Deutschland» noch in dem Bändchen «Worte des Vorsitzenden Heinrich». Wolfgang Koßmann vom Bundespresseamt, der selbst seit Jahren nach einer Quelle forscht, hält den Ausspruch denn auch für «gut erfunden». Schließlich hat das Exstaatsoberhaupt gerade in Entwicklungsländern kaum ein Fettnäpfchen ausgelassen, etwa als er in der madagassischen Hauptstadt Tananarive (heute Antananarivo) eine Rede mit den Worten «Sehr geehrter Herr Präsident, sehr geehrte Frau Tananarive!» begann und später über das Land sagte: «Die Leute müssen ja auch mal lernen, dass sie sauber werden.»

Muss man Lübke demnach als üblen Rassisten einstufen? Da widerspricht der Filmemacher Martin Baer, Autor der Dokumentation «Befreien Sie Afrika!», vehement: «Mit seinen Afrikareisen wollte er die Hilfe für die damals nach Unabhängigkeit strebenden oder gerade unabhängig werdenden Länder fördern.» Wenn Lübke also zu mauretanischen Abgesandten sagte: «Ich wünsche Ihnen eine gute Entwicklung da unten», dann klingt das für unsere Ohren vielleicht unerträglich paternalistisch, aber es kam gewiss von Herzen.

Trotz vieler Reisen blieben die fernen Länder Lübke immer fremd. So war er im April 1967 froh, in die Heimat zurückzukehren: «Nach meiner Asienreise hat mich die frische, raue Luft des Sauerlands umgeschmissen.»

«Made in Germany» wurde von den Engländern eingeführt, um minderwertige deutsche Produkte zu kennzeichnen

Stimmt. Deutschland war Ende des 19. Jahrhunderts sozusagen der ferne Osten Großbritanniens: Die Löhne waren niedriger, die Arbeitszeiten länger, man kupferte Produkte der alteingesessenen Industrienation England ab. Die britischen Fabrikanten fühlten sich bedroht durch billigere und, wie sie meinten, minderwertige Produkte aus Deutschland.

1887 schließlich hatte das britische Parlament die Nase voll und beschloss, sich gegen die Konkurrenz aus dem Billiglohnland zu wehren: Der «Merchandise Marks Act» wurde beschlossen, fortan mussten in Deutschland hergestellte Produkte mit der Kennzeichnung «Made in Germany» versehen werden. Im Ersten Weltkrieg dehnte man diese Bestimmung auch auf andere Länder aus, es gab dann auch Bezeichnungen wie «Made in Austria / Hungary».

Am Anfang galt das Zeichen noch als Makel und wurde teilweise sehr verschämt an den Produkten angebracht. So wird erzählt, dass ein deutscher Nähmaschinenhersteller den «Made in Germany»-Schriftzug an der Unterseite des Fußtrittes anbrachte. Erst im Lauf der Jahre wurde aus der Diskriminierung ein Qualitätsmerkmal und «Made in Germany» zum Synonym für «deutsche Wertarbeit».

Es gibt übrigens keine Instanz, die dieses Prädikat verleiht, und deshalb auch keine Definition, was es überhaupt bedeutet. Heute werden viele «Made in Germany»-Produkte nur noch in Deutschland zusammengebaut, während die Einzelteile im Ausland produziert werden.

Die heutige Länge des Marathonlaufs wurde 1908 auf Wunsch des britischen Königshauses so festgelegt

Stimmt. Die Distanz beim Marathon war nicht immer 42,195 Kilometer. Ursprünglich war der Lauf eine Erfindung von Michel Bréal, einem Freund von Pierre de Coubertin, dem Vater der Olympischen Spiele der Neuzeit. Die Legende vom Läufer Pheidippides, der in der Antike die Kunde vom Sieg in der Schlacht von Marathon überbrachte und dazu die etwa 40 Kilometer lange Strecke nach Athen laufen musste, war ein schöner Aufhänger für einen Langstreckenlauf, und bei den ersten Spielen 1896 in Athen wurde auch tatsächlich diese klassische Strecke gelaufen.

In den ersten Jahren scherte man sich kaum um die exakte Länge des Marathonlaufs. Die Strecke wurde halt so angelegt, dass es etwa 40 Kilometer waren. Bei den Spielen in London 1908 sollte der Parcours zunächst auf 26 Meilen (knapp 42 Kilometer) verlängert werden, damit er vom Schloss Windsor, wo die königlichen Sprösslinge den Start beobachten konnten, bis ins White-City-Stadion reichte.

Die Ziellinie im Stadion hätte dann aber gegenüber der königlichen Loge gelegen. Königin Alexandra soll dagegen protestiert haben – jedenfalls wurde noch eine Dreiviertelrunde draufgelegt, genau 385 Yards, und so kam die «krumme» Distanz von 42 Kilometern und 195 Metern zustande. Diese Anekdote ist auch die Ursache für einen Brauch unter angelsächsischen Marathonläufern, sich kurz vor dem Ziel mit einem gehechelten «God save the Queen!» bei der Königin für die harten zusätzlichen Yards zu bedanken.

Bei den folgenden Spielen wurden wieder ganz andere Strecken gelaufen. Erst im Jahr 1921 legte der internationale Leichtathletikverband IAAF die heute noch verbindliche Marathondistanz fest, und seit 1924 geht auch das olympische Rennen über diese Entfernung.

Der Marlboro-Mann starb an Lungenkrebs

Stimmt teilweise. Den «Marlboro-Mann» gibt es seit 1955 – der Tabakkonzern Philip Morris wollte mit der Kampagne gegen das «weibische» Image antreten, das die Filterzigaretten damals noch hatten. Erst seit den Sechzigern ist der kernige Mann ein Cowboy, und auch diese Figur wurde von sehr vielen Schauspielern dargestellt. Und von denen sind tatsächlich zwei an Lungenkrebs gestorben.

Der erste war der ehemalige Rodeoreiter Warren McLaren, der 1992 im Alter von 51 Jahren starb. McLaren war nur kurz in einer Marlboro-Kampagne im Jahr 1976 aufgetreten und setzte sich in den zwei Jahren, die er nach der Diagnose noch lebte, für Nichtraucherorganisationen ein.

Der bekanntere Fall ist aber der von David McLean, ein Marlboro-Mann aus den frühen sechziger Jahren. Er wurde 73 Jahre alt und starb 1995. Seine Witwe strengte einen aufsehenerregenden Prozess gegen Philip Morris an, in dem sie unter anderem behauptete,

McLean habe während einer Fotosession für die Anzeigenmotive bis zu fünf Packungen Zigaretten rauchen müssen.

Beide Darsteller waren übrigens seit ihrer Jugend starke Raucher – sie mussten nicht für die Aufnahmen zum Qualmen gezwungen werden.

Mauersegler können aus eigener Kraft nicht vom Boden starten

Stimmt nicht. Mauersegler übertreffen mit ihren Flugkünsten und besonders ihrer Ausdauer alle anderen Vögel bei weitem – auch die Schwalben, mit denen sie oft verwechselt werden. Mauersegler gehören aber zur Familie der Segler, während Schwalben Singvögel sind. Die Dauerflieger verbringen praktisch ihr gesamtes Leben in der Luft, in Höhen von bis zu 3000 Metern – dort fressen sie fliegende Insekten, dort schlafen sie, und selbst der Mauersegler-Sex ist eine regelrechte Luftnummer. Nur zum Brüten suchen die Flugkünstler wieder festen Grund auf.

Sie nisten meist in großer Höhe, in der Stadt vor allem in Dach- und Mauernischen. Wenn die Jungen flügge sind, heben sie ab und verbringen zwei bis drei Jahre in der Luft, bevor sie selbst ein Nest bauen.

Die Füße des Mauerseglers sind verkümmert, er kann nicht von Ast zu Ast hüpfen wie andere Vögel. Dass ein am Boden gelandeter Mauersegler nicht aus eigener Kraft wieder starten könnte, ist allerdings eine Legende – auf ebenem Terrain schafft er das durchaus, mit ganz viel Anlauf.

Der Spruch «Mens sana in corpore sano» bedeutet: Wenn der Körper fit ist, dann ist es auch der Geist

Stimmt nicht. Ich habe die gängige Meinung, dass eine gesunde physische Verfassung automatisch mit einem gesunden Geist einhergehen soll, schon immer etwas seltsam gefunden.

Das Zitat stammt aus der 10. Satire des römischen Dichters Juvenal, und vollständig lautet er: «Man möge darum bitten, dass in einem gesunden Körper ein gesunder Geist wohne.» Das widerspricht tatsächlich der gängigen Interpretation der vielen Sportvereine, die sich das Zitat als Motto auf ihre Fahnen geschrieben haben und es so auslegen: Wenn der Körper nur fit genug ist, dann wirkt sich das irgendwie auch auf den Geist aus.

Aber die umgekehrte Interpretation, die man manchmal liest, ist ebenfalls nicht korrekt. Demnach habe sich Juvenal über den Körperkult seiner Zeit aufgeregt und gewisse Zweifel gehegt, ob in den gestählten Leibern der Bodybuilder auch genügend Grips vorhanden sei.

In Wirklichkeit geht es in dieser Satire überhaupt nicht um Sport. Juvenal kritisiert in dem Text die Unsitte seiner Zeit, die Götter um alle möglichen vergänglichen Dinge wie Reichtum oder Schönheit zu bitten. Beten solle man allenfalls für geistige und körperliche Gesundheit sowie – das steht in den folgenden Zeilen – um eine tapfere Seele, die nicht hasst und nicht begehrt und keinem verweichlichten Lebensstil frönt.

Juvenal setzt also keine Priorität für den gesunden Körper oder den gesunden Geist, er stellt auch keine Kausalität her, sondern hält ganz einfach beide Eigenschaften für wünschenswert. Weder die Sportfans noch die Sportgegner können also den Satiredichter für sich in Anspruch nehmen.

Messer können in der Spülmaschine stumpf werden

Stimmt. «Hochwertige Messer sollte man nicht in der Spülmaschine reinigen, wenn man sie liebt», sagt Bettina Thomas vom Messerhersteller Zwilling. Und nennt gleich mehrere Gründe dafür: Erstens reiben sich in der Maschine die Besteckteile aneinander – so kann die Schneide eines Messers in Mitleidenschaft gezogen werden.

Zweitens sind auch Edelstahlmesser nicht völlig rostfrei. Die rostfreien Stahlvarianten sind nämlich weicher und daraus gefertigte Messer bleiben nicht so lange scharf. Gute Messer können daher durch Flugrost, zum Beispiel von einer rostigen Schraube in einem Topf oder einem alten Messer aus rostendem Stahl, regelrecht «infiziert» werden. Sogar über das Leitungswasser kann Rost übertragen werden. Eine weitere potenzielle Roststelle sind Spalten, an denen unterschiedliche Metalle aufeinandertreffen, etwa am Messergriff. Dort kann es zu elektrochemischen Reaktionen kommen, die zur Oxidierung führen. Dagegen immun sind die sogenannten Monoblockmesser, die aus einem einzelnen Werkstück hergestellt werden.

Drittens sollte ein gutes Messer immer sofort nach Gebrauch gereinigt werden, besonders wenn man säurehaltige Lebensmittel geschnitten hat, zum Beispiel Obst. Denn Säure und Salz greifen die Schneide an. In der Spülmaschine steht das Besteck oft längere Zeit schmutzig im Korb – und die aggressiven Substanzen können ihr zerstörerisches Werk tun.

Generell sind die Messer in der Spülmaschine länger dem Wasser ausgesetzt, es wird heißer als im Spülbecken und das Spülmittel ist schärfer. Deshalb spült der wahre Messerfan per Hand!

Bei der Zubereitung von Gemüse in der Mikrowelle gehen die Vitamine verloren

Stimmt nicht. Man kann den Mikrowellengeräten ja einiges vorwerfen, etwa dass ihre bloße Existenz die Esskultur verdirbt oder dass das mit ihrer Hilfe zubereitete Essen schlechter schmeckt als das herkömmlich gekochte oder gebratene. Das kann man nämlich tatsächlich begründen – in der Mikrowelle laufen andere chemische Prozesse ab, zum Beispiel fehlt die geschmacksstiftende Maillard-Reaktion, die

Gebratenes so lecker macht. Aber gerade in der Frage der Vitamine kann man der Mikrowelle keine Vorwürfe machen.

Beim herkömmlichen Kochen, etwa von Gemüse, sind die Vitamine sehr gefährdet. Sie gehen vor allem verloren, wenn das Essen zu stark und zu lange erhitzt wird oder wenn sie durch das Kochwasser regelrecht «ausgewaschen» werden – beides ist bei der Mikrowelle nicht gegeben. Die Strahlung im Gerät bringt die Moleküle (vor allem das Wasser) im Innern der Nahrungsmittel zum Schwingen und führt so zu einer schnellen und gleichmäßigen Erwärmung. Diese vitaminerhaltende Eigenschaft ist in mehreren wissenschaftlichen Untersuchungen nachgewiesen worden, besonders für die Vitamine B und C. Allerdings «schont» diese Art der Zubereitung auch manche schädlichen Stoffe, etwa das gefährliche Nitrat. Gemüse, die solche Stoffe enthalten, zum Beispiel Spinat, Fenchel oder Sellerie, sollten daher nicht in der Mikrowelle gegart, sondern vorher blanchiert werden, weil so der Nitratgehalt verringert wird.

Mikrowellenherde senden schädliche Strahlen aus

Stimmt nicht. Zum Beweis für die angeblich schädliche «Leckstrahlung» wird oft das folgende Experiment angeführt: Man legt ein Mobiltelefon in die (ausgeschaltete!) Mikrowelle, schließt die Tür und ruft es an. Wenn das Handy klingelt, dann ist das ein Zeichen dafür, dass Mikrowellenstrahlung in das Gerät eindringen kann – also kann sie auch heraus!

Das Experiment funktioniert tatsächlich manchmal. Und es stimmt auch, dass Handys auf einer Frequenz funken, die zum Mikrowellenspektrum gehört. Müssen wir uns also in der Küche vor jenen Strahlen fürchten, die unser Fertigessen erhitzen?

Zunächst einmal: Prinzipiell wäre es kein Problem, das Mikrowellengerät völlig abzudichten – es müsste lediglich mit einer massiven Metalltür verschlossen werden. Aber der Benutzer möchte dem Essen eben gern beim Garen zusehen. Deshalb hat die Tür eine Glasscheibe, in die lediglich ein kaum sichtbares Metallgitter eingelassen ist.

Dieses Gitter hat eine Maschenweite, die etwa einen Millimeter beträgt, und sichtbares Licht mit seiner Wellenlänge von ein paar hundert Nanometern kann sich problemlos durch diese Löcher quetschen. Die Wellenlänge der Mikrowellenstrahlung beträgt dagegen etwa 12 Zentimeter und die der Handystrahlung je nach Mobilfunknetz 17 oder 33 Zentimeter. Solche Wellen werden von dem Metallgitter fast komplett gestoppt – aber eben nur fast. Ein bisschen geht tatsächlich immer durch.

Aber ist das auch gefährlich? Mikrowellen wirken auf den Menschen, indem sie das Gewebe erwärmen. Um Schäden auch für denjenigen auszuschließen, der fast mit der Nase die Scheibe berührt, darf laut DIN-Norm die Energie der Leckstrahlung in fünf Zentimetern Entfernung nicht mehr als fünf Milliwatt pro Quadratzentimeter betragen. Moderne Geräte strahlen nur mit etwa einem Hundertstel dieses Werts. Daher ist das klingelnde Handy in der Mikrowelle lediglich ein Beweis dafür, wie sensibel die Empfangsantenne des Telefons ist.

Milben sterben in der Gefriertruhe

Stimmt. Hausstaubmilben reagieren erstaunlich empfindlich auf ungünstige Umweltbedingungen. Sie brauchen eine Luftfeuchtigkeit von mindestens 60 Prozent, um sich zu vermehren. Sie sind auf einen ständigen Nachschub an menschlichen Hautschuppen angewiesen – selbst die müssen noch von einer bestimmten Schimmelpilzart vorverdaut werden. Und auch für extreme Temperaturen sind die Spinnentierchen sehr anfällig: Eisige Kälte macht ihnen den Garaus.

Allerdings müssen die Milben bis ins Zentrum ihres kleinen Körpers auf die minus 18 Grad des Eisfachs heruntergekühlt sein. Will man Textilien von den Biestern befreien, sollte man sie daher über Nacht im Gefrierschrank lassen. Und weil die meisten Allergene im Kot der Tiere stecken, sollten Stofftiere oder Bettwäsche nachher noch in die Waschmaschine.

Eine solche Kur hilft natürlich nur gegen einen Bruchteil der Plagegeister. «Wer Probleme mit Hausstaubmilben hat, wird sie allein auf diese Weise nicht los», sagt Michael Welling vom Sekretariat der Bundesforschungsanstalten, «denn ein komplettes Schlafzimmer passt meist nicht ins Eisfach.» Zwei Drittel der Milben sitzen in Matratzen und Bettdecken. Außerdem nisten sich bei günstigen Umweltbedingungen schnell wieder neue Hausstaubmilben ein. Dauerhaft reduzieren lässt sich die Zahl der Tierchen nur, indem man ein trockenes Raumklima schafft. Zuvor müssen Betten, Polster und Teppiche gründlich gereinigt werden.

Gut dran sind übrigens die Besitzer einer Heimsauna: Auch bei Temperaturen über 60 Grad sind Hausstaubmilben nach spätestens zwei Stunden tot.

Milch entgiftet

Stimmt nicht. Vor allem bei Vergiftungen mit Farben und Lacken wird dieser Ratschlag immer noch gegeben, aber er ist weder bei Lösungsmitteln noch bei anderen Giftstoffen berechtigt. Die Giftzentralen warnen davor, Vergiftungsopfern Milch einzuflößen. Die angeblich entgiftende Wirkung hat sie nämlich nicht; sie kann sogar schädlich sein. Etwa wenn ein Kind Reinigungsmittel getrunken hat, die Tenside enthalten: Dann kann die Milch den Magen zum Überschäumen bringen, es kommt zum Erbrechen, und dabei können giftige Stoffe in die Atemwege gelangen.

Woher die Milch diesen Ruf hat, ist unklar. Früher bekamen ja sogar viele Arbeitnehmer, die einer besonderen Schadstoffbelastung am Arbeitsplatz ausgesetzt waren, eine Sonderration Milch von ihrem Arbeitgeber. Das ist heute nicht mehr üblich, und man hat auch keinen Anspruch mehr darauf. Bei Vergiftungen gilt: Außer Wasser oder Tee sollte man den Opfern überhaupt nichts verabreichen und auch

VERGIFTUNGS-
OPFER ?
ER WOLLTE MILCH. KROCH VON HINTEN AN MICH RAN. ICH GEHE IN DIE KNIE, DAMIT ER LEICHTER RANKOMMT, DA BLEIBT ER ZWISCHEN DEN PAARHUFEN STECKEN. ENTGIFTET MILCH ÜBERHAUPT?
LACK

kein Erbrechen erzwingen. Die telefonischen Notdienste der Giftzentralen geben Auskunft über mögliche Erste Hilfe. Ansonsten gehört der Vergiftete zum Arzt.

Heiße Milch mit Honig hilft gegen Erkältungen und Einschlafstörungen

Stimmt. Heiße Milch mit Honig ist so eine Art Allzweckwaffe aus der Hausmittel-Apotheke, und sie tut ja auch in vielen Fällen richtig gut, zumindest gefühlsmäßig. Zur Erkältung: Wenn es im Hals kratzt, kann heiße Milch mit Honig das Reizgefühl lindern, schon deshalb ist nichts dagegen einzuwenden. Außerdem gilt generell, dass heiße Getränke die Symptome von Erkältungen abmildern, wie jüngst eine Studie der Universität Cardiff ergeben hat.

Ob der Honig allerdings irgendeine Wirkung dabei entfaltet, ist zweifelhaft. Zwar lassen sich in Naturhonig antibakterielle Wirkstoffe nachweisen, aber Erkältungen werden ja nicht immer von bakteriellen Infektionen begleitet. Außerdem sind die Wirkstoffe im handelsüblichen pasteurisierten Honig gar nicht mehr enthalten, und spätestens beim Erhitzen über 40 Grad werden sie zersetzt. Wer auf eine medizinische Wirkung des Honigs hofft, sollte also die Milch erst ein bisschen abkühlen lassen.

Zur Einschlafhilfe: Milch enthält in relativ hoher Konzentration die Aminosäure Tryptophan. Unser Körper kann diesen Eiweißbaustein nicht herstellen, benötigt ihn aber, um im Hirn den Botenstoff Serotonin zu erzeugen. Der wiederum sorgt nicht nur für allgemeines Wohlbefinden, sondern beruhigt auch und hilft beim Einschlafen. Man kann Tryptophan in der Apotheke als «natürliches» Schlafmittel kaufen. Auch der Honig trägt etwas zur Wirkung bei: Kohlenhydrate – in diesem Fall: Zucker – sorgen dafür, dass mehr Tryptophan ins Gehirn gelangt und dort zu Serotonin umgebaut wird. Trotzdem –

um auf die allgemein empfohlene Tryptophan-Dosis zu kommen, müsste man etwa zwei Liter Milch trinken.

Insgesamt glaube ich doch, dass die psychologische Wirkung des Heißgetränks wichtiger ist als die pharmakologische. Vor allem für Kinder ist das Nuckeln an der Milchflasche schon für sich genommen eine Einschlafhilfe – Tryptophan hin oder her.

Der Begriff «Missionarsstellung» entstammt dem Spott der Südsee-Insulaner über die Sexualpädagogik westlicher Missionare, die den «Wilden» christliche Sexualpraktiken vorschreiben wollten

Stimmt nicht. Die Geschichte, dass die christlichen Missionare den Südseebewohnern die Stellung beim Geschlechtsverkehr vorschreiben wollten, kursiert seit den 60er Jahren. Damals begann sich der Ausdruck «Missionarsstellung» für die Mann-oben-Frau-unten-Position, bei der die Partner einander ins Gesicht schauen können, durchzusetzen. Auch wenn sie heute in vielen Nachschlagewerken zitiert wird – es handelt sich um eine Legende, und ihr Urheber ist kein Geringerer als Alfred Kinsey, der 1948 mit seinem Werk «Das sexuelle Verhalten des Mannes» (dem «Kinsey-Report») die amerikanische Gesellschaft schockierte.

Die Ehre der Missionare gerettet hat Robert J. Priest (er heißt tatsächlich so) von der Divinity School an der amerikanischen Trinity University. Der Gottesmann fand zunächst einmal die verlorengegangene Quelle der Geschichte bei Kinsey. Der wiederum beruft sich in seinem Buch auf Bronislaw Malinowski, einen Anthropologen, der sich eingehend mit der Sexualität der Südseebewohner beschäftigt hat. Malinowski habe notiert, so Kinsey, dass beim Volk der Trobriander «beim gemeinschaftlichen Lagerfeuer Karikaturen der angloamerikanischen Stellung zur großen Belustigung der Eingeborenen vorgeführt wurden, die sie als die ‹Position der Missionare› bezeichneten».

Aber in Malinowskis Werk «The Sexual Life of Savages in North-Western Melanesia» ist diese Lagerfeuergeschichte nicht zu finden. Offenbar hat Kinsey sie sich in seiner Erinnerung aus mehreren Elementen falsch zusammengereimt. Malinowski berichtet zwar tatsächlich, dass sich die Trobriander über die Eintönigkeit der Sexualstellung der Weißen lustig machten – allerdings ist da nicht die Rede von Missionaren, geschweige denn von moralischen Vorschriften. Der Ausdruck der Insulaner für die westliche Stellung war laut Malinowski *ibilimapu*, was so viel bedeutet wie «sie kann nicht mitmachen».

Und dann berichtet der Forscher von einer neuen «Mode» bei den Südseebewohnern, nämlich dass sich verliebte Paare händchenhaltend in der Öffentlichkeit zeigten, was den alten Sitten widerspräche. Diese Unmoral werde als *misinari si bubunela* bezeichnet, als «Missionarsmode». Die Gottesmänner haben das romantische Repertoire der Südseebewohner also nicht prüde eingeschränkt, wie die Legende behauptet, sondern eher erweitert. Von kirchlichen Vorschriften, wie man sexuell zu verkehren habe, keine Spur.

«Kinsey hat anscheinend eine Legende erfunden in dem Glauben, eine historische Tatsache zu berichten», schreibt Priest. So entstand der Ausdruck, der heute in vielen Sprachen zum Allgemeingut gehört.

Mohn macht dumm

Stimmt nicht. Aber anders als beim Senf (siehe Seite 287) könnte in diesem Spruch sogar ein Körnchen Wahrheit stecken, wenn wir den Begriff «dumm» großzügig auslegen. Manchmal heißt es ja auch «Mohn macht doof», und «doof» kommt von «taub». Und tatsächlich ist ja ein Betäubungsmittel im Mohn enthalten: Aus ihm wird Morphium gewonnen. Auch wenn der Speisemohn eine andere Pflanze ist als der Schlafmohn, so enthalten die schwarzen Samen, die wir im Kuchen oder auf Brötchen schätzen, Spuren von Opiaten. Immerhin so viel, dass man das im Urin nachweisen kann – eine Tatsache, die dem Mohngenießer in Ländern mit strengen Rauschgiftgesetzen durchaus Probleme bereiten kann.

Interessanterweise wird der Opiatgehalt von Mohn bei uns nicht kontrolliert, es gibt auch keine Grenzwerte. Bei Untersuchungen wurden stark schwankende Zahlen ermittelt: zwischen 2 und 251 Mikrogramm Morphium in einem Gramm Mohn. Geht man von einem mittleren Gehalt von 60 Mikrogramm Morphium pro Gramm aus, so müsste ein fünfjähriges Kind (und an Kinder ist die Warnung ja gerichtet) 30 Gramm Mohn essen, um eine «therapeutische Dosis» zu sich zu nehmen. Das entspricht vier bis acht Mohnbrötchen oder 200 Gramm Mohnkuchen. Das ist eine ganze Menge. Deshalb halten Ernährungswissenschaftler den Verzehr der schwarzen Körnchen für unbedenklich. Aber vielleicht war in der Vergangenheit, als der Spruch entstand, der Mohn gehaltvoller als heute und führte wirklich manchmal zu einem «doofen» Gefühl im Kopf. Jedenfalls war es früher in manchen Gegenden Deutschlands üblich, kleinen Kindern zwecks Beruhigung ein Leinenbeutelchen zum Nuckeln zu geben, das eine Zucker-Mohn-Mischung enthielt.

Der zunehmende Mond auf der Südhalbkugel sieht aus wie der abnehmende Mond auf der Nordhalbkugel und umgekehrt

Stimmt. Stellen Sie sich Folgendes vor (es ist ein bisschen schwierig ohne eine begleitende Graphik, aber nur Mut): Sie schauen von oben auf den Nordpol der Erde und auf die Kreisbahn des Mondes. Der Mond läuft einmal pro Monat gegen den Uhrzeigersinn um die Erde herum (dabei vernachlässigen wir einmal, dass die Mondbahn gegenüber der Erdachse ein wenig geneigt ist). Das Sonnenlicht komme von unten, also von der 6-Uhr-Richtung. Wenn dann der Mond etwa auf der 3-Uhr-Position steht, dann ist für einen Bewohner der Nordhalbkugel die *rechte* Hälfte des Mondes beleuchtet – so wie wir es vom zunehmenden Mond kennen.

Jetzt kommt der schwierige Teil: Drehen Sie im Geiste das Blatt, auf dem diese Zeichnung ist, herum und halten Sie es gegen das Licht, sodass Sie von der Rückseite auf das Bild schauen. Das ist dann die Situation, in der sich unsere antipodischen Zeitgenossen zur gleichen Zeit befinden. Für sie steht der Mond auf der 9-Uhr-Position, und seine *linke* Hälfte ist beleuchtet. Aber natürlich ist es auch für sie der zunehmende Mond – eine Woche später ist Vollmond, und zwar auf der ganzen Erde.

Wenn Sie das nachvollzogen haben, dann können Sie vielleicht auch die folgende Preisfrage beantworten: Wie sieht es am Äquator aus? Dort ist der zunehmende Mond bei seinem Aufgang von *oben* beleuchtet und beim Untergang von *unten*. Im Internet fand ich eine schöne Beschreibung dieser Tatsache: «Wenn der Zuschauer am Äquator beim Mondaufgang zum Horizont schaut und dabei aufrecht steht und sich dann in einem geeigneten Liegestuhl im Lauf der nächsten rund 12 Stunden nach hinten um eine halbe Drehung kippen lässt, sieht er den zunehmenden Mond immer als obere Kreishälfte, aber um den Preis, dass er selbst am Schluss auf dem Kopf steht.» Alles klar?

Die «Motorbremse» ist ein Spritfresser

Stimmt nicht. «Motorbremse» nennt man es, wenn der Autofahrer beim Bremsen Zug um Zug in einen niedrigeren Gang schaltet, um die Verzögerungswirkung durch den Widerstand des Motors auszunutzen. Früher hieß es, das sei unter ökologischen Gesichtspunkten eine Schweinerei, spritsparender und umweltfreundlicher sei es, etwa beim Heranfahren an eine rote Ampel auszukuppeln und sich allein auf die Wirkung der Bremse zu verlassen.

Aber dieses Urteil stammt aus der Zeit, als die Autos noch Vergasermotoren hatten. Die saugten nämlich bei hoher Drehzahl viel Benzin an, und damals war es tatsächlich günstiger, frühzeitig auszukuppeln. Heute haben alle Motoren eine Benzineinspritzung und verfügen meist über eine elektronisch gesteuerte sogenannte Schubabschaltung: Wenn man den Fuß vom Gas nimmt, nicht auskuppelt und die Drehzahl über einem Wert von etwa 1500 (beim Diesel: 900) Umdrehungen pro Minute liegt, dann merkt diese elektronische Regelung, dass man nicht beschleunigen will, und kappt die Kraftstoffzufuhr – der Verbrauch ist gleich null. Das ist noch weniger als im Leerlauf, bei dem der Motor ja weiterhin Benzin bekommt. Deshalb sollte man sich beim Bremsen vom Motor unterstützen lassen. Der ökobewusste Spritsparer schaltet dabei sogar gleich zwei Gänge herunter. Dann röhrt vielleicht der Motor ein bisschen, aber er macht das sozusagen auf dem Trockenen. Und die Bremsbeläge nutzen sich bei dieser Fahrweise auch nicht so schnell ab.

Mücken können Aids übertragen

Stimmt nicht. «Viele Menschen stellen sich Mücken als kleine, fliegende Spritzen vor», sagt Wayne Crans, Professor für Entomologie (also Insektenforschung) an der amerikanischen Rutgers-Universität. Die landläufige Vorstellung: Die Mücke sticht einen Aids-infizierten Menschen, fliegt dann gleich zum nächsten Opfer, und durch den «schmutzigen» Stechrüssel gelangt das Blut dann in den Körper der zweiten Person.

Aber die Mücken-Anatomie ist erheblich komplizierter als die

Konstruktion einer medizinischen Spritze. Insbesondere fließt durch ihren Rüssel das Blut nur in eine Richtung – in den Magen der Mücke. Der Speichel, mit dem sie die Wunde benetzt und der (über eine Abwehrreaktion des Körpers) für den juckenden Mückenstich sorgt, kommt aus einem anderen Kanal.

Es gibt Krankheiten wie die Malaria, die tatsächlich durch Mücken übertragen werden. In diesem Fall schaffen es die Erreger aber, sich im Körper der Mücke zu vermehren und dann über den Speichel übertragen zu werden. Das HI-Virus aber ist auf den Menschen spezialisiert, es kann in der Mücke nicht überleben und wird von ihr einfach verdaut.

Bleibt die Möglichkeit, dass etwas Blut außen am Rüssel der Mücke kleben bleibt und in den Körper des Opfers gerät. Oder der Gestochene schlägt die Mücke tot, und ein bisschen Fremdblut gelangt in die Stechwunde. Tatsächlich haben Forscher diese Möglichkeit durchgerechnet. Die Wahrscheinlichkeit, dass auf diese Weise auch nur ein einziges Virus übertragen wird, beträgt eins zu 10 Millionen.

Der Busfahrer darf die Annahme von Ein- und Zwei-Cent-Münzen verweigern

Stimmt. Münzen sind zwar genauso «gutes» Geld wie Banknoten. Sie sind ein gesetzliches Zahlungsmittel, und wer den Cent nicht ehrt …

Allerdings hat der Gesetzgeber auch ein Herz für die Empfänger, die all das ganze Kleingeld zählen müssen. Deshalb gibt es im Münzgesetz (MünzG) den Paragraphen 3, und der beschränkt die Zahl der Münzen, die jemand annehmen muss.

Eigentlich bezieht sich der Paragraph auf Euro-Gedenkmünzen. Die muss man nur bis zum Gesamtbetrag von 200 Euro annehmen. Aber dann steht da noch der Satz: «Erfolgt eine einzelne Zahlung sowohl in Euro-Münzen als auch in deutschen Euro-Gedenkmünzen, ist niemand verpflichtet, mehr als 50 Münzen anzunehmen; dies gilt auch dann, wenn der Gesamtbetrag 200 Euro unterschreitet.» Das heißt also: Der Busfahrer muss nicht akzeptieren, dass jemand seinen Zwei-Euro-Fahrschein mit Ein- und Zwei-Cent-Münzen bezahlen will, aber auch ein Restaurant darf etwa bei einer Rechnung über 100 Euro die Bezahlung mit Münzen ablehnen. Übrigens ist die Regel heute klarer als zu D-Mark-Zeiten, als noch nach der Höhe des Betrages differenziert wurde.

Ich nehme an, dass die Verkäufer von Brautschuhen das Gesetz nicht so streng auslegen.

Man soll Muscheln, die beim Kochen nicht aufgehen, nicht essen

Stimmt nicht. Woher dieser Mythos kommt, ist schwer zu sagen. Der australische Meeresbiologe Nick Ruello hat in alten Kochbüchern nachgeschaut und die erste Quelle für diesen Ratschlag in einem Buch aus dem Jahr 1973 gefunden. Danach hat sich der Tipp per Schneeballsystem verbreitet – offenbar neigen Kochbuchautoren dazu, von den Kollegen abzuschreiben.

Ruello hat auch im Auftrag der australischen Fischerei-Industrie ausgiebig Muscheln untersucht, und bei einem dieser Aufträge entschloss er sich, die Legende empirisch zu testen. 30 Chargen Muscheln kochte und verzehrte er höchstselbst (der Mann liebt Meeresfrüchte).

Etwa elf Prozent der Schalentiere blieben nach einer normalen Kochzeit geschlossen, und denen rückte Ruello mit dem Messer zuleibe. Ergebnis des Selbstversuchs: Alle diese Muscheln waren in einem perfekten Zustand und ließen sich gefahrlos verzehren. Allein Australiens Muschelesser, hat der Wissenschaftsjournalist Karl Kruszelnicki ausgerechnet, werfen jedes Jahr 370 Tonnen genießbarer Muscheln weg.

Aufgrund der Konstruktion ihrer Schalen ist der Normalzustand einer Muschel der offene. Zum Schließen hat sie einen Adduktor, einen Muskel, den sie natürlich nur betätigen kann, solange sie lebt. Deshalb kann man die Frische einer ungekochten, offenen Muschel gut überprüfen, indem man kurz auf die Schalen klopft – klappt die Muschel reflexhaft zu, dann lebt sie noch, und man kann sie getrost in den Kochtopf werfen. Bei Muscheln, die schon tot sind, ist Vorsicht geboten.

Durch das Kochen denaturiert das Eiweiß im «Schließmuskel» der Muschel, er reißt entweder ab oder zerfällt und kann die Schalen nicht mehr geschlossen halten. Erweist sich der Muskel als besonders langlebig, dann ist das kein Zeichen dafür, dass die Muschel von schlechter Qualität ist, im Gegenteil. Gefährlich ist es eher, wenn eine Muschel zu früh aufgeht. Wenn man die dann gleich aus dem Wasser nimmt, weil man meint, sie sei fertig, könnte sie noch ungar sein, und eventuell nicht abgetötete Keime könnten dem Esser schaden.

Muskat ist ein Rauschgift

Stimmt. Der Genuss von Muskat «öffnet das Herz des Menschen und läutert sein Gefühl», sagte schon im Mittelalter Hildegard von Bingen, die sich intensiv mit der Heilkraft von Kräutern und Gewürzen beschäftigte. Weniger vornehm ausgedrückt: Muskat ist, in entsprechenden Mengen genossen, eine Rauschdroge. Verantwortlich für die halluzinogene Wirkung ist der Inhaltsstoff Myristicin, der in der Leber in ein Amphetamin umgewandelt wird. In der Hippie-Zeit wurden die alten Weisheiten wiederentdeckt, und die Muskatnuss wurde für viele zu einer billigen und legalen Ersatzdroge für psychoaktive Substanzen wie LSD und Meskalin.

Allerdings muss man dazu schon ein bis zwei Nüsse mit mindestens fünf Gramm Muskat zu sich nehmen, und einschlägigen Internet-Seiten entnehme ich, dass die «Genießer» danach eine Aversion

ÖFFNE DEIN HERZ, LÄUTER DEINE GEFÜHLE! GENIESS DIE HALLUZINOGENE WIRKUNG DER MUSKATNUSS!
DANKE! HAB DIE GANZE WOHNUNG VOLL MIT MUSKATNÜSSEN!!!
KEIN PROBLEM! ABER WENN DU MAL WAS BRAUCHST, ICH STEH' EIGENTLICH IMMER HIER.

schon gegen die kleinsten Mengen von Muskat entwickeln, also selbst am vorweihnachtlichen Glühwein keine Freude mehr haben. Und natürlich besteht auch die Gefahr der Überdosierung. So ist der Fall eines achtjährigen Jungen dokumentiert, der nach dem Verzehr von zwei Muskatnüssen starb. Für Erwachsene wird der Muskat-Trip ab drei Nüssen lebensgefährlich.

Muskelkater entsteht, wenn in den Muskeln Milchsäure abgebaut wird

Stimmt nicht. Die Legende von der Milchsäure wird in vielen Ratgebern verbreitet, zusammen mit der Empfehlung, die schmerzenden Muskelpartien weiter zu belasten, um die Säure schneller abzubauen. In Wahrheit aber sind feinste Risse in den Muskeln die Ursache des Muskelkaters. Regelrechte Verletzungen also, die man am besten heilen lässt, anstatt die Muskeln weiter zu quälen.

Zwar gibt es die Milchsäure tatsächlich, und sie wird auch bei ausdauernder Kraftanstrengung im Körper produziert. Trotzdem gibt es keine Anhaltspunkte, dass sie den Muskelkater auslöst. Dieter Böning, Sportwissenschaftler an der FU Berlin, widerlegt das mit dem folgenden Argument: Der stärkste Kater entsteht, wenn der Muskel eine «exzentrische Kontraktion» durchführt, sich also gegen eine Überdehnung aktiv wehrt – etwa beim Bergabgehen im Gebirge. Just dabei ist aber die Milchsäureproduktion eher gering.

Auch Leistungssportler sind vor Muskelkater nicht gefeit. Bei ihnen schlägt der Schmerz vor allem dann zu, wenn sie ihren Körper mit ungewohnten Bewegungen belastet haben. Bei diesen Bewegungen, so erklärt Dieter Böning, arbeiten die Fasern des Muskels noch nicht richtig im Gleichtakt, und so können einzelne Fasern überlastet werden.

Und warum spürt man die Schmerzen erst einen Tag nach der

sportlichen Anstrengung? Das liegt einfach daran, dass wir im Innern der Muskel keine schmerzempfindlichen Nerven haben. Wenn die Fasern repariert werden, entstehen Abbauprodukte, die nach außen ins Bindegewebe treten und dort die Nerven reizen – und dieser Prozess dauert einige Zeit.

Die besten Mittel gegen Muskelkater: sanfte Massage, warme Bäder, ein Saunabesuch. Und abwarten. Der Schmerz verschwindet irgendwann von selbst.

Die NASA könnte heute keinen Menschen mehr zum Mond schicken, weil das Know-how verlorengegangen ist

Stimmt nicht. Begründet wird diese Behauptung oft damit, dass die Baupläne der Apollo-Mission aus den 60er und 70er Jahren verschwunden oder zerstört seien. Tatsächlich aber werden die Pläne im Marshall Space Flight Center der NASA sorgfältig auf Mikrofilm für die Nachwelt erhalten.

Dass die Amerikaner wieder zum Mond könnten, wenn sie wollten, steht eigentlich außer Frage. Aber sollte man dafür die berühmte Saturn-V-Rakete nachbauen? Das wäre wirklich nicht leicht: Viele Firmen, die vor über 30 Jahren Teile zugeliefert haben, gibt es nicht mehr. Die Abschussrampe wird inzwischen für Shuttle-Missionen genutzt und müsste komplett neu gebaut werden. Mindestens drei Jahre, schätzen Experten, würde der Nachbau der Rakete dauern. Aber ein entsprechendes Programm der NASA ist gerade – nach einem ersten Raketentest – auf Eis gelegt worden. Es fehlt das Geld.

Dass heute keine Missionen mehr zum Mond geschickt werden, hat also nichts mit Nichtkönnen zu tun, sondern mit Nichtwollen. Anders als zur Zeit des Kalten Kriegs, als es vor allem darum ging, der

Sowjetunion zuvorzukommen, sind die übers Geld entscheidenden Politiker nicht mehr so leicht vom Sinn bemannter Missionen zum Mond zu überzeugen.

Nase und Ohren eines Menschen wachsen auch noch im Alter weiter

Stimmt wohl. Die wissenschaftlichen Daten zu dieser alltäglichen Frage sind allerdings äußerst dünn. Eins scheint sicher zu sein: Ältere Menschen haben größere Nasen und Ohren als jüngere. Zu den Nasen gibt es eine Untersuchung von Andreas Zankl, einem Genetiker an der Universität Zürich. Der vermaß 2001 die Gesichtserker von 2500 Probanden aller Altersgruppen. Ergebnis: Mit 97 ist die Nase im Durchschnitt um 0,8 Zentimeter länger als mit 30.

Die Frage nach den Ohren beschäftigte eine Gruppe von Ärzten in der britischen Grafschaft Kent. Sie ermutigten ihre niedergelassenen Kollegen, im Rahmen anderer Untersuchungen auch das Hörorgan ihrer Patienten zu vermessen. Aus den Daten von 206 Patienten entwickelte James Heathcote eine Formel: Die mittlere menschliche Ohrlänge in Millimetern beträgt demnach 55,9 + (0,22 × Alter in Jahren). Heißt also: In fünf Jahren wird das Ohr einen Millimeter größer.

Aber heißt es das wirklich? Zunächst besagen diese Daten nur, dass die heutigen Alten längere Nasen und Ohren besitzen als die heutigen Jungen. Das kann auf stetiges Wachstum zurückzuführen sein. Es gibt aber auch eine andere Deutungsmöglichkeit: Vielleicht werden aus irgendeinem Grund Menschen mit großen Ohren und Nasen besonders alt? Das sagt man zum Beispiel in China.

Zusammenfassend ist zu sagen: Es gibt gute Indizien, dass die Riech- und Hörorgane im Alter weiter wachsen, aber letztlich geklärt werden könnte die Frage nur durch Studien, in denen man bei einzelnen Probanden ein Leben lang immer wieder nachmisst.

Es gibt Lebensmittel mit negativen Kalorien

Stimmt nicht. Diese legendäre Eigenschaft wird den unterschiedlichsten Nahrungsmitteln zugeschrieben – von Sellerie, Ananas, Äpfeln und hartgekochten Eiern bis zur Petersilie. Eine tolle Diät, wenn es denn wahr wäre: Je mehr man isst, desto dünner wird man. Aber alle seriösen Ernährungswissenschaftler winken ab. Die Verdauung von 100 Kalorien (der volkstümliche Ausdruck für die mit kcal abgekürzte Kilokalorie) schlägt quer durch die Vorratskammer stets mit etwa 10 Kalorien zu Buche. «Leichtere» Nahrung hat zwar einen geringeren Brennwert, dafür muss der Körper aber auch nicht so viel tun, um sie zu verdauen.

Trotzdem gibt es immer wieder Geschäftemacher, die von den «Minuskalorien» profitieren wollen. Die Deutsche Gesellschaft für Ernährung warnt vor einem 50 Mark teuren Bändchen mit dem Titel «Nahrungsmittel, die schlank machen – oder die negativen Kalorien». Während in der Werbung für das Buch noch davon die Rede ist, dass man weder seine Lebensweise ändern noch Diät halten müsse, um mit diesen Nahrungsmitteln abzunehmen, entpuppt sich das Buch selbst als eine Sammlung von Rezepten, die viel Obst und Gemüse und wenig Fett enthalten – ganz gewöhnliche kalorienarme Nahrung, aber nichts Negatives.

Wie viel Energie der Körper denn nun verbraucht, um die mageren sechs Kalorien einer Selleriestange zu verwerten, konnte mir allerdings auch kein Experte sagen. Eine solche Bilanz ist beim Verdauungsapparat offenbar sehr schwierig. Trotzdem kann man davon ausgehen, dass das einzige «Nahrungsmittel», das wirklich Energie verbraucht, kaltes Wasser ist: Um einen Liter Eiswasser – das keinen Brennwert hat – auf eine Temperatur von 37 Grad zu bringen, benötigt der Körper 37 Kalorien.

Früher hatten Obst und Gemüse viel mehr Vitamine und Nährstoffe als heute

Stimmt nicht. Teilweise wird sogar behauptet, Obst und Gemüse hätten seit den 70er Jahren 70 Prozent ihres Mineralstoff- und Vitamingehalts eingebüßt.

Der Mineralstoffgehalt wird maßgeblich durch die Biomasse festgelegt, sagt Günter Schumann, der bei der Bundesanstalt für Züchtungsforschung an Kulturpflanzen das Institut für gartenbauliche Kulturen leitet. Mehr Biomasse bedeutet mehr Mineralstoffe, und das ist relativ unabhängig davon, wie das Gemüse angebaut wird. Wie sieht es mit den Vitaminen aus? «Der Vitamingehalt von Pflanzen ist eng an die allgemeinen Wachstumsbedingungen gekoppelt», sagt Schumann. Also: Licht, Nährstoffe, Wasserversorgung sind die Faktoren, die den Vitamingehalt bestimmen.

Beispiel Tomate: Die ideale Frucht reift an der Pflanze auf einem guten Boden, kriegt dort viel Licht und nicht zu viel Wasser ab. Dann bildet sie viel Zucker und schmeckt so richtig nach Tomate, vor allem, wenn sie unmittelbar nach der Ernte verzehrt wird. Das geht in unseren Breiten nur im Sommer. Wir wollen aber das ganze Jahr über Tomaten essen, deshalb bekommen wir im Winter entweder Treibhausware oder unreif geerntetes Gemüse, das einen langen Transportweg hinter sich hat. Beides ist nicht gut für die Inhaltsstoffe und für den Geschmack, die Tomate ist Wasser in seiner schönsten Form. Im Winter kann man eben in Europa keine vollreifen Tomaten produzieren.

Es wurden auch schon Untersuchungen durchgeführt, um die Geschichte von den sinkenden inneren Werten zu überprüfen. Das ist gar nicht so einfach, weil die Messmethoden heute viel besser sind als früher und daher nur begrenzt historische Daten vorliegen. Die Deutsche Gesellschaft für Ernährung hat 2004 eine Nährwerttabelle für acht ausgewählte Sorten zusammengestellt – Ergebnis: Nährstoffe und Vitamine sind weitgehend konstant geblieben. Das Institut für Obstzüchtung in Dresden-Pillnitz hat neun Apfelsorten untersucht und teilweise sogar einen Anstieg von 27 Prozent beim Vitamin C gegenüber den 80er Jahren festgestellt. Günter Schumann meint, dass es vor allem psychologische Faktoren sind, die die Legende vom immer schlechteren Obst und Gemüse befördern – die verklärte Erinnerung an die «gute alte Zeit». Eine wissenschaftliche Bestätigung für den angeblichen Qualitätsverfall gebe es nicht, die Pflanzenzüchter bemühten sich intensiv, den gesundheitlichen und geschmacklichen Wert von Obst und Gemüse zu erhöhen. Und insbesondere Zahlenangaben wie die zitierten 70 Prozent seien «nicht haltbar», sagt Schumann.

Schlafen bei offenem Fenster ist gesund

Stimmt nicht. In vielen Köpfen kreist noch die Vorstellung, das Schlafen bei Eiseskälte sei besonders gesund, Stichwort «Abhärtung». Und so zittern sich viele Zeitgenossen Nacht für Nacht in den Schlaf im Glauben, damit etwas für ihre Gesundheit zu tun. Aber diesem Mythos liegen gleich mehrere Irrtümer zugrunde.

Es stimmt, dass man in einem überheizten Raum nicht besonders gut schläft. Nachts senkt unser Körper seine Temperatur ab, und wenn er gut bedeckt ist, muss auch der Raum nicht voll beheizt werden. Als gesunde Schlaftemperatur empfehlen die Schlafmediziner heute 16 bis 18 Grad – darunter wird's ungemütlich, und mit kalten Füßen schläft man schlecht. Das heißt: Im Winter kann es durchaus nötig sein, das Schlafzimmer zu heizen.

Dann gibt es den Mythos vom «frischen Sauerstoff», der dem Schläfer angeblich ständig zugeführt werden müsste. Abgesehen davon, dass keine Wohnung wirklich luftdicht ist – ein 15-Quadratmeter-Schlafzimmer enthält etwa 9000 Liter Sauerstoff, und ein Mensch braucht zum Atmen nur etwa 10 Liter pro Stunde. Und auch der CO_2-Wert, der eher für unser Wohlbefinden verantwortlich ist («verbrauchte Luft»), steigt in dieser Zeit nicht auf bedenkliche Werte. Einmal kräftig durchlüften vor dem Schlafengehen reicht völlig, um genug frische Luft für die Nacht zu haben.

Bei vielen hält sich auch der Irrglaube, ein ständig offenes Fenster sorge für ein gutes Wohnklima. Ist jedoch das Schlafzimmer zu kalt gegenüber der restlichen Wohnung, dann strömt ständig warme Luft hinein, die mehr Feuchtigkeit enthalten kann als kalte. Die Folge ist eine zu hohe Luftfeuchtigkeit, es kann zu Kondenswasser und sogar zu Schimmelschäden kommen.

Und schließlich kommt durchs offene Fenster mehr störender Lärm von draußen rein. Menschen mit Heuschnupfen müssen zusätzlich fürchten, dass in der entsprechenden Jahreszeit verstärkt allergieauslösende Pollen durchs Fenster eindringen. Für die angeblich so gesunde Dauerlüftung bleibt da kaum ein Argument übrig.

«OK» (= okay) war ursprünglich die Abkürzung für den verballhornten englischen Ausdruck «oll korrect»

Stimmt. Jedenfalls ist dies die von den meisten Anglisten als gültig anerkannte etymologische Ableitung. Sie geht auf Allen Walker Read zurück, einen angesehenen Professor der Columbia University, der sie am 19. Juli 1941 im *Saturday Review of Literature* zum ersten Mal veröffentlichte.

Reads Version der Geschichte des OK lautet so: Im Sommer 1838 kam in Boston eine seltsame Mode auf, die sich im folgenden Jahr auch in New York und New Orleans ausbreitete. Man benutzte bewusst Abkürzungen von absichtlich falsch geschriebenen alltäglichen Ausdrücken: «KG» für «know go» (statt «no go» – «geht nicht»), «KY» für «know yuse» (statt «no use» – «zwecklos»), «NS» for «nuff said» («enough said» – «genug gesagt») – und eben «OK» für «oll korrect» (statt «all correct»), das sich zum ersten Mal 1939 in gedruckter Form dokumentiert findet.

Wie es Moden eigen ist, verschwanden die meisten dieser Abkürzungen so schnell, wie sie aufgekommen waren. Allein das OK hat sich bis zum heutigen Tag erhalten.

Read hat dafür folgende Erklärung: 1840 wollte der amerikanische Präsident Martin Van Buren für eine zweite Amtszeit wiedergewählt werden. Der Spitzname des Demokraten war Old Kinderhook (nach seinem Geburtsort Kinderhook im Staat New York). Van Burens Team gründete den OK Club und gab der Abkürzung damit eine doppelte Bedeutung. Die politischen Gegner griffen das Spiel auf und hintertrieben es, indem sie dem OK neue Interpretationen unterlegten – «out of kash» («pleite») zum Beispiel oder «out of kredit» («kreditunwürdig»). Es scheint genützt zu haben: Van Buren verlor die Wahl, es gewann der Republikaner William Henry Harrison.

Allerdings gibt es auch noch alternative Erklärungen für die Herkunft der zwei Buchstaben. In seinem Buch «More of the Straight Dope» führt Cecil Adams einige von ihnen auf: das affirmative «okeh» in der Sprache der Choctaw-Indianer, «OK» als telegraphisches Signal für «open key» («empfangsbereit») oder auch als Abkürzung für O. Kendall & Sons, einen Kekshersteller, der seine Produkte mit diesen Initialen kennzeichnete.

Schließlich gibt es sogar eine Deutung, nach der «OK» deutscher Herkunft ist: Es soll die Abkürzung für «Oberkommando» sein, mit der ein deutscher General im amerikanischen Unabhängigkeitskrieg seine Dokumente stempelte.

Nach der Veröffentlichung der OK-Kolumne in der *ZEIT* bekam ich eine Menge Protestbriefe von Lesern, die selbstverständlich alle davon überzeugt waren, die richtige Erklärung für die Abkürzung liefern zu können. Gleich mehrmals tauchte die Geschichte von dem deutschstämmigen Mechaniker auf, der bei Ford in Detroit am Band stand und ohne dessen Namenskürzel als Nachweis für die bestandene letzte Kontrolle kein Wagen das Werk verlassen durfte. Sein Name lautet einmal Otto Krüger, dann wiederum Otto Kaiser, Otto Klein oder Otto Krause. Ebenfalls als Zeichen deutscher Wertarbeit galten nach einer anderen Deutung die Initialen von Oskar Keller, der in Mittelamerika Kartoffeln züchtete.

Dass jede Nation solche Legenden gern auf ihre Weise interpretiert, zeigte die Zuschrift einer offenbar griechischstämmigen Leserin. Demnach steht OK für «ola kala», griechisch für «alles gut». «Als die Amerikaner eine gemeinsame Sprache wählen mussten», heißt es weiter in dem Brief, «hatten sie die Wahl zwischen Englisch und Griechisch, wobei die griechische Sprache mit einer Stimme Unterschied nicht gewählt wurde.» Damit schafft sie eine elegante Überleitung zu einer anderen, ebenfalls unwahren Legende (siehe Seite 71).

Also belassen wir es lieber bei der Erklärung, dass die Amerikaner den Ausdruck selbst erfunden haben, OK?

Bei den Olympischen Spielen der Antike waren die Sportler nackt

Stimmt. Der Leser, der mir diese Frage zuschickte, fragte sich, ob der Sportler damals «das edle Teil einfach so baumeln ließ». Die Antwort darauf ist differenziert: Die männlichen Sportler (Frauen waren nicht zugelassen) trugen bei den sogenannten «gymnischen» Disziplinen (von *gymnos* = nackt) keine Kleidung. Lediglich beim Waffenlauf hielten sie einen Schild vor ihre Blöße. Und für Männer, die mit dem Baumeln Probleme hatten, gab es das sogenannte Kynodesme, eine Schnur, die an der Vorhaut befestigt war und mit der man den Penis am Bauch festband.

Warum diese Textilfreiheit? Diese Frage konnten schon die klassischen Griechen nicht mehr beantworten, der Grund für die Nacktheit verlor sich im Dunkel der Vorgeschichte. Bei den ersten Spielen, von 776 vor Christus an, sollen die Sportler noch Lendenschürze getragen haben. Dass die abgeschafft wurden, wird meist mit einer fadenscheinigen Anekdote begründet: Ein gewisser Orsippos aus Mergara soll sich beim Stadionlauf seines Schurzes entledigt und dadurch gewonnen haben. In einer anderen Version stolperte er über das Kleidungsstück, was ihn den Sieg kostete. Nach weiteren Quellen war der erste Nacktflitzer ein Spartaner – denen bescheinigte schon Thukydides eine lange Tradition im textilfreien Sport.

Sport war übrigens auch in der Antike keine reine Männersache. Zwar war Frauen die Teilnahme an den Olympischen Spielen versagt, aber es gab durchaus gemischte und rein weibliche Wettbewerbe. Und nicht nur in typischen «Frauendisziplinen»: Im athenischen Artemis-Heiligtum von Brauron gab es auch eine Ringerschule für Mädchen – und die kämpften nackt.

Der blaue Ring auf der olympischen Flagge steht für Europa

Stimmt nicht. Pierre de Coubertin, der Vater der Olympischen Spiele der Neuzeit, hat das Symbol aus fünf verschlungenen Ringen selbst entworfen und handkoloriert. Das war im Jahr 1913. Dann kam der Erste Weltkrieg, die Spiele von 1916 fielen aus, und erst 1920 in Antwerpen wehte die weiße Fahne mit den Ringen in den Farben Blau, Gelb, Schwarz, Grün und Rot zum ersten Mal über dem olympischen Stadion.

«Ihre Gestalt ist symbolisch zu verstehen», schrieb de Coubertin 1931 über die Fahne, «sie stellt die fünf Erdteile dar, die in der Olympischen Bewegung vereint sind; ihre sechs Farben entsprechen denen sämtlicher Nationalflaggen der heutigen Welt.» Daraus wird klar:

Zwar stellen die Ringe die Kontinente dar, aber es wurde nicht jedem Kontinent eine Farbe zugeordnet. Die Farben (die fünf Ringe plus der weiße Hintergrund) wurden so gewählt, dass in jeder Nationalflagge mindestens eine von ihnen vorkommt.

Pierre de Coubertin bewies historische Weitsicht, als er die weiße Hintergrundfarbe mit einbezog. Inzwischen gibt es nämlich erheblich mehr Staaten auf dem Globus als damals, und einige davon haben Flaggen, in denen keine der fünf «bunten» Farben vorkommt – etwa Qatar, dessen Flagge braun-weiß ist. So aber gilt de Coubertins Prinzip bis heute.

Alte Orgeln können Töne erzeugen, die man nicht hören, sondern nur fühlen kann

Stimmt. Die Pfeifen, die solche Töne erzeugen, werden auch «Demutspfeifen» genannt. Die Hörschwelle des Menschen, also die tiefste Schwingung, die wir noch als Ton hören können, wird meist mit 16 Hertz angegeben. Das ist genau die Frequenz der tiefsten Taste auf einem großen Konzertflügel und auch der tiefste Ton der meisten großen europäischen Kirchenorgeln. Die zugehörige Orgelpfeife hat eine Länge von 32 Fuß, das entspricht knapp zehn Metern. Vor allem in Amerika gibt es aber Orgeln, die noch eine Oktave tiefer reichen – bis zu einer 64-Fuß-Pfeife, die eine Schwingung von 8 Hertz erzeugt. Dieser «Ton» hat zwar einen Namen (das Sub-Sub-Kontra-C), aber im eigentlichen Sinne hören kann man ihn nicht.

Doch auch unhörbar tiefe Töne können wir wahrnehmen. Dieser sogenannte Infraschall wirkt auf die Hohlräume unseres Körpers. Weil das empfindliche Ohr für ihn nicht empfänglich ist, braucht er einen viel höheren Schalldruck als gewöhnlicher Schall, um überhaupt wahrnehmbar zu sein. Dann kann er ein mulmiges Gefühl im Bauch auslösen – ob man das nun Demut oder Seekrankheit nennt, kommt vielleicht auf den Anlass an. Infraschall kommt bei Meeres- und Erdbebenwellen, bei Lawinen und Gewittern vor. Die Militärs haben schon über Infraschallwaffen nachgedacht, mit denen sie ganze Regimenter lahmlegen wollten.

Zurück zur Musik und zur Demut. «Ich kenne Anekdoten», schreibt mir der Orgelexperte Reiner Jank, «wonach Organisten diesen Ton während der Wandlung des Abendmahls spielen, um ein ‹demutsvolles› Gefühl bei den Gläubigen zu erreichen.» Das Wort «Demutspfeifen» war allerdings den meisten von mir befragten Orgelbauern unbekannt.

Es ist unmöglich, ein Stück Papier beliebiger Größe mehr als siebenmal in der Mitte zu falten

Stimmt nicht. Haben Sie es einmal mit einer Doppelseite einer großformatigen Tages- oder Wochenzeitung probiert? Zugegeben, die achte Faltung sieht nicht mehr sehr ansehnlich aus, aber mit etwas Phantasie …

Warum wird das Falten nach einiger Zeit so schwierig? Manchmal denkt man, mit etwas mehr Kraft könnte man die Faltkanten besser flach drücken, aber das ist ein Irrtum – das würde höchstens dazu führen, dass das Papier reißt.

Gehen wir das Problem von der theoretischen Seite an. Wir können ruhig annehmen, dass wir einen langen Streifen Papier immer in derselben Richtung falten. Der Stapel wird beim Falten sehr schnell sehr dick: beim achten Mal schon 17 Millimeter. Vor allem aber verbrauchen die Faltkanten ungeahnte Mengen Papier. Wenn man annimmt, dass die Papierlagen immer schön halbkreisförmig dicht umeinander liegen, dann kann man das mit ein bisschen elementarer Mathematik berechnen. Die amerikanische Highschool-Schülerin Britney Gal-

ICH HAB'S GERN 20-LAGIG. DAZU FALTE ICH EINLAGIGES KLOPAPIER 10 MAL BEI EINER LÄNGE VON 36 METERN.

livan hat das getan und die minimale Länge L des Papierstreifens in Abhängigkeit von der Dicke d des Papiers berechnet. Die Formel:

$$L = \pi / 6 \times d \times (2^n + 4) \times (2^n - 1)$$

Das führt sehr schnell zu großen Zahlen – aber es ist nicht einzusehen, warum es eine grundsätzliche Schranke geben sollte. Um Zeitungspapier zehnmal zu falten, muss der Streifen nach dieser Formel mindestens 36 Meter lang sein. Die Schülerin hat übrigens persönlich eine zwölffache Faltung realisiert.

Es gab einmal eine Päpstin Johanna

Stimmt nicht. Mit dieser Frage begebe ich mich auf gefährliches Terrain. Seit über 700 Jahren dient die Päpstin Johanna, die im 9. Jahrhundert gelebt haben soll, als Waffe im ideologischen Grabenkrieg, wie die Theologin Elisabeth Gössmann in dem knapp 1000-seitigen Wälzer «Mulier Papa – Der Skandal eines weiblichen Papstes» von 1994 beschreibt. Für die Katholiken konnte nicht sein, was nicht sein durfte, also bekämpften sie die Legende. Für die Reformatoren war sie der Beweis für die Fehlbarkeit der Kirche – also glaubten sie dran. In neuerer Zeit haben Feministinnen sich der Päpstinnen-Legende bemächtigt, weil sie so schön ins Konzept passt, zuletzt verhalf Donna W. Cross der Legende mit ihrem Historienroman «Die Päpstin» zu neuer Popularität.

Johanna von Ingelheim soll angeblich ab 855 als Nachfolgerin von Leo IV. gut zwei Jahre unerkannt das Oberhaupt der christlichen Kirche gewesen sein. Der Schwindel sei aufgeflogen, als die Päpstin bei einer Prozession zu Pferde ein Kind gebar. Sie wurde auf der Stelle gesteinigt, und die Kirche säuberte Geschichtsbücher – sagt die Legende.

Auf das wichtigste Argument gegen die Existenz der Päpstin weist die Theologin Ines Gora von der Universität Tübingen hin: Es gibt keinerlei schriftliche Überlieferungen aus der Zeit selbst. Die ersten Geschichten über Johanna kamen im 13. Jahrhundert auf, fast gleichzeitig mit dem Erscheinen einer Chronik, die auf den Dominikanermönch Martinus Polonus zurückgeht.

Aber was ist mit dem berühmten Stuhl? Bis ins 16. Jahrhundert hinein mussten neu gewählte Päpste auf dem berüchtigten *sella stercoraria* Platz nehmen – einem Stuhl, der in der Mitte ein Loch hatte, ähnlich wie eine Toilette. Die Verfechter der Päpstinnen-Legende sagen: Mit diesem Stuhl wurde der angehende Papst auf seine männliche Vollständigkeit überprüft, weil die Kirche sich eine derartige «Fehlbesetzung» wie mit Johanna nicht ein zweites Mal leisten wollte. Von der katholischen Kirche wurde das stets abgestritten. Sie behauptet lapidar, der Stuhl sei einfach schön, das Loch habe keine besondere Bedeutung. Auch wenn diese Erklärung nicht sehr befriedigend ist, wage ich an dieser Stelle das vorläufige Urteil «stimmt nicht». Ein Zweifel bleibt, das bestätigt auch Ines Gora.

Man muss seinen Personalausweis immer dabeihaben

Stimmt nicht. Auch wenn für alle Bundesbürger ab 16 Jahren die sogenannte Ausweispflicht gilt. Das heißt aber nur, dass sie einen Personalausweis besitzen müssen, ersatzweise reicht ein Reisepass. Eine gesetzliche «Mitführungspflicht» gibt es nicht. Im Land Brandenburg steht das sogar im Gesetz. Eine Ausnahme: Sie tragen bestimmte Waffen mit sich, wovon wir jetzt einmal nicht ausgehen wollen.

Trotzdem ist es manchmal ratsam, seinen Ausweis dabeizuhaben. Die Polizei ist nämlich in gewissen Situationen berechtigt, die Personalien festzustellen, zum Beispiel bei politischen Demonstrationen oder im Rotlichtmilieu. Wer sich da nicht ausweisen kann, der wird dann schon mal mit auf die Wache genommen, zur «Feststellung der Personalien», auch wenn er sich nichts hat zuschulden kommen lassen. Wer also keinen Wert darauf legt, eine Nacht in einer Zelle zu verbringen, der sollte zumindest in solchen Situationen ein Ausweispapier dabeihaben.

Wie sieht es bei Auslandsreisen aus? Überall, wo es Passkontrollen gibt, wird der Ausweis oder Pass ohnehin kontrolliert. Mit dem Schengener Abkommen sind zwar die Grenzkontrollen zwischen vielen europäischen Ländern abgeschafft worden, trotzdem sollte man auch bei Reisen in diese Länder den Personalausweis in der Tasche haben (Österreicher sind sogar gesetzlich dazu verpflichtet). Man muss sich auch im Ausland grundsätzlich ausweisen können, und in diesen Situationen kann man eben nicht mal schnell nach Hause gehen und das Dokument holen. Außerdem sind die Bestimmungen in den Schengen-Ländern unterschiedlich, in den Niederlanden zum Beispiel ist die Mitführung des Personalausweises Pflicht. Deshalb: Nie ohne Ausweis ins befreundete Ausland!

Die letzte Ziffer des Personalausweises gibt an, wie viele Bundesbürger denselben Vor- und Nachnamen haben wie man selbst

Stimmt nicht. Die maschinenlesbaren letzten zwei Zeilen des Personalausweises enthalten keine Informationen, die nicht auch im Klartext draufstehen – also auch nicht die Zahl der Menschen mit Ihrem Namen. Darauf haben Datenschützer bei der Einführung der neuen Identitätspapiere großen Wert gelegt.

Die Zeichenkombination entspricht einem Standard, den die internationale zivile Luftfahrtorganisation ICAO aufgestellt hat. Im Einzelnen enthält sie folgende Informationen (jetzt holen bitte alle ihren Ausweis hervor): ID (für Personalausweis), D (für Deutschland), dann den Zu- und Vornamen des Inhabers, die Nummer des Ausweises (noch einmal mit dem D), das Geburtsdatum und den Tag, an dem der Ausweis abläuft. Dazwischen stehen ein paar Häkchen als Leerzeichen. Hinter den beiden Datumsangaben und eben ganz am Schluss steht noch jeweils eine sogenannte Prüfziffer. Die wird aufgrund einer komplizierten Regel aus den davorstehenden Zahlen und Buchstaben errechnet. Solche Prüfziffern werden in der Digitaltechnik dazu verwendet, die korrekte Übertragung von Daten zu gewährleisten: Wenn das Lesegerät irgendein Zeichen falsch entziffert hat, dann stimmt in den meisten Fällen die Prüfziffer nicht mehr mit dem errechneten Wert überein, und die Maschine meldet einen Fehler. Ein angenehmer Nebeneffekt: Dieses Verfahren schützt auch vor Fälschern, die die Rechenregel nicht kennen. Wenn die sich einfach eine Ziffer ausdenken, fliegt der Schwindel sofort auf.

Man kann durch Waschen die Pestizide vom Obst entfernen

Stimmt nicht. Was das Waschen von Obst nützt, haben Wissenschaftler der Hochschule Albstadt-Sigmaringen im Sommer 2006 gründlich untersucht. Dabei verglichen sie drei Reinigungsmethoden: Abwaschen mit kaltem Wasser, Abreiben mit einem Mikrofasertuch und Reinigung mit einem speziellen Obst-Waschmittel – ja, so etwas gibt es tatsächlich.

Neben der Wirksamkeit der Verfahren gegen Dreck (den kann man umso besser entfernen, je glatter die Oberfläche des Obstes ist) und Schimmelpilze (keines konnte Sporen wirklich entfernen) untersuchten die Forscher, ob sich Pflanzenschutzmittel entfernen ließen, und zwar am Beispiel von Paprika, Erdbeeren und Weintrauben. Das Ergebnis war nicht ermutigend: Alle Verfahren konnten nur einen

Teil der Pestizide beseitigen, bei Paprikaschoten etwa 65 Prozent, bei Trauben nur 30 Prozent. Der Rest der Pestizide war so tief in die Schale eingedrungen, dass eine oberflächliche Reinigung nichts mehr ausrichten konnte.

Fazit: Man wird durch Abspülen etwa die Hälfte der Pflanzenschutzmittel entfernen, aber nicht mehr – wer wirklich rückstandsfreies Obst genießen will, sollte zu Bioprodukten greifen.

Pferde können nicht kotzen – vor der Apotheke oder anderswo

Stimmt. «Ich hab schon Pferde vor der Apotheke kotzen sehen», sagt man und meint: Ich habe schon scheinbar Unmögliches wahr werden sehen. Wie sieht es aus mit der Fähigkeit der Pferde zum Erbrechen?

«Ich habe noch nie ein Pferd kotzen sehen», sagt Werner Jahn, der in Bargteheide eine Pferdeklinik betreibt. Und auch die Lehrbücher über die Anatomie der Huftiere sind sich einig: «Praktisch» können Pferde sich nicht erbrechen. Das liegt daran, dass zwischen ihrem Magen und der Speiseröhre ein sehr kräftiger Schließmuskel sitzt, der verhindert, dass der Speisebrei den Rückwärtsgang einschlägt. Weil der Magen des Pferdes zudem nicht sehr groß und kaum dehnbar ist, führt das leicht dazu, dass sich das Tier überfrisst. Ein großer Teil der Gesundheitsprobleme bei Pferden hat mit dem sensiblen Verdauungsapparat zu tun.

Der Spruch von den kotzenden Pferden (die Apotheke lassen wir jetzt mal beiseite) hat also einen wahren Kern: Erbrechen ist bei Pferden ein extrem seltenes Ereignis. Ganz und gar ausgeschlossen ist es nicht: Wenn der Darm des Pferdes verschlossen ist, kann der Mageninhalt doch wieder einen Weg nach draußen finden, erzählt Jahn. Allerdings tritt der Speisebrei dann meist nicht durch das Maul aus, sondern durch die Nasenlöcher.

Piloten dürfen keine Plomben haben

Stimmt nicht. «Es ist nicht so und war auch nie so», erklärt Renate Hocke von der Verkehrsfliegerschule der Lufthansa in Bremen. Körperlich müssen angehende Piloten folgende Voraussetzungen erfüllen: Sie sind zwischen 1,65 und 1,95 groß – wohl damit sie überhaupt aus dem Cockpit schauen können beziehungsweise nicht an die Decke stoßen. Zudem müssen sie einen medizinischen Test über sich ergehen lassen. Einschränkungen gibt es auch für Fehlsichtige: Nach den Vorschriften des Luftfahrtbundesamtes darf die Brillenstärke nicht größer als +/−3 Dioptrien sein. Die Lufthansa legt an ihre Jetpiloten noch schärfere Maßstäbe an: «in der Regel» nicht mehr als +/−1 Dioptrie, sonst gibt es eine Sonderuntersuchung.

Wer heute für die Firma mit dem Kranich fliegen will, bei dem kommt es weniger auf die Zähne an als aufs Köpfchen: Abitur ist Voraussetzung und außerdem werden in einem Test Fertigkeiten wie Rechenleistung und logisches Denken abgefragt.

Trotzdem hat die Plombenlegende einen realen Hintergrund, und der Pilot sollte stets auf ein intaktes Gebiss achten. Denn lose Plomben, unter denen sich ein Hohlraum gebildet hat, können beim Fliegen zu höllischen Schmerzen führen. Der Grund: Diese «Luftblasen» können Druckschwankungen nicht gut ausgleichen. Wenn also etwa beim Start der Druck in der Kabine geringer wird, hat der Pilot einen Überdruck im Zahn, und das kann auf den Nerv gehen.

Ein gutes Pils braucht sieben Minuten

Stimmt nicht. «Wer sein Bier sieben Minuten lang zapft, der serviert den Gästen ein schlaffes Getränk, das müde auf der Zunge liegt», sagt Erich Dederichs vom Deutschen Brauer-Bund. Ich zitiere aus seinem Aufsatz «Die Legende vom Sieben-Minuten-Pils»: «Während der

ICH DACHTE, ALLE PILOTEN ACHTEN AUF IHR GEBISS!? DU BENUTZT NUR ARONAL, NICHT ELMEX?
KLAPP
ARONAL

Gast mit lechzender Zunge darauf wartet, dass sein Bier nun endlich kommt, entdeckt er, dass hinter dem Tresen auch noch mehrere halb gefüllte Gläser stehen. Irgendwie sehen sie halbfertig aus, weil kaum noch Schaum vorhanden ist. Und diese Gläser füllt der Wirt dann auch noch mit frischem Bier auf. Den Gast graust es, wenn er daran denkt, wie warm das Bier inzwischen geworden ist und dass die Kohlensäure inzwischen überall sein dürfte, nur nicht mehr in diesem Glas. Den meisten dürfte der Durst inzwischen vergangen sein, mit Recht.»

In die gleiche Kerbe schlägt auch Annette Heinemann, Pressesprecherin des Deutschen Hotel- und Gaststättenverbandes: Die Sieben-Minuten-Regel sei auf die früher üblichen Zapfanlagen zurückzuführen. «Heutzutage gibt es fast ausschließlich komfortable Kegs (Edelstahlfässer) und drei gängige Zapfhähne, den Kükenhahn, den Kolbenhahn und den Kompensatorhahn», erklärt Frau Heinemann. «Diese Hähne in Kombination mit einer heute üblichen Zapfanlage ermöglichen ein schnelles Zapfen des Bieres.»

Und so beschreibt Erich Dederichs den formvollendeten Zapfvorgang: «Das Glas wird schräg gehalten, und aus dem Zapfhahn läuft das Bier langsam am Rand des frischgespülten kalten Glases herunter, bis das Glas halb voll ist. Eine Minute lang bleibt das Bierglas jetzt stehen. Anschließend wird nachgezapft, aber ohne den Zapfhahn ins Bier einzutauchen, denn sonst wird Luft ins Bier gedrückt, und die Kohlensäure geht verloren. Und dann folgt die ‹Krönung›: Nach etwa einer weiteren Minute wird mit einer halben Öffnung des Zapfhahnes die Schaumkrone aufgesetzt. Das Ergebnis: ein Glas mit einem frischen, spritzigen Pils mit grobporigem, festem Schaum, das man zehn bis fünfzehn Minuten trinken kann, ohne dass das Prickeln verlorengeht.» Bei dieser Schilderung läuft einem glatt das Wasser im Mund zusammen. Und wer mitgerechnet hat, weiß jetzt: Ein gutes Pils ist heutzutage in knapp drei Minuten servierfertig. «Wenn Ihr Gastwirt das nicht kann oder will», schimpft Dederichs, «dann gibt es nur einen Tipp: Wechseln Sie die Gaststätte!»

Polaroidbilder entwickeln sich schneller, wenn man sie schüttelt

Stimmt nicht. Eigentlich schade, dass diese Frage wohl bald eine theoretische ist – die Firma Polaroid hat nicht nur die Produktion der Sofortbildkameras eingestellt, sie stellt auch keine Filme mehr her. Und so dürften künftige Generationen nur mit Unverständnis reagieren, wenn jemand die typische Schüttelgeste macht.

Oder auch auf den Hit *Hey Ya* der Band Outkast. *Shake it like a polaroid picture*, singen da die Jungs, und was immer da geschüttelt werden soll – für Sofortbilder ist das ein schlechter Ratschlag.

Früher musste für die Entwicklung der Sofortbilder noch eine Folie vom Foto abgezogen werden – der chemische Entwicklungsprozess fand an der Luft statt, und das noch feuchte Foto trocknete durch die Wedelei tatsächlich schneller. Diese Zeiten sind aber schon lange vorbei. Die modernen Filme sind kleine Chemiefabriken, bei denen alle Prozesse unter einer Kunststofffolie stattfinden. Die Chemikalien kommen zu keinem Zeitpunkt mit Luft in Berührung, betont die Firma Polaroid. «Exzessives Schütteln kann das Bild sogar beschädigen», heißt es auf der Website. Die Chemikalien könnten sich frühzeitig trennen, oder es könnten «Blasen» entstehen.

Auch wenn vielen Fotografen das Schütteln in Fleisch und Blut übergegangen ist – am besten legt man das Foto flach auf einen Tisch, es macht dann alles ganz von allein.

Potemkin baute «Potemkin'sche Dörfer»

Stimmt nicht. Von Potemkin'schen Dörfern spricht man, wenn jemand eine eigentlich dürftige Sache mit einer prunkvollen Scheinfassade schmückt. Benannt nach dem russischen Fürsten Potemkin, der Katharina der Großen auf einer Reise in die Provinz Dörfer mit Pappfassaden vorgeführt haben soll. Der Fürst («Potjomkin» ausgesprochen) war ein Günstling am Hof von Katharina, wohl auch einige Jahre ihr Liebhaber. Er wurde von der Zarin damit betraut, die eroberten Gebiete im Süden der Ukraine und auf der Krim zu besiedeln, und er hat den Job zwar auf recht brutale Weise, aber mit eindrucksvollem Ergebnis erfüllt: Er ließ in dem bis dahin ländlichen Gebiet innerhalb weniger Jahre Städte wie Cherson und Sewastopol errichten und verschaffte dem Zarenreich damit einen Hafen am Schwarzen Meer. Auch die russische Schwarzmeerflotte ist sein Werk – er brauchte wahrlich keine Scheinfassaden als Arbeitsnachweis. Allerdings war er auch herrschsüchtig und verschwenderisch und bereicherte sich selbst gehörig. Und so ist es nicht verwunderlich, dass er viele Neider hatte.

Die berühmte Reise der Zarin fand im Jahr 1787 statt, zu ihrem 25. Thronjubiläum. Katharina wollte die neurussischen Städte nicht nur mit eigenen Augen sehen, sondern auch den europäischen Nachbarn das neue Russland präsentieren. Auf der Schiffsreise waren Vertreter aller europäischen Mächte dabei. Sicher wurden die Städte herausgeputzt und auch Massenaufläufe inszeniert, aber von Pappfassaden und jubelnden Bauern, die von Dorf zu Dorf gekarrt wurden, kann keine Rede sein, darin stimmen die Historiker überein.

Urheber der Legende ist der sächsische Gesandte in St. Petersburg, Georg von Helbig. Der war bei dem Ausflug selbst gar nicht dabei, veröffentlichte aber zwischen 1797 und 1800 eine Potemkin-Biographie, in der erstmals von den Potemkin'schen Dörfern die Rede ist. Wahrscheinlich hat er die Sache von Potemkin-Widersachern am Zarenhof aufgeschnappt. Und da von Gerüchten immer etwas hängenbleibt, erzählt man sich die Geschichte heute noch.

Querstreifen machen dick

Stimmt nur manchmal. Auch wenn die britische *Times* einmal angesichts eines Auftritts der Gattin von Prinz Edward in einem quergestreiften Kostüm schrieb, Sophie hätte wissen müssen, dass Frauen «jenseits von 50 Kilogramm» auf Querstreifen verzichten sollten. In Büchern über optische Täuschungen wird dagegen oft behauptet, dass eine Fläche mit senkrecht verlaufenden Streifen breit erscheint, eine horizontale Gliederung die Figur in die Höhe streckt.

Auch wirkt ein Stapel von Münzen, der genauso hoch wie breit ist, optisch höher.

Anders ist es aber bei perspektivischen Streifen: Ein Flur, in dem die Dielen längs verlaufen, sieht schmaler und länger aus als einer mit quer liegenden Bodenbrettern. So eindeutig ist die Wirkung von Streifen also nicht.

Und wie ist es nun bei der Kleidung? Machen die Querstreifen am Leib dick? «Nein, das stimmt nicht», sagt Elke Drengwitz vom Fachbereich Modedesign der Fachhochschule Hamburg. Sie habe mit ihren Studenten schon die seltsamsten Dinge erlebt – etwa, dass eine gestreifte Bluse mal so und mal so wirke, je nach der Farbe der Streifen. Und auch die Streifenbreite und der Schnitt des Kleidungsstücks würden die optische Wirkung beeinflussen. Eine allgemeine Regel aufzustellen sei in der Mode unmöglich.

Raben sind schlechte Eltern

Stimmt nicht. «Wer bereitet dem Raben die Speise, wenn seine Jungen zu Gott rufen und fliegen irre, weil sie nicht zu essen haben?», heißt es im Buch Hiob der Bibel, und dies mag zum schlechten Ruf der Rabenvögel beigetragen haben. Raben haben auch sonst nicht das beste Image, man sagt ihnen nach, Lämmer und andere kleine Tiere zu reißen und überhaupt Unglück zu bringen.

Als «Rabeneltern» bezeichnen wir Väter und Mütter, die sich (in der Weltsicht dessen, der das Wort benutzt) nicht genügend um ihre Kinder kümmern. Gern wird es auf Eltern angewandt, die beide berufstätig sind und ihr Kind in eine Krippe oder Kita geben.

Aber dass sich die Raben nicht um ihre Kinder kümmern würden, kann man ihnen nicht vorwerfen. Im Gegenteil, sie pflegen ihre Brut aufopferungsvoll und mit Inbrunst. Das gilt für alle Vögel aus der Familie der Rabenvögel (Corvidae), neben dem Kolkraben auch Raben- und Nebelkrähen, Dohlen und Elstern.

Die nackten und blinden Jungen werden liebevoll gefüttert, auch den Kot der Kleinen entsorgen die Rabeneltern. Nach sechs Wochen heißt es dann allerdings: raus aus dem Nest, und dann kann man tatsächlich schon einmal ein Rabenjunges sehen, das noch nicht fliegen kann und scheinbar einsam und vernachlässigt am Boden sitzt. Die Eltern sind aber auch dann nicht weit, beobachten und beschützen den Nachwuchs, und anders als die Bibel behauptet, helfen die Altvögel auch weiterhin bei der Nahrungssuche.

Die Rabeneltern verhalten sich also entsprechend einem aufgeklärten Erziehungsideal geradezu vorbildlich: Sie bieten viel Nestwärme, halten ihre Jungen aber auch zu früher Selbständigkeit an, ohne sie dabei aus den Augen zu verlieren. Daran können sich viele Menscheneltern durchaus ein Beispiel nehmen.

WILL MAN SICH MAL EIN BEISPIEL AN RABEN-ERZIEHUNG UND AUFZUCHT NEHMEN, WIRD MAN VON DENEN ANGEGRIFFEN.

Radfahren macht impotent

Stimmt. Männliche, aber auch weibliche Freizeitradler kennen das Gefühl: Nach Radtouren fühlt sich der Genitalbereich «taub» an. Wie eingeschlafene Füße, nur eben nicht die Füße. Der Grund ist, dass beim Radeln ein großer Teil des Körpergewichts auf dem Damm lastet. Dort werden die Blutgefäße und Nerven gequetscht, was sich im beschriebenen Taubheitsgefühl äußert. Das geht zwar auch schnell wieder vorbei. Aber gibt es dauerhafte Schädigungen bei Vielfahrern?

Diese These wird seit Jahren von dem Urologen Irwin Goldstein vertreten: «Es gibt nur zwei Sorten männlicher Radfahrer. Die einen sind impotent, die anderen werden es.» Die Blutzufuhr für die Schwellkörper des Penis sinkt beim Radfahren um bis zu 80 Prozent, berichtet der Kölner Urologe Frank Sommer. Nun ist der Radler ja nicht akut auf diesen Blutfluss angewiesen, aber Mediziner berichten auch von Dauerschäden. Wer in der Woche Hunderte Kilometer fährt, bei dem führe die verminderte Blutversorgung zu Veränderungen des Penisgewebes – es wird fettreicher und vernarbt. Und es nimmt weniger Blut auf, die Erektionen werden schwächer. Das ist auch empirisch nachgewiesen worden, an Freizeit- wie an Rennradlern.

Was tun? Wichtig für die Belastung des Damms ist der Sattel. Schmale Sättel verlagern das Gewicht auf diese Stelle. Männer sollten sich nicht scheuen, die sogenannten «Damensättel» zu benutzen, sie bieten mehr Fläche zum Abstützen. Am besten sind ovale Sättel, bei denen keine «Sattelnase» zwischen die Beine ragt und auf empfindliche Leitungen drückt. Der Sitz sollte nach vorn geneigt und so eingestellt sein, dass die Beine nie gestreckt sind.

Ratten können durch die Toilette in die Wohnung gelangen

Stimmt. Die Geschichte von den Alligatoren in der Kanalisation (Seite 21) mag eine Legende sein – dass Ratten die Rohre im Untergrund bevölkern, ist bittere Realität. Und sie schaffen es tatsächlich hin und wieder, die Fallrohre von Toiletten hinaufzuklettern, sogar über mehrere Stockwerke. Das geht besonders gut, wenn diese Rohre schon betagt sind und ihre zerklüfteten Wände genügend Kletterhilfen für die Nager bieten. Dann muss das Tier nur noch durch das wassergefüllte Rohrknie der Toilette tauchen – und schon sitzt es in der Schüssel. Keine schöne Vorstellung, im privatesten Moment auf diese Weise Besuch zu bekommen. Da hilft nur: Klodeckel zu! Und selbst die sind schon von ausbruchwilligen Ratten angeknabbert worden.

Ursache für die Rattenplage ist vor allem die Unsitte, Essensreste in die Toilette zu kippen. Die sind regelrechte Köder für das Getier, sowohl in der Kanalisation als auch im privaten Fallrohr. Übriggebliebene Lebensmittel gehören grundsätzlich in den Hausmüll oder die Biotonne. Gegen das Eindringen der Ratten in die Wohnung sind im Fachhandel übrigens «Einwegklappen» erhältlich, die direkt hinter der Toilette ins Abflussrohr eingebaut werden. Die kriegt auch die schlaueste Ratte nicht auf.

Adlige hatten früher ein «Recht der ersten Nacht»

Stimmt nicht. Auch wenn das «ius primae noctis» sogar in die Weltliteratur Einzug gefunden hat. So kreist Beaumarchais' Geschichte von der Hochzeit des Figaro, literarische Vorlage für die gleichnamige Mozart-Oper, um dieses fürstliche Recht.

WAS KOSTET DIE KLOBENUTZUNG FÜR "NICHTGÄSTE, DIE IHRE ESSENSRESTE NICHT ZU HAUSE INS KLO KIPPEN MÖGEN, WEGEN DER RATTEN"?
ÄH ... 1 EURO.

Die Frage ist nicht, ob es in früheren Jahrhunderten Übergriffe der Gutsherren auf die leibeigenen Bauern gab – sicherlich waren damals Vergewaltigungen häufig. Auch mussten sich die Bauern oft die Zustimmung zur Ehe von ihren Herren erkaufen. Aber war das «ius primae noctis» ein verbrieftes Recht? Fast alle Indizien sprechen dagegen.

Es beginnt schon damit, dass die Jungfräulichkeit in der christlichen, vor allem katholischen Lehre regelrechten Kultstatus hat. Die Entjungferung einem anderen als dem rechtmäßigen Ehemann zuzugestehen passt nicht dazu. Und als sich die Bauern im 16. Jahrhundert erhoben, forderten sie die Abschaffung von allerlei Ungerechtigkeiten – der Raub der Jungfräulichkeit durch die Grundherren war nicht darunter.

Und schließlich mangelt es einfach an Belegen. Die Historiker wurden nur in der kleinen Schweizer Gemeinde Maur fündig. Dort gab es früher tatsächlich das Recht des Meiers (also des Bürgermeisters), mit jeder Braut der Gemeinde die Hochzeitsnacht zu verbringen. Man glaubt aber nicht, dass davon wirklich Gebrauch gemacht wurde.

Fazit des «Handwörterbuchs zur deutschen Rechtsgeschichte»: Ein Privileg des Grundherrn auf Beiwohnung in der Brautnacht einer Grundhörigen hat niemals existiert. Es ist wohl eine nicht auszurottende Männerphantasie.

Im Tierreich gibt es Rechts- und Links«füßer»

Stimmt. Nicht nur Menschen, auch viele Tiere bevorzugen eine Extremität gegenüber der (oder den) anderen: Manche Katze zum Beispiel hascht meist mit der rechten Pfote nach Wollknäueln, es gibt rechts- und links«händige» Pferde, die Winkerkrabben teilen sich in Rechts- und Linkswinker. Sogar bei Tintenfischen ist beobachtet worden, dass sie einen Lieblingsarm haben, mit dem sie in Höhlen nach Beute suchen. Der evolutionäre Vorteil dieser «Händigkeit»: Wenn das Tier vor allem mit einer der Gliedmaßen bestimmte Fertigkeiten trainiert, wird es geschickter, als wenn es die Übungszeit auf zwei, vier oder gar acht Arme und Beine verteilt.

Eine andere Frage ist die, ob es auch im Tierreich eine ungleiche Verteilung der Händigkeit über die ganze Spezies gibt – so wie beim Menschen, wo die Rechtshänder 90 Prozent ausmachen. Bisher hieß es: Nein, die Dominanz der menschlichen Rechtshänder muss etwas mit Kultur und Sprache zu tun haben. Neue Forschungsergebnisse zeigen aber, dass es auch bei manchen Tierarten eine solche Dominanz gibt. So fand man bei Walrossen 66 Prozent «Rechtsflosser» (und nur vier Prozent «Linksflosser» – der Rest benutzte die Schnauze) und bei einer neuseeländischen Krähenart eine vorherrschende «Rechtsäugigkeit». Die Vögel wenden einer Sache, die sie näher beäugen wollen, stets dieselbe Seite des Kopfes zu. Die Forscher vermuten, dass solche Präferenzen etwas mit der Arbeitsteilung der Gehirnhälften zu tun hat. Jedenfalls ist der Mensch auch auf diesem Gebiet nicht einzigartig in der Schöpfung.

Bei Regen wird man weniger nass, wenn man schnell rennt

Stimmt. Instinktiv beginnen die meisten von uns zu rennen, wenn ein Regenschauer losbricht. Und machen damit genau das Richtige.

Das wissenschaftliche Argument, vorgetragen in der Fachzeitschrift *Weather*, lautet etwa so: Stellen Sie sich vor, Sie wären ein aufrecht gehender Ziegelstein. Dann werden im Regen hauptsächlich Ihre vordere und Ihre obere Seite nass. Wie viel die Frontpartie abkriegt, hängt nur von der zurückgelegten Entfernung ab – Sie nehmen sozusagen alle Tropfen mit, die sich in dem durchquerten Raum befinden.

Wie viel Wasser Sie von oben trifft, hängt dagegen von der Zeit und damit von der Geschwindigkeit ab – je länger Sie im Regen sind, umso nasser werden Sie. Deshalb ist es sinnvoll, sich zu beeilen.

Differenzen gab es zwischen den Forschern lediglich darüber, in welchem Ausmaß man beim Rennen weniger durchnässt wird. Nachdem theoretische Überlegungen Werte zwischen 10 und 23 Prozent ergeben hatten, entschlossen sich die Amerikaner Thomas Peterson und Trevor Wallis zum Praxistest. Hinter ihrem Institut steckten sie eine 100-Meter-Strecke ab und zogen sich gleiche Sweatshirts über eine wasserdichte Plastikmontur. Ergebnis: Der sprintende Wallis bekam 40 Prozent weniger Tropfen ab als sein langsam schreitender Kollege Peterson.

Der tropische Regenwald verbraucht mehr Sauerstoff, als er erzeugt

Stimmt manchmal. Die «Grüne Lunge», als die der Regenwald auch gern bezeichnet wird, ist nicht unbedingt eine Sauerstoffquelle. Tatsächlich gibt das Amazonasbecken in manchen Jahren mehr Kohlendioxid ab, als es produziert – es «verbraucht» also Sauerstoff. Das ergaben jedenfalls Modellrechnungen von Klimaforschern des Max-Planck-Instituts für Biochemie in Jena, denn konkret messbar ist die Kohlenstoff- und Sauerstoffbilanz eines so riesigen Gebiets natürlich nicht. In den sogenannten El-Niño-Jahren, in denen im Regenwald weniger Niederschlag fällt, ist die CO_2-Bilanz positiv, es geht also mehr raus als rein. Das gilt wohlgemerkt für das Amazonasgebiet als Ganzes – und das besteht nicht nur aus unberührtem Regenwald, sondern auch aus trockenen Savannen und den von Menschen gerodeten Flächen. Der unberührte Urwald produziert jedoch mehr Sauerstoff, als er verbraucht. Und im langjährigen Mittel gilt das auch für die gesamte Region.

Aber selbst wenn die Bilanz einigermaßen ausgeglichen wäre, hieße das natürlich nicht, dass man nun sorglos weiter Regenwaldflächen roden könnte. Denn jede neue Rodung verschlechtert die Bilanz gleich auf doppelte Weise: Die Verbrennung der Bäume bläst eine Kohlenstoffmenge in die Luft, die erst in etwa 100 Jahren wieder angesammelt wird. Zudem sind die gerodeten Flächen aufgrund der veränderten Flora und Fauna für lange Zeit eine Quelle von CO_2.

Wenn man einen Regenwurm halbiert, dann leben beide Teile weiter

Stimmt nicht. Aus einem Regenwurm werden durch Zerteilung niemals zwei. Das Hauptproblem ist dabei der Kopf: Ein Wurm besteht aus bis zu 180 ringförmigen Segmenten. Wenn man davon am Kopfende bis zu vier dieser Ringe abtrennt, so regeneriert sich der Wurm vollständig. Schneidet man mehr weg, wächst der Kopf zumindest teilweise nach. Fallen dem Messer jedoch mehr als fünfzehn zum Opfer, so wächst dem verbliebenen Schwanz kein neuer Kopf – das Tier muss also verenden. Ein Wurm ohne Schwanz kann dagegen überleben, denn «das Hinterende ist in besonderem Maße zur Regeneration fähig», wie es in dem Standardwerk «Der Regenwurm *(lumbricus terrestris)*» von Peters und Waldorf heißt. Aber auch diese Fähigkeit nimmt zur Körpermitte hin ab. Ein kurzes Kopfstückchen kann daher keinen neuen Schwanz erzeugen. Was aber immerhin möglich ist: Man kann von beiden Enden ein Stück abschneiden, und die verbleibende Wurmmitte lässt beide Enden nachwachsen.

Bei niederen Würmern, etwa den Strudelwürmern, liegen die Verhältnisse anders – für sie ist die Teilung oft sogar eine Methode der Fortpflanzung. «So einen Wurm können Sie im Extremfall durch ein Sieb passieren und erhalten Hunderte neue», erläutert Bernhard Ruthensteiner von der Zoologischen Staatssammlung in München.

Bei Hochzeiten soll man keinen Reis werfen, weil das gefährlich für die Tauben ist

Stimmt nicht. Der Mythos sagt, die Reiskörner würden im Körper der Vögel aufquellen, und die Tiere stürben dann qualvoll. Die Befürchtung ist völlig aus der Luft gegriffen. Viele Vögel fressen Reis in der freien Natur, etwa Wildgänse, die sich auf ihrer langen Wanderschaft auf Reisfeldern den Magen vollschlagen. Die Reiskörner dort unterscheiden sich prinzipiell nicht von denen, die wir im Supermarkt kaufen. Zwar stimmt es, dass Reiskörner ihr Volumen verdoppeln können, wenn sie feucht werden. Aber das passiert auch in der Natur, und Vögelmägen sind offenbar flexibel.

Trotzdem gibt es natürlich Gründe, von dem Brauch abzusehen. So haben manche Leute etwas dagegen, dass man mit Essen um sich wirft. Vor allem aber wirken Reiskörner am Boden wie kleine Kugellager, auf denen Menschen leicht ausrutschen können. Und Brautpaar und Gäste sollen ja noch heil zur Hochzeitsparty kommen.

Deutschland zahlt immer noch Reparationen aus dem Versailler Vertrag an England und Frankreich

Stimmt. Die Sache wird gern von Ewiggestrigen aufgebracht, die den «Knebelvertrag» von 1918 beklagen. So ist es auch kein Wunder, dass ich eine (sachlich richtige) Darstellung der Sachlage in der rechtsextremen *Jungen Freiheit* gefunden habe. Aber auch das Bundesfinanzministerium gibt Auskunft über den Stand der Zahlungen.

Dass es bis heute tatsächlich noch Posten im Bundeshaushalt gibt, die mit den Reparationszahlungen nach dem Ersten Weltkrieg in

Verbindung stehen, ist ein Ergebnis des Londoner Schuldenabkommens von 1953. Darin wurde die Rückzahlung der Auslandsschulden Deutschlands nach dem Zweiten Weltkrieg geregelt, übrigens recht günstig für den Schuldner – die Lasten wurden glatt halbiert. Unter diesen Posten befand sich auch die Rückzahlung von zwei Anleihen aus den Jahren 1924 und 1930, die zur Erfüllung der Reparationsschulden aus dem Ersten Weltkrieg aufgelegt worden waren. Bis 1983 zahlte die Bundesrepublik diese Schulden zurück, und damit hätte die Geschichte ein Ende haben können.

Hatte sie aber nicht. Denn es war noch ein Posten von Zinsen auf diese Anleihen aus den Jahren 1945 bis 1952 offen. Deren Zahlung wurde auf der Schuldenkonferenz bis zur Wiedervereinigung Deutschlands zurückgestellt. Und prompt wurden diese Schulden 1990 fällig – ein Betrag von 251 Millionen Mark. Zu ihrer Begleichung gab die Bundesregierung sogenannte Fundierungsanleihen aus, deren Zinsen und Tilgung aus dem Bundeshaushalt bezahlt werden, jährlich einige Millionen Euro. Aber 2010 ist tatsächlich die letzte Rate fällig. Und so kann man sagen, dass wir bis in die Gegenwart für die Schuld aus dem Ersten Weltkrieg aufkommen mussten – freilich nur deshalb, weil Deutschland in der Nazizeit seinen Verpflichtungen nicht nachgekommen ist.

Der Handlauf von Rolltreppen ist oft schneller als die Treppe

Stimmt. Die Sache ist offiziell geregelt, und um die Norm- und Regelwerke zu verstehen, muss man zunächst einmal die Begriffe klären: In der Fachsprache heißt die Rolltreppe Fahrtreppe. Die Seitenwände nennt man Balustraden, und das Band, an dem man sich festhält, ist der Handlauf.

Aber reden wir ruhig weiterhin von Rolltreppen. Wie die auszusehen haben, sagt eine europäische Norm mit dem Kürzel EN 115. Darin gibt es auch eine Bestimmung über die Geschwindigkeit des Handlaufs: «Jede Balustrade muss an ihrer Oberfläche mit einem Handlauf versehen sein, der sich in derselben Richtung mit einer Grenzabweichung von 0 % bis 2 % der Laufgeschwindigkeit der Stufen, der Paletten oder des Gurtes bewegt.» Wäre der Handlauf langsamer als die Treppe, so wäre diese Abweichung eine negative Zahl – und das ist nicht gestattet.

Der Sinn dieser Bestimmung ist klar: Wäre der Handlauf langsamer, dann könnte der Benutzer, ohne es zu merken, in die Rückenlage kommen und irgendwann nach hinten kippen. Ideal wäre natürlich die perfekte Synchronisierung, aber die ist technisch schwer zu erreichen. Es gibt zwei Konstruktionsprinzipien für Rolltreppen: Im Freien und in Bahnhöfen werden meist Stufen und Handlauf vom selben Motor angetrieben. Trotzdem besteht die Gefahr, dass der aus Gummi bestehende Handlauf einen «Schlupf» hat und etwas zu langsam läuft. Kaufhausrolltreppen haben im Allgemeinen zwei Motoren, die sich nicht ganz perfekt synchronisieren lassen. Ein geringer Vorlauf, bei dem man ab und zu einmal nachfassen muss, ist einfach das kleinere Übel gegenüber einem zu langsamen Band, das eventuell zu fatalen Stürzen führen kann.

Übrigens darf der Handlauf auch nicht so locker sein, dass man ihn durch kräftiges Ziehen zum Verrutschen bringen kann. Bei modernen Rolltreppen wird das elektronisch überwacht – durch einen sogenannten Handleistenschlupfkontakt.

Eine Flasche mit gutem Rotwein soll man ein paar Stunden vor dem Genuss öffnen, damit der Wein «atmen» kann

Stimmt nicht. Eins vorab: Die Chemie des Weins, insbesondere seiner Geschmacksstoffe, ist sehr komplex und längst nicht vollständig verstanden – sonst könnte man die feinen Tropfen ja auch synthetisch herstellen. Was den Geschmack des einen Weins verbessert, kann den anderen verderben.

Reden wir erst einmal vom Dekantieren, also vom Umgießen des Weins in eine Karaffe. Das dient hauptsächlich dazu, die abgelagerten Feststoffe, die man ungern zwischen den Zähnen hat, vom Wein zu trennen. Das sind beim Weißwein hauptsächlich Kristalle («Weinstein»), beim Rotwein eine Art Schlamm aus phenolischen Substanzen. Es gibt aber keinen vernünftigen Grund, das Stunden vor dem Genuss zu tun. Wichtig ist, dass die (verschlossene) Flasche vorher lange genug gestanden hat, damit sich die Sedimente absetzen konnten.

Was das «Atmen» des Weins betrifft: Mit der Luft ist es so eine Sache. Bei Weißweinen, insbesondere bei frischen Sorten wie dem Riesling, führt die mit dem Lüften verbundene Oxidation zu einer Geschmacksveränderung. Der Wein geht dann mehr in Richtung Sherry, «und wenn ich einen Sherry trinken will, dann kaufe ich mir einen», sagt der Gärungstechnologe Hans-Joachim Pieper von der Universität Hohenheim. Also gilt bei Weißwein generell: schnell servieren.

Bei Rotwein kann eine leichte Oxidation sowie das Entweichen von flüchtigen Stoffen durchaus angenehm sein. Außerdem verändert der Wein durch die Oxidation seine Farbe, die dann mehr in Richtung Braun geht. Je schwerer, desto mehr «Luft» kann der Wein vertragen. Bei frischen Rotweinen wie einem Trollinger kann das Dekantieren nach Piepers Auskunft dagegen «verheerend» wirken.

Vorsicht ist auch bei alten Weinen geboten: Weil der Korken den Wein nicht luftdicht verschließt, haben die alten Tropfen meist schon bei der Lagerung «geatmet». Bekommen sie dann durchs Dekantieren einen «Sauerstoffschock», so können sie regelrecht umkippen. Hans-Joachim Pieper erzählte mir von einem Festbankett, bei dem er einen dreißig Jahre alten Edel-Rotwein probieren durfte, der gut «geatmet» hatte. «Der schmeckte wie Terpentin», erinnert sich der Fachmann noch heute mit Grausen.

Rumkugeln werden aus Küchenabfällen hergestellt

Stimmt. Beziehungsweise, wenn wir die ü-Pünktchen weglassen: aus Kuchenabfällen.

Mit «Rumkugel» werden sehr unterschiedliche Produkte des Bäcker- und Konditorenhandwerks bezeichnet. Zunächst einmal eine kleine Pralinenkugel, exakte Bezeichnung «Rumtrüffel-Praline». Für die kann Michael Peschke vom Deutschen Konditorenbund die Hand ins Feuer legen, denn die Kakaoverordnung verbietet es, in Pralinen «Getreidemahlerzeugnisse und Stärken» zu verarbeiten. Diese Rumkugel besteht nur aus Schokolade und einer Trüffelmasse, die wiederum neben Schokolade nur Kakao, Butter, Zucker und Sahne enthält.

Dann gibt es aber noch die größeren Kugeln, die meist beim Bäcker verkauft werden und die auch Gebäck enthalten. Da führt uns die Anfrage zur Akademie Deutsches Bäckerhandwerk, und deren Vertreter erklärt, dass dieser «Trägerstoff» durchaus aus sogenanntem Verschnitt bestehen kann. Allerdings darf man sich das nicht so vorstellen, dass der Bäcker alle möglichen Abfälle zusammenkehrt, die er in seiner Backstube findet. Vielmehr fallen beim Backen von Biskuitböden immer Reste an. Der Boden wächst halt nicht in der schönen geometrischen Form, die er am Ende haben soll, und wird daher zurechtgeschnitten.

Dieser Verschnitt ist ein einwandfreies Lebensmittel, das man weiterverarbeiten kann. In der Praxis sammelt der Bäcker die Reste in einem Eimer, der alle zwei bis drei Tage geleert wird. Der Verschnitt wird zerkrümelt und dient dann als Grundlage für diverse Süßwaren – unter anderem, mit Rum getränkt, für die bekannten Kalorienbomben.

Man könnte den Biskuitverschnitt also durchaus als «Abfall» bezeichnen, weil er bei der Produktion übrig bleibt – aber niemand muss befürchten, dass der Bäcker ihm Müll verkauft. Unter hygienischen Gesichtspunkten sind diese Rumkugeln nicht zu beanstanden.

Russische Soldaten haben früher russisches Roulette gespielt

Stimmt nicht. Die Offiziere der zaristischen Armee im 19. Jahrhundert sind wohl tatsächlich ziemliche Raubeine gewesen, und auch mit ihren Schusswaffen gingen sie nicht zimperlich um. In dem Roman «Ein Held unserer Zeit» von 1840 schildert Michail Lermontow eine Szene, in der eine Gruppe gelangweilter Soldaten über die Vorsehung diskutiert. Einer von ihnen, ein Serbe, vertritt die Auffassung, dass unser aller Schicksal vorbestimmt sei, und zum Beweis nimmt eine an der Wand hängende Pistole, hält sie sich an den Kopf und drückt ab. Es macht nur «klick». Dann zielt er an die Decke, und es knallt ein Schuss. Was das nun beweisen soll, weiß ich auch nicht – aber in der Geschichte wird der Serbe ein paar Stunden später ermordet.

Das war aber nicht das russische Roulette, wie wir es heute kennen. Darunter versteht man ja das vorsätzliche Laden eines Revolvers mit nur einer Kugel und das anschließende Drehen des Magazins, um aus der Sache ein Glücksspiel auf Leben und Tod zu machen. Dieses

FLASCHENDREHEN OHNE MÄDCHEN MACHT KEINEN SPAß. DESHALB SPIELEN SIE EINE MISCHUNG AUS FLASCHEN-DREHEN UND RUSSISCHEM ROULETTE.

Spiel wird erstmals 1937 in der Kurzgeschichte «Russian Roulette» des amerikanischen Autors Georges Surdez erwähnt, veröffentlicht im Magazin *Collier's*.

Dort fragt ein russischer Offizier in der französischen Fremdenlegion den Icherzähler: «Haben Sie schon einmal vom russischen Roulette gehört?» Man habe das Spiel um 1917 in einer desolaten militärischen Situation in Rumänien gespielt. Die zaristische Armee verlor auf breiter Front, und die Offiziere verloren nicht nur eine Schlacht, sondern ihr Prestige, ihr Geld und ihr Heimatland. In dieser Situation, so die Geschichte in der Geschichte, hätten die Soldaten oft ihre Pistole gezogen, eine Patrone aus der vollen Kammer entfernt und sich die Waffe an den Kopf gesetzt.

Das war sozusagen die umgekehrte Version der heutigen Geschichte, mit einer Wahrscheinlichkeit von 83 Prozent für den sofortigen Tod. Aber auch die bekanntere Variante mit nur einer Kugel erwähnt Surdez.

Der Krimi-Autor ist ansonsten nicht sehr bekannt geworden, aber der Titel seiner Geschichte wurde zum geflügelten Wort. Dafür, dass das russische Roulette früher wirklich in der russischen Armee gespielt wurde, gibt es aber keinen einzigen Beleg.

Wenn man einen Esslöffel Salz isst, stirbt man

Stimmt nicht. Natrium ist ein wichtiger Mineralstoff, den wir zum Leben brauchen, und wir nehmen ihn vor allem mit dem Natriumchlorid zu uns, also dem gewöhnlichen Kochsalz. Etwa ein Gramm Salz pro Tag brauchen wir mindestens, die meisten von uns nehmen aber 3 bis 13 Gramm auf. Wer ständig zu salzig isst, der läuft nach Meinung vieler Mediziner ein erhöhtes Risiko, Herz und Kreislauf zu schädigen.

Kann man sich mit Salz vergiften? Man kann. Die toxische Wirkung entsteht durch die sogenannte Osmose: Wenn zwei benachbarte Zellen eine unterschiedliche Konzentration an Salzen enthalten, dann fließt in dem Bestreben, dieses Gefälle auszugleichen, Wasser durch die Zellwand von der Zelle mit der höheren Konzentration in die mit der niedrigeren. Zu viel Salz im Verdauungstrakt zieht auf diese Weise durch die Membranen das Wasser aus dem Körper heraus.

Für Gifte hat man in der Medizin die LD50-Dosis definiert: Das ist die Menge eines Stoffes, verabreicht innerhalb von 24 Stunden, bei der die Hälfte der Personen sterben würde. Bei Kochsalz beträgt die LD50-Dosis etwa drei Gramm pro Kilo Körpergewicht. Das heißt: Ein Kleinkind kann von einem großen Esslöffel Salz (20 Gramm) sterben, ein Erwachsener müsste innerhalb von 24 Stunden schon mehr als zehn Esslöffel Salz futtern. Das schafft wohl niemand freiwillig.

Trotzdem ist es erstaunlich, dass die lebensnotwendige und die tödliche Tagesration beim Salz sich nur um den Faktor 100 unterscheiden. Bei Fluoriden zum Beispiel, die uns vor Karies schützen sollen, beträgt der Faktor 1000.

Saunagänge beugen Erkältungen vor

Stimmt. Die Sauna spaltet die Menschen in zwei Lager: Die eine Hälfte geht begeistert regelmäßig hin und schwört auf die positiven Gesundheitseffekte, die andere kann nichts dabei finden, mit anderen nackten und schwitzenden Menschen bei höllischen Temperaturen in einem winzigen Raum eingepfercht zu sein.

Wer hat nun recht? Ist die Sauna wirklich gesund, oder beruht das auf Einbildung? Eine Überblicksstudie finnischer Wissenschaftler kam 2006 zu dem Ergebnis, dass es viel zu wenige kontrollierte Studien zu den behaupteten Effekten gebe, um das Saunabaden als medizinische Therapie bezeichnen zu können.

Zu der speziellen Frage, ob die Sauna Erkältungen vorbeugt, gibt es allerdings eine Studie aus dem Jahr 1990. Ein Team von der Medizinischen Universität Wien begleitete ein halbes Jahr lang zwei Gruppen von je 25 Personen und zeichnete auf, wie häufig sich die Testpersonen erkälteten. Die eine Gruppe ging regelmäßig in die Sauna, die andere nicht. In den ersten drei Monaten war der Unterschied nicht sehr groß, aber in der zweiten Hälfte des Experiments hatten die Saunagänger nur noch halb so viele Erkältungen wie die Kontrollgruppe. Die Forscher schlossen daraus, dass regelmäßiges Saunieren tatsächlich eine vorbeugende Wirkung gegen Erkältungen haben könnte. Wie die Sauna wirkt, dafür hatten sie jedoch keine Erklärung – «weitere Studien sind notwendig», wie es so oft in der wissenschaftlichen Literatur heißt.

Wer allerdings schon schwer erkältet ist, der sollte die Sauna meiden – nicht nur aus Rücksicht auf die Mitmenschen, es ist auch nicht gut für die eigene Gesundheit. Fieberkranke und Kreislaufgeschwächte haben im Schwitzbad nichts zu suchen.

Schäfchenzählen hilft beim Einschlafen

Stimmt nicht. Viele Menschen haben Nacht für Nacht Probleme, in den Schlaf zu finden, obwohl sie doch vom Tag rechtschaffen müde sind. Meist liegt es daran, dass sie dabei Gedanken wälzen, über die Geschehnisse der vergangenen oder die Pläne für den folgenden Tag nachsinnen.

Wie man das Gehirn davon abhält, auf diese Weise wie im Hamsterrad weiterzulaufen, darüber weiß die Wissenschaft wenig. Als Einschlafhilfe hat sie vor allem Pillen zu bieten.

Eine Untersuchung über nichtmedikamentöse Einschlafmethoden machten britische Forscherinnen im Jahr 2002. Und kamen zu dem Schluss, dass Schäfchenzählen beim Einschlafen nicht sonderlich hilfreich sei. Jedenfalls erzählte die Schlafforscherin Allison Harvey, damals an der Universität Oxford, das in einem Interview mit dem *New Scientist.* «Diese Methode ist zu schlicht, um die Sorgen und Gedanken, die einen am Schlafen hindern, zu vertreiben», sagte Harvey. Sie berief sich auf die Ergebnisse der Studie, die sie zusammen mit ihrer Kollegin Suzanna Payne gemacht hatte.

Sieht man sich die Arbeit (die in der Zeitschrift *Behaviour Research and Therapy* erschienen ist) allerdings genauer an, dann ist dort von Schafen nirgends die Rede. Die Forscherinnen hatten 41 Studenten mit Schlafstörungen gebeten, in einer Testnacht zu Hause ein Schlaftagebuch zu führen und dabei zu schätzen, wie lange sie zum Einschlafen brauchten. Die Probanden wurden in drei Gruppen eingeteilt: Die einen sollten sich lebendige Bilder von einer angenehmen Situation vorstellen, etwa eine Urlaubsszene am Strand. Die zweite Gruppe bekam die unspezifische Anweisung, «sich abzulenken», zwei davon gaben nachher an, sie hätten gezählt. Und die Testpersonen der dritten Gruppe sollten einschlafen wie gewöhnlich.

Das Ergebnis: Die Testschläfer der ersten Gruppe schliefen 20 Minuten schneller ein als sonst (wohlgemerkt: Das war ihre subjektive Einschätzung). Die Forscherinnen interpretierten das so, dass das Gehirn durch die angenehmen bewegten Bilder so stark beschäftigt wird, dass die quälenden, kreisenden Gedanken keine Chance haben. Bei den beiden anderen Gruppen war keine Verbesserung festzustellen, im Gegenteil.

Kann man sich das Schäfchenzählen also genauso gut sparen? Abgesehen von der dünnen Datenlage: Die einzige Schlussfolgerung, die man aus der Untersuchung ziehen könnte, ist die, dass abstraktes Zählen allein nicht reicht – wenn schon Schäfchen, dann sollte man sie durch eine schöne, möglichst detailreiche Landschaft hüpfen lassen.

Eine Pistole mit Schalldämpfer macht «plopp»

Stimmt nicht. Dass es Filmregisseure mit der Physik nicht so genau nehmen, habe ich schon öfters bemängelt – seien es die Autos, die bei jedem Unfall explodieren (Seite 35), oder die Kommissare, die eine Probe vom beschlagnahmten Kokain im Selbstversuch testen (Seite 182). Und auch das leise «Plopp», das eine schallgedämpfte Waffe angeblich macht, ist eine Kinofiktion.

Der Knall, der bei einem Pistolen- oder Gewehrschuss entsteht, hat mehrere Ursachen: Zunächst explodiert das Schießpulver in der Patrone, wenn es gezündet wird. Heiße Gase breiten sich aus und treiben mit ihrem Druck die Kugel durch den Lauf. Wenn die aus der Mündung austritt wie ein Korken aus einer Champagnerflasche, können die Gase sich schlagartig ausdehnen – zweiter Knall. Weil die meisten Projektile die Waffe mit Überschallgeschwindigkeit verlassen, gibt es noch den Überschallknall der fliegenden Kugel.

Ein Schalldämpfer beeinflusst nur Knall Nummer zwei, indem er mit einem ausgeklügelten System von Luftkammern die Gase dazu bringt, sich kontrolliert auszudehnen. Auf die beiden anderen Schallquellen hat er keinen Einfluss. In Zahlen ausgedrückt: Der Schall wird um etwa 30 Dezibel (dB) reduziert. Das ist eine ganze Menge, aber es macht aus einem Knall von 150 dB, der Menschen ertauben lassen kann, ein Geräusch, das immer noch dieselbe Größenordnung hat wie der Lärm einer Disco. Definitiv kein «Plopp»!

Der Schalldämpfer wurde auch nicht erfunden, um andere Menschen unbemerkt umbringen zu können. Wenn ihn zum Beispiel Sondereinsatzkommandos verwenden, dann geht es auch nicht darum, sich vor dem Gegner zu verbergen. Es sollen vor allem die Ohren der Schützen geschont werden, wenn sie in geschlossenen Räumen ihre wahrhaft ohrenbetäubenden Schüsse abgeben.

ICH HAB' SCHALLDÄMPFER
PLOPP PLOPP PLOPP
EIN GERÄUSCH DER GRÖßENORDNUNG DISKOLÄRM.
ÜBER MIR DIE DISKOKUGEL, HAB' NICHTS GEHÖRT.

Ein Schatten kann schneller sein als das Licht

Stimmt. Machen wir ein Gedankenexperiment: Um eine helle Lampe lässt man mit einer mechanischen Konstruktion eine kleine, kreisförmige Scheibe mit einer Umdrehung pro Sekunde rotieren. Das Scheibchen wirft einen Schatten, der mit der Entfernung immer größer wird. Aber auch seine Geschwindigkeit wächst mit der Entfernung. Eine Leinwand, die in einem Abstand von zehn Metern aufgestellt ist, überstreicht der Schatten mit einer Geschwindigkeit von etwa 63 Metern pro Sekunde. Ist die Lampe hell genug, um bis zum Mond zu strahlen (unrealistisch, aber nicht prinzipiell unmöglich), so bewegt sich der Schatten auf der Mondoberfläche rechnerisch mit 2,4 Millionen Kilometern pro Sekunde – und das ist die achtfache Lichtgeschwindigkeit.

Muss sich nun Einstein im Grab umdrehen, der doch gesagt hat, dass nichts schneller sein kann als das Licht? Einstein bezog sich auf Materie und Energie, also Dinge, die aus Elementarteilchen bestehen. Die würden bei Lichtgeschwindigkeit eine unendliche Masse bekommen. Ein Schatten ist aber nicht «etwas», sondern die Abwesenheit von Licht. Hier wird nichts bewegt und beschleunigt, daher gibt es auch keinen Widerspruch zur Relativitätstheorie.

Ja, mag man einwenden, und wie ist es, wenn man das Experiment variiert und statt des Schattens den Lichtpunkt eines Laserpointers rotieren lässt? Der würde sich dann ebenfalls mit 2,4 Millionen Kilometern pro Sekunde über die Mondoberfläche bewegen. Aber auch hier gilt: Der Lichtpunkt ist kein Gegenstand, und deshalb werden auch dabei keine physikalischen Prinzipien verletzt. Denn bei dem Punkt handelt es sich um ständig neue Photonen, von denen jedes einzelne mit ganz gewöhnlicher Lichtgeschwindigkeit von der Erde zum Mond fliegt. Insbesondere kann man diesen überlichtschnellen Punkt nicht dazu nutzen, Informationen vom einen Rand der Mondscheibe zum anderen zu übermitteln. Einstein kann in Frieden ruhen, seine Gesetze werden durch Schatten und Lichtpunkte, die schneller sind als das Licht, nicht in Frage gestellt.

Auch im Schatten wird man braun

Stimmt. Die Antwort ist in etwa dieselbe wie auf die Frage: Stimmt es, dass man auch im Schatten etwas sehen kann? Auf dem Mond ist es im Schatten tatsächlich pechschwarz, weil der keine Atmosphäre hat. Bei uns streut die Luftschicht das Licht, sodass ein Teil auch dahin kommt, wo die Sonne nicht direkt hinscheint.

Und das gilt für das ultraviolette Licht, das für Bräunung, Sonnenbrand und Hautkrebs verantwortlich ist, im Prinzip genauso wie für das sichtbare. Ein paar Besonderheiten gibt es: So lassen manche undurchsichtigen Textilien UV-Strahlen durch, sodass man unter einem entsprechenden Sonnenschirm verbrennt. Umgekehrt blocken manche Glassorten das UV-Licht fast völlig ab.

Wie viele bräunende Strahlen man im Schatten nun wirklich abbekommt, ist leider nicht so pauschal zu beziffern, erklärt Rüdiger Matthes vom Bundesamt für Strahlenschutz. Das kommt nämlich ganz auf die Umgebung an – Sand und Wasser reflektieren die Strahlen sehr gut, sodass am Strand der Wert sehr hoch sein kann. Man kann davon ausgehen, dass dort im Schatten 25 bis 50 Prozent der Strahlung an den Körper gelangen, die man in der Sonne abbekommen würde. Der Schatten hat dort also ungefähr denselben Sonnenschutzfaktor wie eine Creme mit dem Faktor zwei bis vier.

Der Schlaf vor Mitternacht ist der gesündeste

Stimmt nicht. Die Schlafforscher konnten zwar bislang nicht erklären, wieso der Mensch schläft, dafür wissen sie aber einiges darüber, wie er schläft. So ist der Schlaf in den ersten beiden Stunden (genauer gesagt: vor der ersten REM-Phase) am tiefsten und hat die erholsamste Wirkung. Wenn man also um zehn ins Bett zu gehen pflegt, dann ist der Schlaf vor Mitternacht tatsächlich am gesündesten. Und wenn man diesen gewohnten Rhythmus durcheinanderbringt und ausnahmsweise erst um zwölf schlafen geht, dann reagiert der Körper verstört, sodass man am nächsten Morgen das Gefühl hat, genau diese zwei Stunden hätten einem gefehlt.

Ist der Körper dagegen auf einen späteren Schlafzyklus eingestellt, so liegt auch die wichtige Phase des «goldenen Schlafes» später. Unsere «innere Uhr» schert sich herzlich wenig darum, wie spät es tatsächlich ist. Gewohnheitsmäßige Nachtschwärmer müssen also keine Gesundheitsschäden befürchten – jedenfalls nicht wegen des späten Zubettgehens.

Auch für die Frage, wie viel Schlaf man braucht, gibt es keine eiserne Regel. Die individuelle Schlaflänge hängt vom Alter ab – und davon, ob man persönlich ein «Kurzschläfer» oder ein «Langschläfer» ist.

Wenn man nackt im Schlafsack liegt, friert man weniger, als wenn man bekleidet ist

Stimmt nicht. Sogar die Ermittler der Fernsehserie *Akte X* haben schon über diese Legende diskutiert. «Ich habe mal gehört, der beste Weg, sich aufzuwärmen, wäre, nackt in einen Schlafsack zu kriechen zu jemandem, der schon nackt darin liegt», sagt Fox Mulder in einer Folge zu seiner Kollegin Dana Sculley – natürlich mit eindeutiger Absicht. Und Mulders Phantasie ist wohl auch die einzig denkbare Situation, in der man nackt Vorteile im Schlafsack hat.

Ein Schlafsack produziert keine Wärme – seine Qualität besteht darin, die vom Körper produzierte Wärme möglichst lange zu halten. Diese Wirkung wird von jeder textilen Schicht zunächst einmal verstärkt. Kontraproduktiv ist es allenfalls, wenn die Kleidung so dick ist, dass man schwitzt – denn feuchte Textilien führen die Wärme eher ab und lassen durch die Verdunstungskälte den Schläfer leichter frösteln. Noch schlimmer ist es, wenn der Schlafsack selbst feucht wird und dann die Wärme nach außen leitet.

Deshalb raten alle Schlafsackhersteller und Outdoor-Experten dazu, bei Kälte im Schlafsack eine dünne, aber wärmende Kleidungsschicht mit langen Ärmeln und Beinen zu tragen. Das größte Wärmeleck ist übrigens der aus dem Schlafsack ragende Kopf – eine Kapuze oder Schlafmütze wirkt da wahre Wunder.

In Irland gibt es keine Schlangen – sie wurden vom heiligen Patrick vertrieben

Stimmt. Zumindest der erste Teil des Satzes. Der heilige Patrick, der im 5. Jahrhundert die irischen Kelten missionierte, musste die Schlangen nicht von der Insel vertreiben – es gab schon damals keine. Der Grund dafür ist die geographische Isolation Irlands. In der letzten Eiszeit waren England und Irland von einem dicken Eispanzer überzogen, kein Reptil konnte in dieser Kälte überleben. Vor etwa 18 000 Jahren begann das Eis sich zurückzuziehen. Damals waren die Britischen Inseln noch über Landbrücken mit dem Festland verbunden. Nach England und Schottland wanderten die Schlangen wieder ein, aber bevor sie nach Irland vordringen konnten, hatte das steigende Meerwasser die Insel vom Rest des heutigen Großbritannien isoliert. Offenbar waren die flinken Eidechsen schneller – jedenfalls haben sie es als einzige Reptilien auf die Grüne Insel geschafft. Die biogeographische Sonderstellung teilt Irland in den gemäßigten Breiten der Erde sonst nur mit Neuseeland – auch dort gibt es keine Schlangen.

Ab und zu entweichen natürlich auch in Irland einzelne Kriechtiere aus Terrarien. 1831 wollte ein Mann die Wirksamkeit von St. Patricks Fluch auf die Probe stellen und ließ sechs Schlangen in seinem Garten frei – die Nachbarn erschlugen sie. Jedenfalls gibt es bis heute keine nennenswerte Population wilder Schlangen in Irland.

Schlangen können Kaninchen hypnotisieren

Stimmt nicht. Betrachten wir das Problem zunächst von der Schlangenseite: Die Reptilien haben keine hypnotischen Fähigkeiten; da kann die Schlange Kaa im «Dschungelbuch» noch so oft ihre spira-

ligen Augen rollen und Mowgli in Trance säuseln. Ein Grund, warum man ihnen das unterstellt, ist vielleicht, dass sie keine Augenlider haben – das lässt den Blick eigentümlich starr erscheinen.

Und wie schaut es mit dem Kaninchen aus? Wenn das Tier tatsächlich regungslos sitzen bleibt, wie es die Redensart nahelegt, dann ist das zunächst einmal gar keine so schlechte Strategie. Denn wie bei vielen anderen Tieren reagiert auch bei Schlangen der Sehsinn besonders empfindlich auf Bewegungen. Es besteht also die Chance für das Häschen, durch die Starre unentdeckt zu bleiben. Der wichtigste Sinn der Schlange ist jedoch der Geruchssinn, der interessanterweise auf der Zunge sitzt. Auch winzige Temperaturschwankungen können die Reptilien wahrnehmen. Und dagegen hilft kein Stillhalten. Wenn die Schlange das Kaninchen gewittert hat, sollte dieses schleunigst das Hasenpanier ergreifen. Und das tut es auch.

Schlangenbisse soll man aussaugen

Stimmt nicht. Zugegeben, es sieht im Western immer sehr ritterlich aus, wenn der Helfer mit dem Messer die Wunde des Bissopfers aufschneidet und das Schlangengift heraussaugt. Ein probates Mittel gegen die Vergiftung ist das aber nicht. Im Gegenteil: Wer in der Wunde herumschneidet, sorgt für eine höhere Durchblutung des Gewebes und damit für eine schnellere Verteilung des Gifts im Blutkreislauf.

Was das Saugen angeht: Es werden sogar Pumpen verkauft, speziell für das Aussaugen von Wunden nach dem Schlangenbiss. Kann man so überhaupt das Gift aus dem Körper holen? 2004 wollten Ärzte von der University of California es wissen. Sie injizierten acht Freiwilligen eine Flüssigkeit, die in ihrer Konsistenz dem Gift einer Schlange entsprach, und versahen die Männer mit Wunden, die dem Biss einer Klapperschlange ähnelten. Nach drei Minuten saugten sie mit einer dieser Pumpen Blut aus der Wunde, eine Viertelstunde lang. Die Menge des Pseudogifts, die sie dabei zurückgewannen, war «insignifikant». Der Körper nimmt also offenbar solche Substanzen zu schnell auf, als dass man sie durch Saugen wieder herausbekäme. «Die Vermarktung dieser mechanischen Sauggeräte», sagte der Studienleiter, Michael Alberts, «ist wahrscheinlich nicht gerechtfertigt, weil sie in unserer Studie nicht funktioniert haben und die Sache möglicherweise noch schlimmer machen.» Weil man das Gift auf diese Weise nicht herausbekommt, erübrigt sich auch eine zweite Frage, die in dem Zusammenhang immer wieder gestellt wird: ob der Helfer sich vergiften kann, wenn er die Wunde aussaugt.

Die beste Erste Hilfe bei Schlangenbissen: Man sollte das Opfer ruhigstellen, insbesondere die betroffene Körperregion, und für einen möglichst schnellen Transport ins nächste Krankenhaus sorgen.

Ein Schnaps nach dem Essen ist gut für die Verdauung

Stimmt. Der Hersteller eines berühmten Magenbitters (der in den kleinen, mit Packpapier umwickelten Fläschchen) versendet auf solche Anfragen prompt ein «Gutachten» eines in der Schweiz ansässigen «Instituts für Zeitgemässe Ernährung». Darin wird dem Schnaps eine «verdauungsfördernde und beruhigende Wirkung» attestiert. Sogar Vitamine sollen drin enthalten sein. Die wohltuende Wirkung sei in klinischen Studien nachgewiesen, heißt es. Diese Studien stellen sich jedoch als reines Phantasieprodukt heraus.

Also greift man besser auf eine unabhängigere Quelle zurück. Die Deutsche Gesellschaft für Ernährung (DGE) erklärt, dass Alkohol in geringen Konzentrationen und Mengen tatsächlich die Verdauung fördert, indem er die Produktion der Magensäure mäßig stimuliert. Wie er das genau macht, sei noch nicht geklärt.

Doch wie gesagt, die Menge macht's. Hohe Prozente und große Mengen sind Feinde des Magens. Der Alkohol kann dann die Magenschleimhaut schädigen und steht im Verdacht, die Entstehung von Magengeschwüren und Magenkrebs zu fördern. Und wer sowieso schon Probleme mit einem übersäuerten Magen hat, der braucht auch keine zusätzliche Stimulation durch Alkohol – die verstärkt dann nämlich noch die Beschwerden.

Schneidbrettchen aus Plastik sind hygienischer als welche aus Holz

Stimmt nicht. Plastik klingt nach keimfrei, und so glauben viele, dass Plastik-Schneidbretter hygienischer sind als hölzerne. In der Lebensmittelproduktion sind Holzbretter per EU-Verordnung weitgehend verboten. Aber zumindest für den Privathaushalt gilt: Holz ist keineswegs schlechter als Kunststoff, im Gegenteil.

Die ausführlichsten Untersuchungen zu dem Thema hat ein Team um Dean Cliver von der amerikanischen University of Wisconsin in Madison gemacht. Das Ergebnis: Auf feuchten Plastikbrettern überleben Bakterien sehr gut, lassen sich aber auch gut abwaschen. Ist das Plastikbrett durch häufigen Gebrauch verkratzt, dann bekommt man Erreger wie E. coli kaum noch aus den Ritzen gewaschen, vor allem, wenn Fett im Spiel ist.

Anders beim Holz: Dort überleben die Bakterien weder auf glatter noch auf verkratzter Oberfläche lange. Sie dringen zwar tief ein, sterben dann aber ab. Offenbar enthält Holz keimtötende Substanzen, etwa Gerbsäuren. Die Biologische Bundesanstalt in Braunschweig hat mehrere Holzsorten auf ihre antibakteriellen Eigenschaften untersucht, ganz oben stand dabei das Kiefernholz, aber auch Lärche und Eiche schnitten gut dabei ab.

Trotzdem können natürlich auch auf einem Holzbrettchen immer noch Restbakterien siedeln. Wenn man ganz sicher sein will, lässt man die Brettchen ein paar Runden in der Mikrowelle drehen – das macht auch dem letzten Keim den Garaus.

Schokolade macht Pickel

Könnte stimmen. In den vergangenen 30 Jahren lautete die Standardantwort der Dermatologen auf die Frage, ob Akne mit der Ernährung zusammenhängen kann, unisono: Nein, Diäten helfen nicht gegen die Pickel, die Ursache der Akne ist letztlich unbekannt, wahrscheinlich ist sie genetisch bedingt. Besonders Jugendliche könnten nur hoffen, zu der großen Mehrheit zu gehören, bei der die Überproduktion der Talgdrüsen mit dem Erwachsenwerden auf ein normales Maß zurückgeht.

Die Belege für diese Einschätzung sind aber erstaunlich dünn. Es gibt einen Versuch zur Schokolade aus dem Jahr 1969. Dabei bekam die eine Hälfte der Testpersonen einen Schokoriegel, die andere ein gleichaussehendes, aber kakaofreies Zucker-Fett-Gemisch. Es ließ sich kein Unterschied bei der Akne feststellen. Aber was kann man daraus schließen? Allenfalls, dass die Kakaobestandteile der Schokolade keinen besonderen Einfluss auf die Hautkrankheit haben. Die zweite Studie über Akne und Ernährung von 1971 genügt modernen statistischen Anforderungen nicht.

In den vergangenen Jahren melden sich vermehrt Experten zu Wort, die sich durchaus einen Einfluss der Ernährung auf die Akne vorstellen können. Unter Verdacht stehen dabei nicht die Fette, wie man vielleicht denken könnte (wegen der fettigen Haut), sondern vor allem Zucker und Milchprodukte. Da das jedoch die ideologisch am meisten belasteten Lebensmittel sind, sollte man mit schnellen Urteilen vorsichtig sein.

Immerhin gibt es Hinweise, dass der Insulinspiegel des Körpers in den Hormonhaushalt eingreift und Akne begünstigt. 2007 ist im *American Journal of Clinical Nutrition* ein Artikel einer australischen Forschergruppe erschienen, die bei einer Blindstudie mit 43 männlichen Aknepatienten gute Ergebnisse durch eine Diät mit einem niedrigen glykämischen Index (sprich: weniger Zucker) erzielte.

Fazit also: Die spezifischen Inhaltsstoffe etwa der Schokolade sind gewiss nicht pickelfördernd, aber es kann nicht schaden, einmal eine gesündere und zuckerärmere Ernährung auszuprobieren.

Man kann sich potenzielle Partner «schön trinken»

Stimmt. Mit dem nicht sehr schmeichelhaften Ausdruck «sich jemanden schön trinken» bezeichnet man das Phänomen, dass man ein Gegenüber des anderen Geschlechts umso attraktiver findet, je mehr Alkohol man getrunken hat. Das kennt man aus Stammtischerzählungen, aber tatsächlich hat sich auch die Wissenschaft diesem Phänomen gewidmet – Barry T. Jones und seine Kollegen vom psychologischen Institut der Universität Glasgow veröffentlichten 2003 eine entsprechende Studie in der Zeitschrift *Addiction.* Je 40 nüchterne und angetrunkene Studenten beiderlei Geschlechts sollten die Attraktivität von 118 Gesichtern beurteilen, halb Männlein, halb Weiblein. Über den eigentlichen Zweck des Tests ließen die Forscher ihre Probanden im Unklaren, angeblich ging es um irgendeine Art von Marktforschung.

Als Referenz mussten die Studenten zunächst die «Attraktivität» von 114 Armbanduhren beurteilen. Tatsächlich fanden die Angetrunkenen die Uhren im Durchschnitt ein bisschen schöner als die Nüchternen. Das war jedoch nichts im Vergleich zu der anschließenden Bewertung der menschlichen Gesichter: Den alkoholisierten Studentinnen und Studenten erschienen die Porträts des anderen Geschlechts glatt um ein Viertel attraktiver als den nüchternen. Wer also kein böses Erwachen erleben will, sollte vielleicht seine Wahl treffen, bevor er anfängt zu trinken.

ICH TRINKE MIR LEUTE SCHÖN, ABER NICHT WAHLLOS.

Modernen Schweinen wurden zusätzliche Rippen «angezüchtet»

Stimmt nicht. Seit der Mensch das Wildschwein domestiziert hat, also in den vergangenen 10 000 Jahren, hat es sich gewaltig verändert: Es ließ die Ohren hängen, ringelte den Schwanz und bildete den Rüssel zurück. Es wurde größer, weil der Mensch mehr Muskelmasse wollte. Das alles geschah natürlich durch Züchtung, das heißt: Der Mensch selektierte die Tiere nach seinen Verwertungskriterien. Dabei nahm auch die Zahl der Rippen zu. Während das Wildschwein über zwölf Rippenpaare verfügt, sind es beim modernen Hausschwein mehr. Für eine Doktorarbeit in Schweinegenetik an der Universität Kiel wurde nachgezählt: Mehr als die Hälfte der Schweine hatte 16 Rippen, ein kleinerer Teil 15, und zwei Prozent waren XL-Schweine mit 17 Rippenpaaren.

Wurde die zusätzliche Rippenzahl nun gezielt herbeigezüchtet, um mehr Koteletts zu bekommen? Das bestreitet Ernst Kalm, der das Institut für Tierzucht und Tierhaltung an der Universität Kiel leitet. «Die Schweine wurden nicht nach ihrer Rippenzahl selektiert.» Das bestätigt auch Martina Henning von der Bundesforschungsanstalt für Landwirtschaft. Henning berichtet von regelrechten Moden bei der Schweinezucht. So sei früher das runde, kurze Schwein mit sehr dicken Koteletts bevorzugt worden, heute setze man eher auf Länge – wegen der Fleischqualität, nicht wegen der Zahl der Rippen.

Mit dem 20-Rippen-Turboschwein ist aber auch in Zukunft nicht zu rechnen. «Man darf das System Tier nicht überfordern», sagt Martina Henning. Das Herz und andere Organe des Schweins sind nämlich bei der Zucht nicht mitgewachsen, und so haben in der Vergangenheit die auf Masse getrimmten Tiere häufig mit Kreislaufproblemen und Stress zu kämpfen gehabt. «Seit etwa 20 Jahren ist diese Entwicklung gestoppt», sagt die Forscherin. Und das liegt nicht unbedingt daran, dass die Züchter ihr Herz für die arme Kreatur entdeckt hätten. Das schlecht durchblutete Fleisch der Superschweine war einfach von minderwertiger Qualität und enthielt große Mengen Wasser. Das ging dann oft nicht erst in der Pfanne des Verbrauchers verloren, sondern schon beim Abhängen der Schweinehälften bei den Metzgern. Denen sei «das Geld regelrecht weggetropft», sagt Henning.

Wenn man die Schweiz glatt bügeln würde, wäre sie das größte Land Europas

Stimmt nicht. Auch wenn man diesen Gedanken schon bekommen kann, wenn man das beeindruckende Schweizer Bergpanorama anschaut. Dennoch: Die Vertikale wird arg überschätzt, sie macht nur etwa ein Prozent der horizontalen Ausdehnung der Schweiz aus. Auf Reliefkarten wird die dritte Dimension stets überhöht dargestellt. In Wirklichkeit vergrößern Berge die Fläche eines Landes kaum.

Zunächst eine mathematisch stark vereinfachte Beispielrechnung: Man nehme ein plattes quadratisches Land von 100 mal 100 Kilometern, also mit einer Fläche von 10 000 Quadratkilometern. Überdeckt man das mit 100 pyramidenförmigen «Bergen» von je 1000 Meter Höhe, so wächst die Oberfläche lediglich auf etwa 10 200 Quadratkilometer an, erhöht sich also nur um zwei Prozent.

Die Wirklichkeit ist komplizierter, weil Landschaften keine glatten geometrischen Flächen sind, sondern sogenannte Fraktale. Die haben die Eigenschaft, dass ihre Fläche immer größer wird, je feiner das Maschennetz ist, mit dem man sie überzieht – im Prinzip bis ins Unendliche. Das Bundesamt für Landestopographie der Schweiz (Swisstopo) hat eine derartige Berechnung anhand von Geländedaten tatsächlich angestellt: Demnach beträgt die Grundfläche, die von der Schweiz bedeckt wird, 41 284 Quadratkilometer. Überdeckt man das Relief des Landes mit Quadraten von 25 Metern Seitenlänge, so wächst die Fläche auf 46 710 Quadratkilometer, ist also 13 Prozent größer. Würde man die Fläche mit quadratmetergroßen Karos überdecken, so schätzt André Streilein von Swisstopo die Fläche auf 80 000 Quadratkilometer. Das ist zwar größer als die Grundfläche Bayerns – aber auch für das größte deutsche Bundesland käme ja bei einer solchen Vermessung ein größerer Wert heraus. Die Antwort ist also ein eindeutiges «Stimmt nicht». «Zudem», sagt Streilein, «würden wir nie erlauben, dass man uns ‹platt macht›.»

Manche Menschen wiegen mehr, weil sie «schwere Knochen» haben

Stimmt nicht. Es ist zwar eine schöne Entschuldigung fürs Übergewicht – klingt sie doch viel gesünder als die sonst gern zitierten «Hormonstörungen». Und da man sich die Knochen ja kaum weghungern kann, sind «schwere Knochen» ein perfekter Vorwand, um weiter den schmackhaften Dingen des Lebens zu frönen.

Nur: Es bleibt halt ein Vorwand. Zwar haben wirklich manche Menschen ein stabileres und damit auch ein schwereres Skelett als andere, aber damit kann man kein Übergewicht von zehn Kilo oder mehr erklären. Das Knochengerüst eines erwachsenen Menschen wiegt nämlich insgesamt nur um die zehn Kilogramm. Gestehen wir einem besonders Stämmigen einen 30 Prozent schwereren Knochenbau zu – dann sind das immer noch nur drei Kilo mehr. Die seien ihm gegönnt, alles darüber ist ein ganz gewöhnliches Übergewicht. Das Maß dafür ist der Body Mass Index: Gewicht geteilt durch das Quadrat der Körpergröße. Mit einem BMI ab 26 gilt man als zu dick. Und nur von ganz peniblen Rechnern muss dieser Index um einen Knochenbaufaktor bereinigt werden.

Segelboote können schneller sein als der Wind

Stimmt. Und wir reden hier nicht von Wildwasser, sondern von ganz normalen Seen und Meeren mit relativ geringer Strömung. Allerdings wird der auf Nord- und Ostsee anzutreffende gewöhnliche Hobbysegler mit seiner Jolle wohl kaum jemals in den Genuss dieses Effektes kommen. Er lässt sich nur mit speziellen Hochgeschwindigkeitsseglern erreichen, etwa Katamaranen oder Trimaranen, auf denen die Segelpartie eher unkomfortabel ist.

Ganz alltäglich ist das Phänomen dagegen bei Strand- und Eisseglern, die nicht gegen den bremsenden Widerstand des Wassers anzukämpfen haben. Auf dem Eis kann ein segelgetriebenes Fahrzeug eine Geschwindigkeit von 200 Kilometern pro Stunde erreichen, auch wenn der Wind nur mit Tempo 50 bläst.

Der gesunde Menschenverstand sagt uns, dass ein Segelschiff dann am meisten Vortrieb entwickelt, wenn der Wind von hinten kommt. In diesem Fall wird das Schiff vom Wind «geschoben» und kann tatsächlich nicht schneller fahren, als der Wind weht.

Eine ganz andere Sache ist es, wenn der Wind im rechten Winkel von der Seite kommt und auf das schrägstehende Segel trifft. Dann muss man schon die hohe Schule der Aerodynamik bemühen, um die Bewegung zu erklären, und kommt zu scheinbar paradoxen Resultaten.

Weil das Segel keine ebene Fläche bildet, sondern sich wölbt, wirkt es wie die Tragfläche eines Flugzeugs. Dort entsteht ja der Auftrieb, weil die Luft über dem Flügel eine höhere Geschwindigkeit und damit einen niedrigeren Druck entwickelt als die Luft an der Flügelunterseite. Dieser Druckunterschied zweier Luftströme reicht aus, um tonnenschwere Flieger aus Stahl in der Luft zu halten. Und ganz Ähnliches passiert beim Schiffssegel: Die innen vorbeiströmende Luft ist langsamer als der äußere Luftstrom, und folglich entsteht eine Art

«Auftrieb» – nur dass die resultierende Kraft nicht nach oben weist, sondern schräg nach vorn. Durch den Kiel und den Bootskörper wird die seitliche Komponente dieser Kraft «abgefangen», sodass sich insgesamt eine Bewegung nach vorn ergibt. Diese Kraft kann erheblich größer sein als der Schub des Windes.

Wie schnell das Boot dann tatsächlich fährt, hängt natürlich hauptsächlich von der Form des Rumpfes ab. Der geltende Geschwindigkeitsweltrekord für Segelboote wurde übrigens 2009 von der «Hydroptère» des Franzosen Alain Thebault aufgestellt. Er liegt bei 46,52 Knoten, das sind 86,16 Kilometer pro Stunde.

Wenn man in Sekt badet, wird man betrunken

Stimmt nicht. In Sekt zu baden ist doch eher ein ausgefallener Freizeitspaß. Die Physiologen, die ich zunächst befragt habe, antworteten denn auch, es gebe erstaunlich wenige wissenschaftliche Untersuchungen darüber, wie wir Alkohol durch die Haut aufnehmen. Sie konnten sich aber vorstellen, dass man auf diese Weise betrunken wird, weil Ethanol, der Alkohol im Sekt, als eher kleines Molekül auch die meisten Membranen ohne Probleme passiert, etwa die Haut. Besonders durchlässig ist die Haut zwischen den Zehen und im Intimbereich.

Dann aber meldete sich der Rechtsmediziner Achim Schäfer bei mir, und dem war das Phänomen schon des Öfteren untergekommen – nicht das Sektbad, aber eine angebliche Resorption von Alkohol durch die Haut. Vor Gericht würden Alkoholtäter oft behaupten, sie hätten den in ihrem Blut nachgewiesenen Alkohol nicht wissentlich getrunken, sondern irgendwie unbemerkt und damit schuldlos durch die Haut aufgenommen, etwa weil sie aus medizinischen Gründen Umschläge mit alkoholgetränkten Tüchern gemacht oder eine großflächige Hautdesinfektion mit Alkohollösung vorgenommen hätten.

IN EINER WANNE MIT 50 LITER SEKT BADEN, IST FREIZEITSPAß. HIER WIRD WISSENSCHAFTLICH UNTERSUCHT, WIE WIR ALKOHOL DURCH DIE HAUT AUFNEHMEN.

«Alle diese Fälle sind hinreichend erforscht, und es ist bekannt, dass man auf diese Weise keine Blutalkoholkonzentration von höher als etwa 0,1 Promille erreichen kann», schreibt Schäfer.

Zwar wirkt das Sektbad auf die gesamte Hautfläche, dafür ist aber auch die Konzentration des Alkohols viel geringer. Man kann also davon ausgehen, dass das Bad keinen allzu heftigen Rausch auslöst. Allenfalls könnte noch das Kohlendioxid, das sich über der Oberfläche konzentriert, benebelnd wirken.

Und Vorsicht ist bei Babys und Kleinkindern geboten: Italienische Ärzte berichteten 1991 in der Zeitschrift *Pediatric Emergency Care* über den Fall eines vier Wochen alten Babys, dessen Nabelschnurrest mit alkoholgetränkten Verbänden behandelt wurde. Die Eltern klagten darüber, dass das Mädchen lethargisch sei – tatsächlich war es wohl betrunken. Zum Glück war der Rausch nach kurzer Zeit vorbei.

Man kann mit Sekundenkleber auch Wunden verschließen

Stimmt. Cyanacrylat, so der chemische Name des schnellen Klebers, stammt aus den Labors der amerikanischen Firma Kodak. Sein ursprünglicher Zweck war militärischer Natur, hatte aber nichts mit Wunden, ja noch nicht einmal etwas mit Kleben zu tun: Sein Entdecker Harry Coover war 1942 auf der Suche nach einem unzerbrechlichen, transparenten Kunststoff für die Zieloptik von Panzern. Das klebrige Zeug war jedoch für diese Zwecke nicht geeignet, und so blieb es jahrelang unbeachtet. Erst später kam man auf die Idee, die Substanz als Klebstoff einzusetzen – 1958 kam der erste Sekundenkleber unter dem Namen Eastman #910 auf den Markt.

Cyanacrylat lässt auch Finger beängstigend schnell und fest aneinanderkleben, und so lag die Idee nicht fern, den Klebstoff für die Behandlung von Wunden einzusetzen. Eine feuchte Umgebung macht ihm nämlich nichts aus – im Gegenteil. Erst durch Wasser, das er normalerweise aus der Luftfeuchtigkeit bezieht, wird der Kleber richtig fest. Tatsächlich nutzte das US-Militär Cyanacrylat-Spray im Vietnamkrieg zur Behandlung großflächiger Wunden, deren Blutung man damit schnell zum Stillstand brachte.

Am besten geeignet ist der Superkleber allerdings zum Schließen von Schnittwunden. Denn dafür bringt er diverse Vorteile mit sich: Die Wunden lassen sich damit sehr exakt zusammenfügen, außerdem sind die Narben weniger hässlich als bei einer Naht, und das lästige Fädenziehen entfällt, weil die Klebereste nach ein paar Tagen einfach abfallen. Außerdem wissen es viele Unfallopfer, vor allem Kinder, zu schätzen, dass sie nach einer Verletzung nicht auch noch die oft noch schmerzhaftere Prozedur des Nähens ertragen müssen.

Inzwischen produzieren schon mehrere Firmen Sekundenkleber ausschließlich für medizinische Zwecke. Man sollte zu diesen Spezialpräparaten greifen und nicht zum gewöhnlichen Bastelkleber.

Senf macht dumm

Stimmt nicht. Seine charakteristische Schärfe hat der Senf von den in ihm enthaltenen sogenannten Isothiozyanaten, auch Senföle genannt. Die sind in höheren Dosen durchaus als Gift zu bezeichnen. In der Konzentration, in der sie in Senf, Meerrettich und Kresse vorliegen, ist ihre Wirkung dagegen eher positiv. Sie können zum Beispiel bei Harnwegsinfektionen antibiotisch wirken. Auch die äußere Anwendung von Senf wird gegen allerlei Zipperlein empfohlen, und die heilsame Wirkung der ätherischen Öle ist teilweise auch durch wissenschaftliche Studien belegt worden.

Daneben gibt es auch die sogenannten cyanogenen Senföle, die der Körper zu Blausäure abbaut. Deren Verzehr kann tatsächlich zu Gehirnschädigungen führen. Aber anders, als der Name vermuten lässt, sind diese Senföle im Senf gar nicht enthalten, sie kommen in Naturprodukten wie Bittermandeln und Bambussprossen vor.

Ob der Volksmund jedoch so viel von Chemie versteht, dass ihm diese Verwechslung unterlaufen konnte? «Unsere Großmütter und -väter kannten diesen sachlichen Hintergrund nicht», sagt Roswitha Behland vom Senfhersteller Kühne. Sie glaubt, dass der Spruch nur dazu diente, Kinder vom Griff in den Topf mit (süßem) Senf abzuschrecken.

Aufgeklebte Silhouetten von Greifvögeln auf Fenstern verhindern, dass Vögel dagegenfliegen

Stimmt nicht. Die aufgeklebten Vogelsilhouetten mögen gut gemeint sein, ein wirksames Mittel gegen den Vogeltod sind sie nicht, sagen die Naturschutzverbände. Den starren Umriss hält kein Singvogel für einen Feind – allenfalls für ein Hindernis, das es zu umfliegen gilt. Und dann knallt das arme Tier neben dem Aufkleber ans Glas.

Der Hauptgrund für die Vogelkollisionen ist nicht, dass das Glas durchsichtig ist – dahinter liegt ja meist ein dunkleres Zimmer. Irritiert werden die Vögel vor allem durch Reflexionen. Wer sie davor schützen will, der hat nur unbefriedigende Möglichkeiten: Entspiegeltes Glas ist sehr teuer. Es hilft, die Fenster von außen seltener oder gar nicht zu putzen, aber das ist nicht jedermanns Sache. Ein wirklich sicheres Mittel ist es, den Scheiben etwa mit kreuzweise aufgebrachten Klebestreifen ein deutlich sichtbares Muster zu verpassen – allerdings sitzt dann der Mensch optisch hinter Gittern.

Eine neue Idee stammt von Friedrich Buer und Martin Regner aus Neustadt an der Aisch: Sie wollen die Tatsache ausnutzen, dass Vögel auch ultraviolettes Licht sehen können, das der Mensch nicht wahrnimmt. Manche Spinnen zum Beispiel haben UV-reflektierende Seide

VOGEL-SILHOUETTEN VERHINDERN NICHT, DASS VÖGEL GEGEN SCHEIBEN FLIEGEN.
ICH HAB' EIN NEST DAVOR GELEGT.
BONK
VÖGEL KUCKEN NEUGIERIG NACH UNTEN UND KNALLEN WENIGSTENS NICHT MIT DEM GESICHT DAGEGEN.

und schützen so ihr Netz. Der Mensch könnte mit Sonnenschutzmitteln ein Muster auf die Scheibe zeichnen. Diese Mittel absorbieren UV-Licht, sodass sich das Muster für die Vögel dunkel vor dem Hintergrund abhebt. Aber das verschmiert natürlich auch die Glasscheibe, deshalb plädieren die beiden Vogelschützer dafür, die Scheiben mit einem Muster aus einer UV-Beschichtung zu versehen, die für uns Menschen unsichtbar ist. Inzwischen gibt es im Handel einen Stift, mit dem man das Spinnennetzmuster auf die Scheibe malen kann.

Der Sirtaki ist kein traditioneller griechischer Tanz, sondern wurde für den Film «Alexis Sorbas» erfunden

Stimmt. Der Sirtaki erscheint uns heute als der typischste griechische Volkstanz, aber er hat keine jahrhundertealte Tradition. Tatsächlich wurde er erst 1964 für den Film «Alexis Sorbas» mit Anthony Quinn erfunden. Der Name ist eine Verkleinerungsform des Wortes *syrtos*, mit dem eine ganze Gattung griechischer Volkstänze bezeichnet wird.

Der Sirtaki greift Schrittfolgen aus unterschiedlichen griechischen Tänzen auf, die bekannte Musik von Mikis Theodorakis beginnt langsam, dann wird der Rhythmus immer schneller. Auch bei der Aufstellung der Tänzer unterscheidet sich der Sirtaki von traditionellen Tänzen: Während sich beim Syrtos beliebig viele Tänzer im Kreis formieren, stehen bei dem Kunstprodukt wenige Tänzer in einer Reihe und führen kompliziertere, choreographierte Schrittfolgen aus – so kann die Kamera das besser einfangen.

Ein Grund für diese Neuentwicklung soll gewesen sein, dass Quinn wohl ein lausiger Tänzer war und die Schrittfolgen der traditionellen Tänze zu kompliziert für ihn waren. Trotzdem musste man für die Nahaufnahmen des Sirtaki ein Fuß-Double einsetzen.

Skorpione begehen bei Gefahr Selbstmord, indem sie sich selbst stechen

Stimmt nicht. Es gibt die Geschichten von Skorpionen, die in einen Feuerkreis gesetzt wurden, die Ausweglosigkeit ihrer Situation «erkannten» und sich mit ihrem eigenen Stachel umgebracht haben sollen. Ein Leser erzählte mir, wie weit verbreitet die Legende vom suizidalen Skorpion ist: Als er 1973 Kommandant eines U-Boots war und dieses ein Wappen erhalten sollte, auf dem ein Skorpion abgebildet war, lehnte das Kommando der U-Boot-Flotte dieses Emblem ab mit dem Hinweis auf den «Selbstmörder».

Aber Skorpione begehen keinen Selbstmord, ebenso wenig wie die Lemminge, die sich angeblich von den Klippen ins Meer stürzen (eine Legende, die im ersten «Stimmt's»-Buch behandelt wurde). Es ist strittig, ob es im Tierreich überhaupt Selbsttötungen gibt.

Die Geschichte mit dem Skorpion und dem Feuer beruht auf einer Fehlinterpretation. Skorpione sind als wechselwarme Tiere sehr hitzeempfindlich. Steigt ihre Körpertemperatur über ein gewisses Maß, etwa durch die Nähe von Feuer, so beginnen sie im Todeskampf wild zu zucken – und das wurde dann wohl als Selbstmordversuch gedeutet.

Aber selbst wenn der Skorpion sich selbst stechen würde, könnte es ihm nicht viel anhaben. Forscher von der Universität Marseille haben untersucht, ob ein Skorpion sich mit dem Nervengift, das bei anderen Lebewesen tödlich wirkt, selbst umbringen kann. Ihr Ergebnis: Das sogenannte Kalitoxin, das die Nerven der Opfer lähmt, hat beim Skorpion selbst keine Wirkung.

Für die Sommerzeit die Uhr um eine Stunde zu verstellen spart Energie

Stimmt nicht. Der englische Begriff bringt den Effekt der Sommerzeit auf den Punkt: *Daylight Savings Time* heißt übersetzt «Tageslichtsparzeit» und nicht «Energiesparzeit» – und vom Tageslicht haben die meisten Menschen ja tatsächlich mehr, wenn die Uhren auf Sommerzeit gestellt werden und damit der gesamte Tag um eine Stunde nach hinten verschoben wird.

Nach der Ölkrise der 70er Jahre wurde 1980 die Sommerzeit eingeführt in der Hoffnung, dadurch Energie einsparen zu können. Inzwischen ist dieser vermeintliche Energiespareffekt in mehreren Studien untersucht worden, und die sind sich einig: Wenn es eine Auswirkung gibt, dann ist sie winzig. Manche errechnen einen kleinen Spareffekt, andere kommen auf einen ebenso unbedeutenden Mehrverbrauch. Zusammenfassend kann man sagen: Es wird wohl tatsächlich weniger Strom für elektrisches Licht verbraucht. Aber da nur etwa zehn Prozent unseres Stroms für die Beleuchtung verwendet werden, sind das Einsparungen von Bruchteilen Prozent – die Energieversorger sagen jedenfalls, dass sie keinen Unterschied messen können. Mehr Energie wird dadurch verbraucht, dass es im Frühling und im Herbst morgens noch ganz schön kalt sein kann und durch die Verschiebung höhere Heizkosten entstehen. Und an den langen Abenden fahren die Menschen offenbar vermehrt ins Grüne und verbrauchen dadurch mehr Benzin.

Das einzige Argument für die Beibehaltung der Sommerzeit ist wirklich, dass es länger hell bleibt. Und das wiegt offenbar schwerer als die Probleme, die ein Teil der Menschheit mit der Zeitumstellung hat.

Sonnenblumen drehen sich zur Sonne hin

Stimmt. Die Frage wurde mir zuerst von Christoph Biemann gestellt, dem Christoph aus der «Sendung mit der Maus». Auch nach meiner Antwort ließ ihn die Sache nicht ruhig, und er produzierte mit einer Zeitraffer-Kamera einen wunderschönen Film für die Kindersendung, in dem man deutlich sieht, wie die Blumen ihre Köpfe nach der Sonne ausrichten, ihr im Verlauf des Tages folgen und sich sogar nachts von Westen nach Osten zurückdrehen, um die Sonne am nächsten Morgen wieder an der richtigen Stelle begrüßen zu können.

Fragen wir zunächst einmal: Wie kann eine Sonnenblume überhaupt den Kopf drehen? Schließlich haben Pflanzen keine Muskeln. Der Blütenkorb kann seine Orientierung nur verändern, indem der Stängel, der ihn hält, auf der sonnenabgewandten Seite stärker wächst. Daraus folgt sogleich, dass das Ganze nur funktioniert, wenn die Pflanze wächst. Dann verfolgen die geschlossenen Blütenkörbe tatsächlich tagsüber den Lauf der Sonne und machen ihrem französischen Namen *tournesol* (italienisch: *girasole*) alle Ehre. Eine beeindruckende Fähigkeit der «dummen» Pflanzen, die da durch die Evolution entstanden ist.

Durch die kuriose Drehung gelingt es den Pflanzen, in der Wachstumsphase 10 bis 15 Prozent mehr Sonnenenergie zu erhaschen, erzählt Volker Hahn, Sonnenblumenzüchter an der Universität Hohenheim. Ist die Pflanze ausgewachsen und die Blüte geöffnet, schauen die Sonnenblumen übrigens stur nach Osten.

An Händen und Füßen kann man keinen Sonnenbrand bekommen

Stimmt nicht. Zwar bekommt kaum jemand an diesen Körperstellen einen Sonnenbrand – aber das liegt vor allem daran, dass Handflächen und Fußsohlen nur selten direkt der Sonne ausgesetzt sind. «Die Entwicklung eines Sonnenbrands ist eine Funktion der Strahlungsintensität und der Verhornungsdicke», sagt Heinrich Raskokat, Dermatologe an der Universität Köln. Das heißt: Hornhaut bietet einen gewissen Schutz vor der Sonne. Die Dicke der Hornhaut ist individuell verschieden. Vor allem Kinder, die auf dem Bauch am Strand liegen und die Fußsohlen in die Sonne halten, können dort einen Sonnenbrand bekommen – und der ist dann sogar besonders schmerzhaft. Für Erwachsene schätzt Heiner Gers-Berlag, Sonnenschutzexperte bei der Firma Beiersdorf, den Lichtschutzfaktor durch die Hornhaut auf etwa drei bis vier.

Weil das Sonnenbrandrisiko an Händen und Füßen generell geringer ist, hat die Evolution an diesen Hautpartien auf Pigmente verzichtet. Wir werden dort nicht braun, und selbst Schwarze sind an diesen Stellen «weiß» – und entsprechend sonnenbrandgefährdet.

Angebrochene Sonnencremes vom vergangenen Jahr soll man nicht mehr benutzen, weil sie keinen Schutz mehr bieten

Stimmt nicht. Bei Kosmetika sind die gesetzlichen Regelungen zur Kennzeichnung relativ lax: Nur wenn sich Cremes und Lotionen nach der Herstellung weniger als 30 Monate in der ungeöffneten Tube halten, muss das vermerkt werden, ansonsten müssen die Packungen weder ein Haltbarkeits- noch ein Herstellungsdatum tragen, auch wenn Verbraucherverbände das seit Jahren fordern. Der Verbraucher kann also nicht ohne weiteres beurteilen, ob die zweieinhalb Jahre Mindesthaltbarkeitsdauer schon abgelaufen sind.

Es muss aber niemand Angst haben, dass der Lichtschutz in einem Jahr rapide nachlässt. Es gibt zwei Sorten von Substanzen, die vor der schädlichen Wirkung der UV-Strahlen schützen: Beim physikalischen Schutz reflektieren winzige Partikel die Strahlen; beim chemischen Schutz nehmen Moleküle die Energie der Strahlung in sich auf und geben sie als unschädliche Wärmestrahlung wieder ab. Beide Arten von Sonnenschutz sind chemisch recht stabil.

Wenn die Packung einmal geöffnet wurde, sinkt grundsätzlich die Haltbarkeit. Die Mittel werden ja nicht in einer klinisch sauberen Umgebung angewandt, und es können zum Beispiel Bakterien eindringen und die Cremes zersetzen. «Eine normale Kontamination mit Sand und Badewasser sollten die Substanzen aber aushalten», sagt Heiner Gers-Barlag von der Firma Beiersdorf. Faustregel: Eine angebrochene Sonnencreme, die noch einen passablen Eindruck macht – also nicht ranzig riecht und ihre ursprüngliche Konsistenz hat –, kann man ohne Bedenken auch noch nach einem Jahr benutzen.

Sonnencremes schützen vor Hautkrebs

Stimmt nicht. Die meisten Menschen glauben, dass eine Creme, die vor Sonnenbrand schützt, auch Hautkrebs verhindert. Aber diese Hoffnung ist trügerisch. Paradoxerweise kann die Anwendung von Sonnenschutzmitteln das Krebsrisiko sogar noch erhöhen.

Denn der «Lichtschutzfaktor» der Cremes bezieht sich nur auf den Sonnenbrand, der durch die sogenannten UVB-Strahlen ausgelöst wird, die am kurzwelligen Ende des ultravioletten Spektrums liegen.

Dermatologen sind aber zunehmend über die längerwellige Variante besorgt, UVA genannt, die tiefer in die Haut eindringt und für vorzeitige Alterung sorgt, aber auch für den gefürchteten «weißen» und «schwarzen» Hautkrebs.

Ein Sonnenbrand ist zwar eine ungesunde und hautschädliche Angelegenheit, aber er ist auch ein (leider meist zu spät auftretendes) Warnsignal des Körpers: Wird die Haut rot, verziehen sich selbst die passioniertesten Sonnenanbeter in den Schatten. Wenn eine Creme nun nur die UVB-Strahlen abblockt, bleibt das Warnsignal aus, und die UVA-Strahlen können länger auf die Haut einwirken.

Seit 2007 müssen gemäß einer EU-Richtlinie Sonnencremes auch vor UVA schützen. Es gibt aber noch kein einheitliches Kennzeichnungssystem, verlangt wird lediglich mindestens ein Drittel des UVB-Schutzes.

Inzwischen gibt es aber auch Produkte, die zuverlässig vor UVA-Strahlen schützen. Im Jahr 2008 ist eine Studie des Dermatologen Eggert Stockfleth von der Berliner Charité erschienen. Sein Team testete eine neue, apothekenpflichtige Schweizer Creme an Transplantationspatienten, die wegen ihres unterdrückten Immunsystems ein hundertfach erhöhtes Risiko für weißen Hautkrebs hatten. Die Probanden entwickelten in zwei Jahren keine neuen Karzinome. Eine Aussage über den schwarzen Hautkrebs (malignes Melanom) ist nach diesen Versuchen nicht möglich, weil der länger braucht, um sich zu entwickeln.

Fazit: Es gibt also tatsächlich wirksame Mittel gegen beide Sorten von UV-Strahlen. Hoffentlich setzt sich bald eine einheitliche Kennzeichnung der Kosmetikprodukte durch.

Die NASA hat für zwölf Millionen Dollar einen «Spacepen» entwickelt – die Russen benutzen Bleistifte

Stimmt nicht. Die russische Raumfahrtagentur verlässt sich in vielen Fällen auf einfachere, aber robustere Techniken und fährt damit offensichtlich gut – die Sojus-Kapseln aus den 60er Jahren fliegen noch heute, während das amerikanische Spaceshuttle (eine Technik der Siebziger) längst nicht so zuverlässig funktioniert. Auf diese russische Bodenständigkeit ist die Geschichte vom Hightechkuli gemünzt. Sie wird auch des Öfteren in Zeitungsartikeln erwähnt, doch sie ist unwahr.

Erstens: Der «Spacepen», den inzwischen jeder kaufen kann, wurde nicht von der NASA entwickelt. Der Stift, dessen Mine ständig unter Druck steht und der deshalb unabhängig von der Schwerkraft funktioniert – sogar unter Wasser –, ist eine Erfindung des Geschäftsmanns Paul Fisher. 1967 kaufte die NASA nach umfangreichen Tests 400 Stifte bei Fishers Firma, zum Stückpreis von 2,95 Dollar.

Zweitens: Fisher steckte nur rund eine Million Dollar in die Entwicklung des Wunderstifts.

Drittens: Die russischen Kosmonauten schreiben schon lange nicht mehr mit Bleistiften. Auch wenn diese technisch robust sind, so haben sie doch den Nachteil, dass sie ständig feinen Graphitstaub absondern – und der schwebt in der Schwerelosigkeit unkontrolliert durch die Kapsel. Bricht gar die Spitze ab, dann kann sie sich in die Atemwege der Raumfahrer oder in irgendein wichtiges elektronisches Gerät verirren, mit eventuell katastrophalen Folgen. Schon seit 1969 beziehen auch die Russen ihre im Weltraum eingesetzten Kulis von Fisher.

Von Hand **Spülen** ist umweltfreundlicher als die Spülmaschine

Stimmt nicht. Es ist gar nicht so leicht, die beiden Spülmethoden zu vergleichen. Während eine Spülmaschine praktisch immer dieselbe Menge Wasser und Spülmittel verbraucht, variiert das beim Handspülen stark von Mensch zu Mensch, weil da sehr unterschiedliche Techniken zum Einsatz kommen. Die einen spülen das gesamte Geschirr mit einer Beckenfüllung Wasser (sodass die letzten Teile in eine sehr trübe Brühe kommen) und lassen es dann abtropfen, andere brauchen vier Spülgänge, die dritten lassen das Wasser ständig fließen. Manche spülen das Geschirr am Schluss noch einmal ab, andere lassen es einfach abtropfen.

Wie unterschiedlich der Verbrauch dabei ist, erlebten Wissenschaftler der Universität Bonn, als sie eine interkulturelle Studie zum Handspülen durchführten. Sie luden in- und ausländische Besucher und Bewohner der Bundesstadt ins Labor ein und baten sie dort, ein 140-teiliges Normgedeck aus Tellern, Tassen, Gläsern und Besteck zu spülen.

Während der durchschnittliche deutsche Spüler mit 46 Litern Wasser auskam, verbrauchten Spanier und Portugiesen im Mittel 170 Liter. Ein einzelner Proband (seine Nationalität wird nicht genannt) brachte es sogar auf 447 Liter, also vier Badewannenfüllungen. Die Forscher berichten, dass manche Spüler das heiße Wasser sogar beim Abtrocknen laufen ließen – da kann man sich jede Ökobilanz sparen. Übrigens zeigten anschließende Sauberkeitstests keinen Zusammenhang zwischen dem Verbrauch an Wasser und Spülmittel und der Sauberkeit des Geschirrs.

Selbst die sparsamsten Testspüler konnten aber nicht mit einer modernen Spülmaschine mithalten, die nur 15 Liter Wasser benötigt. Auch beim Energieverbrauch war diese nicht zu schlagen. Spitzen-Ökowerte erreicht sie aber nur, wenn sie gut gefüllt ist und man

ihr auch wirklich die ganze Arbeit überlässt, statt das Geschirr im Waschbecken vorzuspülen. Außerdem kann man gegen die Studie einwenden, dass dabei nur jene zwölf Normgedecke getestet wurden, mit denen die Maschine sehr gut ausgenutzt wird. Sobald sperrige Töpfe, Schüsseln und Pfannen ins Spiel kommen, ist die Maschine im Nu voll – man sollte sich überlegen, diese Sachen getrennt zu spülen.

Oft wird eingewandt, die positive Ökobilanz der Spülmaschine verschwinde, sobald man den Energieverbrauch für Herstellung und Transport des Geräts berücksichtige. Eine US-Studie beziffert diese «graue Energie» auf fünf Prozent des Gesamtenergieverbrauchs in einem Spülmaschinen-Leben. Und selbst wenn es zehn Prozent sind: Ihren Öko-Vorsprung verliert die Maschine dadurch nicht.

Die Spurweite der heutigen Eisenbahn geht auf die römischen Streitwagen zurück

Stimmt nicht. Die Geschichte wird gern im Internet verbreitet als ein Beispiel dafür, wie sich Standards, die irgendwann einmal willkürlich festgelegt wurden, über Jahre, sogar Jahrtausende halten können.

Zunächst einmal: Es gibt bei den Eisenbahnen der Welt die unterschiedlichsten Spurweiten, immer noch müssen an manchen Grenzen die Reisenden die Züge wechseln. Die Standardspurweite, die in Westeuropa und Nordamerika gilt, beträgt 1435 Millimeter beziehungsweise 4 Fuß und 8,5 Zoll. Gleise von insgesamt 720 000 Kilometer Länge haben diese gebräuchlichste Breite.

Die Standardspur stammt aus England. Dort wurden die ersten Eisenbahnen gebaut, und nach ein paar Jahrzehnten mit konkurrierenden Systemen obsiegte die Spurweite der Bahnen von George Stephenson. Dessen erste Eisenbahnen waren Grubenbahnen, sie zogen die Wagen, die vorher schon von Pferden gezogen worden waren. Woher kam der «krumme» Wert für Stephensons Spurweite? Er ist gar nicht so krumm, wenn man bedenkt, dass die Spurweite zwischen den Innenkanten der Gleise gemessen wird. Es ist gut denkbar, dass man damals von der runden Zahl von 5 Fuß ausging und die Breite der Schienen einfach abgezogen werden muss.

Weil es vor dem 19. Jahrhundert keinen Standard für die Spurweite gab, kann der auch nicht von den Römern übernommen worden sein. Trotzdem fällt auf, dass auch antike Straßen, die teilweise über steinerne Spurrinnen für die Pferdewagen verfügten, eine ähnliche Breite hatten. Ein Experte versichert hoch und heilig, er habe bei einem teilweise erhaltenen griechischen Fahrweg am Isthmos von Korinth die magische Breite von 4 Fuß 8,5 Zoll gemessen; andere behaupten gar, die «Norm» stamme aus der Perserzeit. Aber diese Parallelen beweisen nicht, dass willkürliche Standards lange leben. Im Gegenteil: Sie zeigen, dass man an mehreren Orten unabhängig voneinander zum gleichen sinnvollen Ergebnis kommen kann – einfach weil zwei Pferdehintern nebeneinander eben eine gewisse Breite haben.

Vom Grund eines tiefen Brunnens aus kann man auch tagsüber die Sterne sehen

Stimmt nicht. Wieder eines der Beispiele von «Wahrheiten», die über Jahrhunderte tradiert werden, ohne dass sich jemand die Mühe macht, sie einmal zu überprüfen. Ein Meister dieser Legendentradition war Aristoteles, der unter anderem behauptete, Männer hätten mehr Zähne als Frauen. Und auch die Geschichte, dass man vom Boden eines Brunnens oder eines Schornsteins bei Tage die Sterne sehen könne, taucht bei ihm schon auf.

Der britische Physiker David W. Hughes hat 1983 im *Quarterly Journal of the Royal Academic Society* das Ergebnis einer peniblen Untersuchung veröffentlicht. Sein Ergebnis: «Durch einen Kamin zu schauen ist das Letzte, was man tun sollte, wenn man Sterne sehen will.» Außer den Planeten Venus, Mars und Jupiter hat nur der Stern Sirius eine Chance, bei Tag gesichtet zu werden. Die anderen Sterne überstrahlt das Sonnenlicht.

Die Tiefe eines Brunnens oder Kamins ist für die Frage, was man am Himmel sehen kann, auch nicht weiter wichtig. Relevant ist lediglich das Verhältnis von Länge und Durchmesser der Röhre – dadurch wird bestimmt, wie groß der Ausschnitt des Himmels ist, den man beobachten kann. Es ist also vollkommen egal, ob man in einem tiefen Brunnen sitzt oder ob man ein kurzes Papprohr mit denselben Proportionen benutzt.

Woher kommt also die Vorstellung, tiefe Brunnen könnten die Sternensicht verbessern? Irgendwie haben alle Verfechter der Theorie wohl angenommen, man könne das Sonnenlicht in irgendeiner Form «ausblenden». Die Helligkeit des Tageshimmels rührt aber daher, dass das Sonnenlicht in unserer Atmosphäre gestreut wird – auf dem Mond, der keine Lufthülle besitzt, ist der Himmel auch bei Tag schwarz. Diese «Verschmierung» des Sonnenlichts lässt sich nicht nachträglich wieder rückgängig machen. Und allein die Helligkeit des Hintergrunds, der Kontrast zwischen Himmel und Sternenlicht, ist ausschlaggebend dafür, ob wir Sterne sehen können oder nicht.

Einer der wenigen Wissenschaftler, die sich die Mühe gemacht haben, die Brunnentheorie zu überprüfen, war übrigens Alexander von Humboldt, der im 19. Jahrhundert durch viele Minenschächte geschaut und nie bei Tag die Sterne gesehen hat – und er hat auch weder in Mexiko noch in Peru oder Sibirien Minenarbeiter getroffen, die ihm das Phänomen bestätigen konnten. Genauso wenig wie die Schornsteinfeger, die der Naturforscher befragt hat.

Übrigens ist es selbst bei Nacht schwer, Sterne durch eine Röhre – einen Kamin oder auch eine Papprolle – zu erspähen: Ist das Rohr zehnmal so lang wie sein Durchmesser, sieht man zumindest in der Stadt in zwei von drei Fällen überhaupt nichts, weil der entsprechende Ausschnitt des Himmels zu klein ist.

Wenigstens im Fall von Schornsteinen hat Hughes eine Erklärung dafür anzubieten, was man bei Tage sehen könnte: In Kaminen herrschten immer kräftige Aufwinde, sodass Staub und andere Teilchen aufgewirbelt würden, die bei entsprechender Beleuchtung durch die Sonne tatsächlich beeindruckend funkeln könnten.

Stiere «sehen rot»

Stimmt nicht. Es ist vollkommen irrelevant, welche Farbe das Tuch hat, das der Torero vor der Nase eines Bullen schwenkt. Auch ist die Behauptung falsch, dass Rinder eher auf Menschen losgehen, die einen roten Pullover tragen. Der Grund: Wie die meisten Säugetiere haben auch Rindviecher praktisch keine Farbwahrnehmung, sie sehen sozusagen «schwarzweiß». Die rote Farbe der Tücher beim Stierkampf ist einzig und allein für die Zuschauer da.

«Das Farbsehen haben innerhalb der Säuger erst die Primaten erlernt», erläutert Professor Clas Naumann vom Museum Alexander Koenig in Bonn. «Deshalb benutzen sie auch sehr auffällige Farbsignale in der innerartlichen Kommunikation, einschließlich Lippenstift und Nagellack.»

Rot suggeriert dem Menschen Blut, und das erhöht den Nervenkitzel beim Stierkampf. Für den Bullen wäre auch ein blaues Tuch ein «rotes Tuch», wenn der Matador nur wild genug damit herumfuchteln würde.

Wie findet man heraus, ob Tiere Farben sehen können oder nicht? Fragen kann man sie ja nicht (beziehungsweise, wie Leser Martin Niehues anmerkt: Man kann sie zwar fragen, «nur bei der Antwort wird es schwieriger»). Einen Anhaltspunkt liefert die Anatomie: Die menschliche Netzhaut verfügt über drei Sorten von Farbrezeptoren – für Rot, Grün und Blau –, an die die drei Farbsignale, die ein moderner Fernseher ausstrahlt, perfekt angepaßt sind. Die meisten anderen Säugetiere haben viel weniger von diesen «Zäpfchen» genannten Rezeptoren und folglich große Schwierigkeiten, Farben zu unterscheiden. Cecil Adams berichtet in seinem Buch «More of the Straight Dope», dass es Forschern gelungen ist, Ratten auf Farbsignale zu konditionieren – allerdings waren die Nager ziemlich begriffsstutzig und brauchten zwischen 1350 und 1750 Versuche, bis sie den Trick erlernt hatten.

Bevor wir Menschen nun allzu überheblich gegenüber unseren

Säugetierkollegen werden, sei noch erwähnt, dass andere Tierarten über ein erheblich besseres Sehvermögen verfügen als wir. In unserer optischen Ausstattung sind wir bei weitem nicht die Krone der Schöpfung. Bestimmte Krabbenarten haben sechs Sorten von Farbrezeptoren – sie fänden unser Farbfernsehen wahrscheinlich eher eintönig. Die visuellen Champions in der Natur sind die Vögel. Sie haben nicht nur Rezeptoren für bis zu sieben verschiedene Grundfarben, sondern können auch mit einer bis zu achtmal feineren Auflösung sehen als wir – das ist der Grund, warum ein Raubvogel auch aus großer Höhe ein Mäuschen am Erdboden erspähen kann.

Stillende Mütter sollten keine blähenden Speisen essen, weil das Blähungen beim Baby auslösen kann

Stimmt nicht. Auch wenn ich nach Veröffentlichung dieser «Stimmt's?»-Folge in der *ZEIT* einige Leserbriefe von Müttern bekommen habe, die Stein und Bein schwören, diese Regel aus eigener Erfahrung bestätigen zu können: Ich bleibe dabei, bis mir jemand einen plausiblen Beweis für das Gegenteil vorlegt!

Generationen von geplagten Müttern haben schon die eigene Ernährung für die Darmkoliken ihres Säuglings verantwortlich gemacht und sich fast nur noch von Wasser und Brot ernährt. Doch meistens hat das nichts geholfen. Das Kind schrie weiter.

Ein Großteil der Mütter müsste sich solche Selbstbeschränkungen nicht auferlegen. Ein Autor der Fachzeitschrift *tägliche praxis* jedenfalls fand kaum wissenschaftliche Belege dafür, dass die Ernährung der Mutter für Blähungen beim gestillten Kind sorgt. Es sei oft noch nicht einmal sicher, dass der Grund für das Geschrei der Babys überhaupt Blähungen sind – man kann den neugeborenen Säugling ja leider nicht fragen, was ihm fehlt.

Außerdem: Wie sollen die blähenden Stoffe in die Muttermilch gelangen? Bei Erwachsenen entstehen die Darmwinde dadurch, dass im Darm unverdaute Ballaststoffe, etwa aus Hülsenfrüchten, von Bakterien abgebaut werden. Und was die Mutter nicht verdaut hat, das kann auch nicht in die Muttermilch gelangen. Die Blähgase selbst natürlich erst recht nicht.

Die Zeitschrift führt dann noch eine Untersuchung an, bei der 272 stillende Mütter über den Zusammenhang von Ernährung und Koliken befragt wurden. Dabei ergab sich nur bei Kuhmilch, Zwiebeln und Kohl eine signifikante Korrelation – aber das war ja auch eine Umfrage unter Müttern, die alle die Geschichte von den Blähstoffen kannten und deren Erwartung sicherlich ihre Erfahrungen mitgeprägt hatte.

In einem Fall gibt es aber tatsächlich einen Zusammenhang: Wenn der Säugling gegen Kuhmilch-Eiweiß allergisch ist, sollte die Mutter tunlichst auf Milchprodukte verzichten. Denn das tierische Milcheiweiß kann sehr wohl in die Muttermilch übergehen.

Ansonsten kann man den geplagten Eltern wohl nur sagen: Die sogenannten «Drei-Monats-Koliken» kommen und gehen, und es gibt nur wenige Mittel, das schmerzgepeinigte Baby zu beruhigen. Da hilft nur eins: durchhalten.

Es gibt eine Korrelation zwischen der Zahl der Störche und der Zahl der Geburten

Stimmt. Der statistische Begriff «Korrelation» bedeutet nicht, dass es einen kausalen Zusammenhang gibt – sondern nur die Beobachtung, dass eine Größe wächst, wenn es auch die andere tut. Seit über 50 Jahren gelten Geburten und Störche als Paradebeispiel dafür, und Statistiker haben sich immer wieder damit beschäftigt.

Zum Beispiel Robert Matthews von der Aston University in Birmingham. Im Jahr 2000 hat er die Storch- und Geburtenzahlen aus 17 europäischen Ländern zusammengetragen und kommt zu einer einfachen Korrelation: je mehr Störche, desto mehr Geburten. Einfach erklären lässt sich dieser scheinbare Zusammenhang mit der «verborgenen Variablen» Fläche: In größeren Ländern findet man mehr Störche, aber auch mehr Menschen.

So weit, so banal. Es gibt aber auch differenziertere Untersuchungen: «New Evidence for the Theory of the Stork» («Neue Beweise für die Theorie vom Storch») war ein Artikel überschrieben, den Thomas Höfer vom Bundesinstitut für Risikobewertung in Berlin 2004 zusammen mit zwei Koautorinnen, darunter eine Hebamme, in der Fachzeitschrift *Paediatric and Perinatal Epidemiology* veröffentlichte. Die Ergebnisse: In Niedersachsen sank sowohl die Anzahl der Störche als auch der Neugeborenen von 1970 bis 1985, danach blieben beide Werte etwa konstant. In Berlin, wo es praktisch keine Störche gibt, verzeichneten sie einen Anstieg außerklinischer Geburten zwischen 1990 und 2000. Wie war nun das zu erklären? Die Forscher bezogen das Umland mit ein – und siehe da, dort wuchs die Storchenpopulation just in dem Maße, wie die Berliner Hausgeburten zunahmen. Der logische Schluss: Brandenburger Störche bringen die Babys in die Stadt. Sicherheitshalber nennen die Autoren ihre Arbeit eine «humorvolle Fallstudie für die Lehre der perinatalen Epidemiologie».

Solche statistischen Spielereien sind von den Autoren also immer als pädagogische Warnung gedacht, dass man aus einer Korrelation nicht auf eine Kausalität schließen darf. Der Zusammenhang kann zufällig sein (so stiegen im vergangenen Jahrhundert viele Datenwerte kontinuierlich, ohne etwas miteinander zu tun zu haben), oder aber die Größen hängen auf komplizierte Weise von einer oder mehreren weiteren Größen ab.

Man kann mit einem kräftigen Tritt Straßenlaternen «austreten»

Stimmt. Eine Geschichte aus der Abteilung «Nächtliche Streiche angetrunkener männlicher Jugendlicher»: Tritt man mit Gewalt gegen eine Straßenlaterne, so scheppert diese nicht nur laut, sondern soll auch für einige Minuten erlöschen. Aber während wir das «Küheschubsen» ins Reich der Fabel verweisen können, kann man die Laternen tatsächlich austreten. Haben die Straßenlaternen eine Art Wackelsensor, der bei Erschütterung die Stromzufuhr kappt?

Die Erklärung ist viel profaner. «Jawohl, dieses Phänomen kennen unsere Spezialisten», erklärt Markus Rademacher von der Firma Osram. Bei der Straßenbeleuchtung kommen vor allem sogenannte Quecksilberdampflampen und Natriumdampflampen zum Einsatz.

Die leuchten, ähnlich wie eine Neonröhre, nicht dadurch, dass ein Glühfaden erhitzt wird, sondern durch einen Lichtbogen, der in einer entsprechenden Gasatmosphäre zwischen zwei Elektroden entsteht und der offenbar so empfindlich ist, dass er regelrecht abreißen kann, wenn die Laterne durch einen kräftigen Tritt erschüttert wird.

Dann wird's duster, obwohl die Lampe weiterhin mit Strom versorgt wird. Der Lichtbogen muss neu aufgebaut werden. «Das kann allerdings erst dann wieder geschehen, wenn die Lampe abgekühlt ist», sagt Rademacher. Die Dunkelheit dauert zwischen eineinhalb und zwei Minuten. So lässt sich bei einer nächtlichen Tret-Tour theoretisch durchaus ein ganzer Straßenzug kurzzeitig verdunkeln. Praktisch gefährdet man damit allerdings die Verkehrssicherheit.

Strauße stecken bei Gefahr den Kopf in den Sand

Stimmt nicht. Strauße sind nicht so dumm wie die Menschen, auf die diese Redensart metaphorisch angewandt wird.

Lassen wir den altbewährten Tierfreund Bernhard Grzimek sprechen, der in seinem mehrbändigen Standardwerk «Grzimeks Tierleben» schreibt: «Wenn ein Strauß wegläuft, dann kann es geschehen, dass er auf einmal verschwunden ist, obwohl er noch gar nicht den Horizont erreicht hat. Geht man ihm nach, sieht man ihn mit lang ausgestrecktem Hals flach auf der Erde sitzen. Daher stammt wohl das Märchen von dem Vogel Strauß, der den Kopf in den Sand steckt und glaubt, nicht gesehen zu werden.» Vor allem halbwüchsige Strauße, berichtet der Zoologe, legten sich gern so hin. Komme man ihnen zu nahe, so würden sie jählings aufspringen und davonsausen.

Die Mär vom Straußenkopf im Sand ist nach Grzimek schon uralt: Sie stammt von den alten Arabern. Die Römer und alle späteren Bücherschreiber hätten die Geschichte ungeprüft abgekupfert. Zum Glück schreiben wir nur bei Autoritäten wie Grzimek ab!

Man kann Wasser mit dem Strohhalm nicht höher als zehn Meter saugen

Stimmt. Naiv stellen sich die meisten Menschen das Saugen als eine Form des Ziehens vor – man «zieht» ja auch an einem Strohhalm und oder auch einer Zigarette. Und wenn man eine größere Höhe überbrücken will, muss man halt stärker ziehen, oder?

In Wirklichkeit aber zieht man die Flüssigkeit im Strohhalm nicht hoch, sondern man erniedrigt den Druck im Inneren, sodass dann der äußere Luftdruck, der auf die Oberfläche der Flüssigkeit wirkt,

DURCH DIE BEINE SPIELEN, SAGEN SIE!? NIMMT DER STRAUSS DANN AUTOMATISCH SEINEN KOPF AUS DEM LOCH?
VOGELPARK WALSRODE
MINI-GOLF
Schläger- und Ball-Verleih
KASSE
ICH WEISS NICHT. NORMALERWEISE STECKT ER IHN GARNICHT ERST REIN.
RATTELSCHNECK

diese im Inneren des Halms hochdrückt. Und diese Druckkraft ist begrenzt.

Der Luftdruck beträgt auf Meereshöhe etwa 1013 Hektopascal (oder Millibar), früher sagte man dazu «eine Atmosphäre». Selbst wenn in einem Rohr oder Strohhalm ein absolutes Vakuum herrscht, beträgt die Druckdifferenz zwischen innen und außen maximal diese 1013 Hektopascal.

Je höher die «Wassersäule» ist, die man durch das Hochpumpen erzeugt, umso höher ist der Druck, den sie nach unten ausübt. Wann hält sich der mit dem Luftdruck die Waage? Ein Liter Wasser wiegt auf Meeresniveau 1 Kilopond, und das entspricht einer Kraft von 9,81 Newton. Damit der Luftdruck ausgeglichen ist, muss auf jedem Quadratzentimeter eine Kraft von 10,13 Newton lasten – das ergibt eine Wassersäule von 1,03 Litern, und die ist 10,30 Meter hoch. Höher kann also auch der stärkste Trinker keine Flüssigkeit durch einen Strohhalm saugen. In der Praxis ist der Wert vor allem bei warmem Wasser noch niedriger, weil dann auch noch der Dampfdruck zu berücksichtigen ist.

Und wie kann man dann, etwa in großen Pumpwerken, Wasser über größere Höhendifferenzen befördern? Zum Glück gibt es Pumpen, die nicht nach dem Saugprinzip konstruiert sind – die «ziehen» nicht, sondern «schieben»!

Neun Monate nach dem großen Stromausfall in New York stieg die Geburtenrate deutlich an

Stimmt nicht. Auch wenn diese Geschichte romantisch klingt. Urheber der Legende war wohl die *New York Times*, die am 10. August 1966, neun Monate nach dem Blackout vom 9. November 1965, von ungewöhnlich hohen Geburtenraten berichtete: 28 statt durchschnittlich

11 im Mount Sinai Hospital, 29 statt 20 im Bellevue Hospital und so weiter. Jeder Statistiker weiß, dass es solche Ausreißer immer gibt – in einer Stadt mit vielen Krankenhäusern kann man sie fast täglich finden. Trotzdem fand sich ein Soziologe, der darin einen Effekt sah und kommentierte: «Unsere Daten zeigen, dass die meisten Menschen zu Hause blieben. Sie hatten keinen Zugang zu ihrem Hauptvergnügen – dem Fernsehen. Unter diesen Umständen ist es nicht unvernünftig anzunehmen, dass eine Menge Sex stattfand.»

Die *Times* schlachtete die Geschichte auch in den folgenden Tagen aus, interviewte frischgebackene Eltern, die sich zu ihrem Treiben in der fraglichen Nacht bekannten und darauf hinwiesen, dass man ja auch in Pompeji eng umschlungene Paare ausgegraben hätte.

Als sich dann 1970 endlich jemand wissenschaftlich mit den Daten auseinandersetzte, blieb von dem «blackout boom» nicht viel übrig: Richard Udry von der University of North Carolina analysierte in der Fachzeitschrift *Demography* die kompletten Geburtsstatistiken von New York. Zunächst einmal betrachtete er nicht einen einzelnen Tag neun Monate nach dem Stromausfall, sondern die sechs Wochen, in denen statistisch gesehen 90 Prozent der Babys zur Welt kommen. Die fragliche Periode im Jahr 1966 verglich er mit der entsprechenden Zeit in den fünf vorangegangenen Jahren – eine ungewöhnliche Häufung war nicht festzustellen.

Udrys Artikel schließt mit den Worten: «Glauben wir nicht, dass eine einfache statistische Analyse wie diese mit dem Mythos der ‹blackout babys› aufräumen wird. Neun Monate nach dem großen Schneefall von 1967 in Chicago berichteten die Krankenhäuser, dass sie sich auf eine Lawine von ‹Schneebabys› vorbereiten würden. Viele finden offenbar Gefallen an der Vorstellung, dass die meisten Menschen, die durch ein unvorhergesehenes Ereignis von ihren gewöhnlichen Aktivitäten abgehalten werden, sich der Kopulation zuwenden.»

Manche Menschen haben «süßes Blut» und ziehen damit Stechmücken an

Stimmt nicht. Zwar werden tatsächlich manche Menschen häufiger von Mücken gestochen als andere, aber mit Zucker hat das Ganze nichts zu tun.

Stechmücken setzen unterschiedliche Sinne ein, um sich ihre Opfer auszusuchen. Aus der Ferne folgen sie besonders den farblichen Reizen. Ist ein potenzielles Opfer entdeckt, benutzen die Mückenweibchen – nur die stechen – ihren sehr feinen Geruchssinn. Die Erkenntnisse über die olfaktorischen Präferenzen der Mücken sind noch sehr lückenhaft, aber es gibt einige Anhaltspunkte: Aus der Nähe orten die Insekten den Menschen anhand des Kohlendioxids, das dieser beim Atmen von sich gibt. Wen sie dann stechen und wen nicht, hängt von der Körpertemperatur ab (je wärmer, desto attraktiver), vor allem aber von individuellen Ausdünstungen, also vom Schweißgeruch, der aber nichts mit der Zusammensetzung des Blutes zu tun hat. Insbesondere Buttersäure scheint die Mückendamen geradezu wild zu machen. Aber auch auf manche Parfüms fliegen die Insekten, berichtet der Mückenexperte Michael Henn von der Universität München.

Der Insektenforscher Jerry Butler von der University of Florida wollte genauer wissen, was die Mücken anzieht. Und mit einer pfiffigen Methode vermied er dabei Schmerzen und Blutvergießen: Er nahm mit einer feinen Membran Geruchsproben von der Haut seiner Testpersonen ab. Diese Membran wurde dann als künstliche Haut auf eine Schale mit Rinderblut gelegt. Per Computer wurde jeder Mückenstich in die Kunsthaut registriert.

Das Ergebnis: Auch Butler fand heraus, dass viele Kosmetika Mücken anziehen. Eine Person, die Medikamente zur Senkung des Cholesterinwerts nahm, wurde dagegen von den Insekten abgelehnt. Butler vermutet, dass die Mücken «riechen», welche Menschen über viel Cholesterin und B-Vitamine verfügen – Stoffe, die sie selbst zum

ACHTUNG!
BUTTERSÄURE
MACHT MÜCKEN
WILD, NUR DIE WEIBCHEN STECHEN

Leben brauchen, aber nicht produzieren können. Er schätzt, dass es unter zehn Menschen einen gibt, den die Stechinsekten besonders attraktiv finden.

Natürlich gibt es auch Gerüche, von denen Mücken sich abgestoßen fühlen: Auf denen basieren die natürlichen und künstlichen Antimückenlotionen. Wer nicht zur «Chemie» greifen will, für den empfehlen sich etwa Knoblauch, Lavendel und Eukalyptus.

Süßstoffe machen dick, weil sie den Appetit anregen

Stimmt nicht. Von dieser «Tatsache» hört man immer wieder, und man soll daraus den Schluss ziehen, es sei sinnlos, mit Süßstoffen abnehmen zu wollen. Denn die enthielten zwar keine Kalorien, aber sie würden den Hunger ankurbeln und damit letztlich dick machen. Als Indiz dafür wird gern angeführt, dass künstliche Süßstoffe in der Schweinemast eingesetzt würden. Auch der (angebliche) Mechanismus dieses Effekts wird benannt: Wenn wir «süß» schmecken, bereite sich der Organismus auf eine gewisse Dosis Zucker vor, er produziere schon einmal vorsorglich Insulin. Dadurch aber falle der Blutzuckerspiegel, und der Körper verlange nach Nahrung, um das wieder auszugleichen. Ein Fressanfall sei die Folge.

Der behauptete Zusammenhang zwischen Geschmack und Insulinproduktion ist jedoch eine Legende. Insulin wird von der Bauchspeicheldrüse produziert, und ausgelöst wird diese Produktion nur durch einen hohen Blutzuckerspiegel, nicht durch Geschmackssignale, die aus dem Mund ins Gehirn gelangen. Das wurde in empirischen Studien überprüft.

Nun zu den Schweinen: Diese haben andere Geschmacksknospen als Menschen, und viele unserer gängigen Süßstoffe, etwa Cyclamat und Asprartam, ignorieren die Tiere komplett. Praktisch der einzige

Zuckerersatzstoff, der bei Mensch und Schwein wirkt, ist das Saccharin. Das darf tatsächlich dem Futter von Ferkeln zugesetzt werden, allerdings nur bis zum vierten Lebensmonat, vor der eigentlichen Mastphase. Und es geht dabei auch nicht um Gewichtszunahme, den an die Muttermilch gewöhnten Ferkeln soll vielmehr der teilweise ungewohnte und bittere Geschmack ihres neuen Futters versüßt werden. Akzeptanz der Nahrung im Stall ist also das Ziel, nicht Mast. Nach dem vierten Lebensmonat ist die Fütterung von Süßstoffen nicht mehr erlaubt.

Ob Süßstoffe geeignet sind, das Körpergewicht zu reduzieren, ist eine andere Frage. Kalorienfreie Lebensmittel machen nicht richtig satt und provozieren die Versuchung, sich die Energie woanders zu holen.

Es ist gefährlich, beim Tanken mit dem Handy zu telefonieren

Stimmt nicht. Die Angst vor einer Explosion ist doch eher unbegründet. Es gibt zwei mögliche Wege, über die ein Handy theoretisch die Benzindämpfe, wie sie beim Tanken in der Nähe des Tankstutzens herumwabern, entzünden könnte. Erstens durch das elektromagnetische Feld, das die Antenne erzeugt. Diese Gefahr hat der amerikanische Ingenieursverband im Jahr 2002 untersucht. Ergebnis: Eine metallische Antenne müsste mindestens eine Leistung von sechs Watt abgeben, damit überhaupt die theoretische Möglichkeit einer Entzündung besteht. Die ersten Handys hatten Leistungen um 20 Watt, heute liegen die Werte deutlich unter einem Watt – also keine Gefahr mehr.

Die zweite Möglichkeit: Ein Funke bringt die Dämpfe zur Explosion. Aber weder Klingelton noch Tastendruck erzeugen in einem Mobiltelefon Funken. Denkbar wäre höchstens, dass das Handy auf den Boden fällt und die Batterie herausgleitet. Diesen Fall haben mehrere Forschungsinstitute untersucht. Der übereinstimmende Tenor: theoretisch möglich, praktisch nicht relevant. Funken beim Tanken haben zwar schon zu Unfällen geführt, aber die entstanden, weil ein elektrostatisch aufgeladener Fahrer an die Zapfpistole oder den Einfüllstutzen fasste.

Und was ist mit den angeblich dokumentierten Fällen, in denen Autofahrer mit ihrem Handy Tankstellen in Brand gesetzt haben? Diese Beispiele, von denen in Internetrundmails die Rede war (teilweise unter dem – gefälschten – Absender der Firma Shell), sind alle nicht dokumentierbar. Das amerikanische Petroleum Equipment Institute hat 150 Fälle von Entzündungen untersucht, bei denen es keine offene Flamme gegeben hatte – in keinem Fall konnte ein Handy dafür verantwortlich gemacht werden. Die wenigen Brandfälle an Tankstellen, bei denen ein eingeschaltetes Mobiltelefon an der Unfallstelle zugegen war (was heute ohnehin höchst wahrscheinlich ist), konnten auf andere Ursachen zurückgeführt werden. Zu einem ähnlichen Ergebnis kam der Forscher Adam Burgess von der englischen University of Kent, der 243 Tankstellenbrände untersuchte.

Wenn der Tankstellenpächter den Handybetrieb untersagt, sollte man sich dran halten, um Ärger zu vermeiden – einen plausiblen Grund dafür gibt es aber nicht.

Man kann sich mit benutzten Taschentüchern immer wieder selber anstecken

Stimmt nicht. Der Gebrauch von Stofftaschentüchern ist ja in den letzten Jahren erheblich zurückgegangen, und so laufen heute wohl kaum noch verschnupfte Zeitgenossen mit triefenden Tüchern in der Tasche herum. Das ist sicherlich aus ästhetischen Gründen zu begrüßen – mit dem Risiko der Selbstansteckung hat es jedoch nichts zu tun, auch wenn viele Mütter das immer wieder beteuern.

Wenn der Körper den Schnupfen bekämpft, erklärt Susanne Polywka von der Hamburger Universitätsklinik, dann baut er Antikörper gegen die Viren auf. Sind alle Viren besiegt, ist der Schnupfen vorbei, und das gleiche Virus kann demselben Menschen für lange Zeit nichts mehr anhaben. Auch das Risiko einer zusätzlichen Infektion durch Bakterien, die sich auf dem Rotzlappen vermehren, hält die Ärztin für vernachlässigbar. Allenfalls bei einer echten Influenza bestünde die Gefahr einer solchen zusätzlichen Infektion.

Eine wirkliche Selbstansteckung ist nur möglich, wenn die Virusinfektion lokal begrenzt ist. Das ist etwa bei Warzen der Fall.

Wenn man vor dem Tauchen die Brille mit Spucke einreibt, beschlägt sie nicht so schnell

Stimmt. Manche glauben ja, dass es eine Art Ritual ist, wenn Taucher vor dem Tauchgang in ihre Brille spucken – so wie Schauspieler einander über die Schulter spucken, bevor sie auf die Bühne gehen. Aber bei den Tauchern ist der Brauch kein abergläubisches Ritual, sondern durchaus wirksam!

Die Schwimm- oder Taucherbrille beschlägt von innen, weil die Luft, die in ihr enthalten ist, wärmer ist als das Wasser, in dem man schwimmt. Das Wasser kühlt das Brillenglas, das Glas kühlt die Luft, und kühle Luft kann nicht so viel Wasserdampf aufnehmen wie warme – also kondensiert das überschüssige Wasser am Glas.

Kann der Speichel auf der Brille nun diesen Niederschlag verhindern? Nein. Aber die in ihm enthaltenen Glykoproteine setzen die Oberflächenspannung des Wassers herab, ähnlich wie Spülmittel. Das führt dazu, dass sich beim Kondensieren nicht viele kleine Tröpfchen bilden und die Sicht behindern, sondern es entsteht ein Flüssigkeitsfilm, der irgendwann nach unten abfließt. Genauso wie beim Spülen mit Spülmittel keine Tropfen auf dem Glas bleiben, die beim Trocknen Flecken hinterlassen, sondern ein gleichmäßig abfließender Film. Man könnte also statt der Spucke auch Spülmittel oder Shampoo benutzen – aber das ist ja nicht immer zur Hand, und außerdem könnten Reste davon in den Augen brennen.

Noch einen Vorteil hat der Speichel: Man kann die Brille nach dem Spucken ruhig mit Wasser ausspülen. Die Proteine sind nicht wasserlöslich, sodass die Schutzschicht auch dieses kurze Bad übersteht.

Zerkratzte Teflonpfannen können krebserregende Stoffe freisetzen

Stimmt nicht. In der zerkratzten Pfanne mögen Spiegeleier leichter anbacken, aber Gesundheitsschäden bis hin zum Krebs muss niemand befürchten.

Ich hatte schon bei anderer Gelegenheit geklärt, dass Teflon – kurz für Polytetrafluorethylen – kein Abfallprodukt der Raumfahrt ist, sondern schon 1938 erfunden wurde. Seine Nützlichkeit liegt in der Tatsache, dass es mit kaum einem anderen Stoff reagiert, weder mit dem Bratgut noch mit unseren Verdauungssäften. Diese Eigenschaft hat der Stoff im Bereich von minus 200 bis plus 260 Grad. Um höhere Temperaturen zu erzielen, müsste man die Pfanne schon eine ganze Zeitlang auf dem Gasherd gezielt überhitzen, schreibt die des Abwiegelns unverdächtige Zeitschrift *Öko-Test* unter Berufung auf Experten, die es wissen müssen. Erst in diesem Extremfall beginnt die Teflonschicht sich zu zersetzen – egal, ob angekratzt oder nicht. Dann können tatsächlich giftige und krebserregende Substanzen freigesetzt werden und akut grippeähnliche Symptome, das sogenannte Teflonfieber, herbeiführen. Solche Fälle sind aber bislang nur bei Arbeitern in der Industrieproduktion bekannt geworden. Das gewöhnliche Spiegelei bleibt weit unter der kritischen Temperatur, und da könnte man sogar ganze Teflonstückchen mitessen, ohne dass es dem Körper schaden würde.

Der erste von Philipp Reis per Telefon übertragene Satz war: «Pferde fressen keinen Gurkensalat.»

Stimmt im Prinzip. Nur hat nicht Philipp Reis den Ausspruch getan, und es war auch nicht der erste Satz.

Die Geschichte von Reis' ersten Experimenten ist zwar nur durch Erzählungen überliefert, aber Experten wie Oskar Blumtritt vom Deutschen Museum halten sie für durchaus glaubwürdig.

Johann Philipp Reis war ein Lehrer, der autodidaktisch seine wissenschaftlichen Kenntnisse vervollkommnete. Er interessierte sich sehr für das Funktionsprinzip des menschlichen Ohrs, sein Gerät zur Übertragung von Schallwellen war eigentlich nur ein Abfallprodukt dieser Forschungen. Demnach demonstrierte Reis seine neue Erfindung zunächst, indem sein Schwager vom Garten aus ein Buch vorlas, und Reis wiederholte vor dem Publikum den Text, der aus dem Empfänger krächzte.

Reis' Lehrerkollege Heinrich Friedrich Peter wandte ein, dass der Erfinder vielleicht das Buch auswendig kenne. Der Zweifler ging daraufhin selbst zum Telefon und sprach ein paar möglichst sinnfreie Sätze hinein: «Die Sonne ist von Kupfer» und eben «Das Pferd frisst keinen Gurkensalat». Übrigens soll Reis nicht verstanden haben, was das Pferd nun frisst, und statt «Kupfer» hörte er «Zucker» – aber die Zuhörer waren trotzdem begeistert.

Diese Privatvorführung muss irgendwann um 1860 stattgefunden haben. Am 26. Oktober 1861 fand dann eine Präsentation vor dem

DIE SONNE IST VON KUPFER. DAS PFERD FRISST KEINEN GURKENSALAT.
DA SPRICHT JEMAND IM GARTEN INS ERSTE TELEFON.
ERSTE TELEFON-ZELLE WÄRE MIR LIEBER.

Frankfurter Physikalischen Verein statt. In der Folge baute Reis eine Vielzahl seiner Apparate, die er als wissenschaftliche Demonstrationsobjekte in alle Welt verkaufte. Auch Alexander Graham Bell experimentierte mit einem Reis-Apparat. Als Bell 1876 das Telefon patentieren ließ, war Philipp Reis schon zwei Jahre tot – mit nur 40 Jahren war er gestorben, ohne den Siegeszug seiner Erfindung mitzuerleben oder gar kommerziell von ihr zu profitieren.

Wenn man den Thermostat der Heizung voll aufdreht, wird die Wohnung schneller warm

Stimmt nicht. Viele Menschen haben den Unterschied zwischen einem Wasserhahn und einem Thermostaten nicht verstanden. Früher hatten die Heizungen tatsächlich ein Ventil, das wie ein Wasserhahn funktionierte: Je weiter man es aufdrehte, umso mehr heißes Wasser floss durch den Heizkörper, und entsprechend wärmer wurde es im Raum. Das führte zu gigantischer Energieverschwendung, weil die Stärke der Heizung nicht mit der Raumtemperatur rückgekoppelt wurde.

Seit vielen Jahren aber sind bei uns Thermostatventile vorgeschrieben. Die übernehmen das Auf- und Zudrehen des Wasserflusses: Im Prinzip kennt ein Thermostat nur zwei Zustände: «Ventil auf» und «Ventil zu». Ist das Zimmer kalt, lässt er Wasser fließen, und wenn die gewünschte Temperatur erreicht ist, stellt er den Zustrom ab. Dreht man den Thermostaten voll auf, wird also nicht stärker geheizt – es wird nur die Wunschtemperatur höher eingestellt.

Ich schrieb «im Prinzip» – auch ein Thermostat hat einen kleinen Bereich, in dem er den Fluss kontinuierlich regelt. Wenn man zum Beispiel eine Wunschtemperatur von 20 Grad einstellt und es im Raum 12 Grad kalt ist, dann wird das Ventil bis 19 Grad praktisch den vollen Durchfluss haben und dann erst langsam zumachen. In einem engen Bereich von wenigen Grad um die Wunschtemperatur arbeitet das Ventil also kontinuierlich – ansonsten kann man es als einen Ein-Aus-Schalter betrachten. In der Praxis wird es der Mensch nicht schaffen, durch manuelles «Nachregeln» effektiver und schneller als ein Heizkörperventil den Raum zu erwärmen.

Man sollte Tiefkühlkost nach dem Auftauen nicht wieder einfrieren

Stimmt nicht. Ein typisches Beispiel dafür, dass ein gut gemeinter und sinnvoller Ratschlag, wenn er zu wörtlich genommen wird, zu absurdem Verhalten führen kann. Wer ein aufgetautes Stück Fleisch lieber zwei Tage im Kühlschrank aufbewahrt, weil es durchs Wiedereinfrieren gesundheitsschädlich werden könnte, gefährdet sich sogar eher.

Die entsprechenden Hinweise auf allen europäischen Tiefkühlpackungen sind nur als Warnung gedacht – und sollen vielleicht auch die Hersteller vor Schadenersatzforderungen bewahren. Denn anders als beim Kochen werden beim Einfrieren die Mikroorganismen, Bakterien oder Salmonellen, in der Nahrung nicht getötet. Sie fallen bei minus 18 Grad nur in Kältestarre und können nach dem Auftauen ihr übles Werk weiter tun. Essen, das schon «Antauschäden» hat (so heißt das in der Fachsprache), wird also durchs Einfrieren nicht wieder genießbar. Außerdem macht das mehrfache Auftauen die Nahrung weder ansehnlicher noch vitaminreicher. Deshalb ist es sinnvoll, nur so viel aufzutauen, wie man wirklich essen will.

Für den Fall, dass man dann doch etwas ein zweites Mal einfrieren will, gibt der *AID-Verbraucherdienst* ein plausibles Kriterium: «Das Wiedereinfrieren ist aus hygienischer Sicht immer dann möglich, wenn die Frage: ‹Könnte das Lebensmittel jetzt zubereitet und/oder verzehrt werden?› mit einem uneingeschränkten Ja beantwortet werden kann.»

Im Moment des **Todes** wird der Mensch um 21 Gramm leichter

Stimmt nicht. Im Jahr 2003 kam der Film «21 Gramm» heraus – eine Anspielung auf Versuche, die der amerikanische Arzt Duncan MacDougall aus Havenhill im US-Staat Massachusetts im Jahr 1907 durchführte (der Film hat außer dem Titel mit der Geschichte nichts zu tun). MacDougall war davon überzeugt, dass die menschliche Seele eine materielle Substanz hat, die folglich im Augenblick des Todes den Körper gen Himmel, Hölle oder Fegefeuer verlässt. Um das zu beweisen, stellte er ein Bett auf vier Waagen, suchte sich sechs Patienten, die an einer schweren Krankheit wie Tuberkulose oder Diabetes im Endstadium litten, und maß dann das Gewicht vor und nach dem Ableben der Probanden. Bei einem der Sterbenden stellte er tatsächlich einen Gewichtsverlust von einer Dreiviertelunze im Moment des Todes fest – und das sind ziemlich genau 21 Gramm.

Doch die Ergebnisse variierten von Patient zu Patient, und die Messgenauigkeit war viel zu schlecht. Trotzdem hielt der Arzt an seinen Ideen fest, machte Experimente mit 15 Hunden, und seine Geschichte schaffte es bis in die *New York Times* und das Fachblatt *American Medicine*. Ein paar Jahre später wurde berichtet, dass der Arzt nun sogar versuche, die Seele zu fotografieren. Sie strahle ein Licht ab, das an den «interstellaren Äther» erinnere. Offenbar hatte sich Einsteins Relativitätstheorie noch nicht bis zu ihm herumgesprochen, die 1905 ein für alle Mal mit der Vorstellung des Äthers aufräumte. Heute werden MacDougalls Versuche nur noch als makabres Werk eines sektiererischen Spinners angesehen.

Die Mehrheit der Deutschen ist für die Todesstrafe

Stimmt nicht. Ein beliebtes Argument gegen die Einführung von «plebiszitären Elementen», also von direkten Volksabstimmungen in Deutschland, lautet: Dann hätten wir sofort wieder die Todesstrafe! Das Volk ließe sich von niederen Emotionen wie der Rachsucht treiben, im Gegensatz zu den rational operierenden Volksvertretern.

Während man durchaus gegen Volksentscheide argumentieren kann und das Volk in einigen Fragen wohl tatsächlich anders abstimmen würde als seine Vertreter, zum Beispiel über Abgeordnetendiäten – die Frage der Todesstrafe ist heute kein gutes Argument mehr gegen den Plebiszit. Unter dem Eindruck des RAF-Terrors ermittelte der *Stern* noch 1977 eine Mehrheit von 67 Prozent für die Todesstrafe, aber in den letzten Jahren waren in Umfragen stets die meisten Deutschen dagegen. Sie ließen sich in ihrer Überzeugung auch nicht durch Berichte über besonders verachtenswürdige Verbrecher erschüttern und blieben zum Beispiel fest, als Saddam Hussein hingerichtet wurde: Eine breite Mehrheit von 76 Prozent sprach sich im Januar 2007 in einer *Spiegel*-Umfrage prinzipiell gegen die Todesstrafe aus. Auf die Frage nach der angemessenen Strafe für den brutalen Diktator selbst hielten noch 49 Prozent dessen Hinrichtung für ungerechtfertigt (46 Prozent fanden sie richtig).

Ein ähnliches Ergebnis brachte im selben Monat eine Umfrage des *Kölner Stadt-Anzeigers* im Zusammenhang mit der Begnadigung von RAF-Terroristen – 70 Prozent waren gegen die Todesstrafe, 22 Prozent (im Osten: 31 Prozent) sprachen sich dafür aus. Man kann also davon ausgehen, dass die Ächtung der Hinrichtung inzwischen bei uns eine breite Mehrheit hat. Von den Meinungsforschungsinstituten wird die Frage in Umfragen schon gar nicht mehr routinemäßig gestellt.

Der überwiegende Teil des Konsums von Tomatensaft findet an Bord von Flugzeugen statt

Stimmt nicht. Aber es ist erstaunlich viel. Meine Zahlen stammen aus dem Jahr 2003, stimmen aber wohl heute noch: Die Lufthansa schenkte 2003 etwa 1,2 Millionen Liter Tomatensaft an ihre Passagiere aus. Ein Teil davon wird im Ausland konsumiert, dafür schenken andere Fluggesellschaften Saft über deutschem Boden aus – nehmen wir also einfach mal diese Zahl als Wert für den deutschen Luftraum. Um den Verbrauch auf dem Boden zu berechnen, greifen wir auf eine Statistik des Verbandes der deutschen Fruchtsaftindustrie zurück: Demnach trank jeder Deutsche im selben Jahr durchschnittlich knapp einen Liter Gemüsesaft. Gehen wir davon aus, dass die Hälfte davon Tomatensaft ist, dann werden insgesamt etwa 40 Millionen Liter T-Saft getrunken. Also sind etwa drei Prozent davon über den Wolken ausgeschenkt worden. Das ist weit weniger als die Hälfte, aber sehr viel, wenn man bedenkt, wie wenig Zeit der Durchschnittsdeutsche im Flugzeug verbringt. Beim Orangensaft beträgt der «Luftanteil», auf dieselbe Weise von mir errechnet, nur etwa 0,4 Prozent!

Warum wird in der Luft so überdurchschnittlich viel Tomatensaft getrunken? Eine mögliche Erklärung: Im Flugzeug haben viele Leute ein flaues Gefühl im Magen, da greift man statt zum kalten Saft lieber zu dem bekömmlicheren Getränk. Im Frühjahr 2010 veröffentlichte die Aromachemikerin Andrea Burdack-Freitag vom Fraunhofer-Institut für Bauphysik in Holzkirchen eine Studie, der zufolge der Tomatensaft in der Luft einfach besser schmeckt: Bei Niederdruck – der Kabinendruck entspricht in etwa dem Luftdruck in 2000 Meter Höhe – schmeckte der Saft fruchtiger und süßer als am Boden. Die Fluggesellschaften berichten aber auch, dass das Verlangen nach dem roten Saft offenbar ansteckend ist – wenn einer mit Tomate anfängt, geht das wie eine Welle durch die ganze Kabine.

Am Toten Meer bekommt man keinen Sonnenbrand

Stimmt nicht. Kurz nachdem ich die Antwort auf diese Frage in der *ZEIT* veröffentlicht hatte, bekam ich die folgende E-Mail eines Lesers: «Ich war am Toten Meer, und am ersten Tag bin ich beim Sonnenbaden für knapp eine Stunde eingeschlafen. Beim Aufwachen war mein ganzer Oberkörper verbrannt, ich war komplett rot, und ich konnte tagelang nachts vor Schmerzen kaum schlafen.»

Aber ich hatte mich auch entsprechend vorsichtig ausgedrückt: Die schädliche Strahlung mag dort reduziert sein, gänzlich harmlos ist sie nicht. Das Ufer des Toten Meers in Israel ist die tiefstgelegene Stelle auf der Landmasse der Erde – 400 Meter unter dem Meeresspiegel. Das Wasser dieses Sees ohne Abfluss zum Meer ist das salzigste der Welt, und die Kombination aus Salzwasser und Sonnenlicht ist eine gute Therapie gegen allerlei Hautkrankheiten, vor allem die Schuppenflechte. Und dazu trägt tatsächlich bei, dass man am Toten Meer zumindest sehr viel länger in der Sonne bleiben kann als anderswo, ohne einen Sonnenbrand zu bekommen.

Sonnenbrand wird durch ultraviolette Strahlen erzeugt. Dabei unterscheidet man innerhalb des UV-Spektrums noch die Bereiche UVA und UVB. Für die Bräunung (und auch für die Schädigung) der Haut sind beide Bänder verantwortlich, aber den Sonnenbrand erzeugen nur die kurzwelligen UVB-Strahlen – und just die werden von der Atmosphäre über dem Toten Meer besonders gut absorbiert. Es kommen 30 Prozent weniger am Boden an als im nahe gelegenen Beerscheba, das 300 Meter über dem Meeresspiegel liegt.

Es gibt zwei Gründe für diese verstärkte Absorption: Erstens müssen die Sonnenstrahlen am Toten Meer eine dickere Luftschicht durchqueren. Und zweitens verdunsten aus dem See durch die Hitze ständig große Mengen Wasser, das dann als Dunstschleier in der Luft hängt und besonders gut UVB-Strahlen schluckt.

Auch wenn die UV-Therapie etwa Psoriasis-Kranken empfohlen wird – harmlos ist sie nicht. Der Sonnenbrand hat auch eine Warnfunktion, und so läuft man am Toten Meer Gefahr, zu viele Strahlen abzubekommen.

Bei einem Transatlantikflug bekommt man mehr Strahlen ab als bei einer Lungen-Röntgenaufnahme

Stimmt. Die Erde ist einem Dauerbeschuss von geladenen Teilchen aus dem Weltall ausgesetzt, der kosmischen Strahlung. Auf der Erdoberfläche kommt nicht viel davon an, weil das Magnetfeld der Erde den größten Teil ablenkt. Gefährlicher wird die Strahlung in großer Höhe sowie in der Nähe der Pole – dort münden die Magnetfeldlinien in den Globus, und die Strahlung gelangt in tiefere Luftschichten. Die amerikanische Luftaufsichtsbehörde hat berechnet, dass die Strahlenbelastung bei einem Flug von Frankfurt nach New York etwa zwei Thorax-Aufnahmen entspricht, bei einem Flug über die Polarroute nach San Francisco sogar drei.

Das klingt zunächst nach sehr viel. Und es ist auch so, dass es grundsätzlich keine «ungefährliche» Strahlung gibt – schon die kleinste Dosis kann Zellen schädigen, und deshalb tut man gut daran, der Strahlung, so gut es geht, aus dem Weg zu gehen. Setzt man aber die Größenordnungen in Beziehung zueinander, dann kann man sagen: Tatsächlich relevant wird diese Höhenstrahlung nur für Menschen, die sehr viel fliegen, vor allem für Flugbegleiter und Piloten. Die Physikalisch-Technische Bundesanstalt hat ausgerechnet, dass für diese Personengruppe die durchschnittliche jährliche Strahlenbelastung fünf Millisievert beträgt – ein Viertel mehr, als der Durchschnittsbürger abbekommt. Sollte man wegen der Strahlenbelastung auf Langstreckenflüge verzichten? Wer dieses Risiko scheut, sollte auch anderen Strahlenquellen aus dem Weg gehen und zum Beispiel nicht mehr ins Gebirge fahren oder gar dort wohnen. Gegenüber der Zusatzdosis, die er dort bekommt, sind die Strahlen im Flugzeug vergleichsweise gering.

Traubensaft hat dieselben gesundheitlichen Vorteile wie Rotwein

Stimmt. Dass mäßiger Genuss von Rotwein offenbar der Verstopfung von Blutgefäßen und damit dem Herzinfarkt vorbeugt, ist seit einigen Jahren bekannt. Ein bis zwei Gläser am Tag, das ist inzwischen in der Medizin anerkannt, sind der Gesundheit durchaus förderlich.

Aber natürlich hat Alkohol auch negative Wirkungen. Deshalb begannen Forscher, sich mit der Frage zu beschäftigen, ob der zuträgliche Effekt nicht auch durch das alkoholfreie Ausgangsprodukt des Rotweins erzielt werden könne. Alkohol hat zwar schon für sich genommen eine gefäßerweiternde und damit den Blutfluss verbessernde Wirkung, allerdings kommt diese erst in Konzentrationen zur Entfaltung, die kein Arzt guten Gewissens empfehlen würde. Außerdem wirkt weißer Wein längst nicht so gut wie Rotwein.

Es sind offenbar vor allem in den Schalen roter Reben steckende Polyphenole und Flavonoide, die vor der Arteriosklerose schützen. Die Schalen und damit diese gesunden Stoffe werden beim Rotwein mitgekeltert und sind auch im roten Traubensaft enthalten. Eine amerikanische Pharmafirma arbeitet bereits an ähnlichen Wirkstoffen mit stärkerer Schutzwirkung, die künftig als Tablette eingenommen werden sollen. Österreichische Forscher testeten im Reagenzglas, wie Wein und Saft in die Aktivierung von Immunzellen im Blut eingreifen. Im *Journal für Ernährungsmedizin* berichteten sie, dass beide Traubenprodukte die Immunreaktion unterdrückten, reiner Alkohol dagegen nicht.

Auch an lebenden Objekten wurde die positive Wirkung von rotem Traubensaft demonstriert – an Hamstern und Hunden, bei denen künstlich eine Arteriosklerose erzeugt worden war. Und schließlich wurden in der Zeitschrift *Circulation* die Ergebnisse zweier Studien veröffentlicht, in denen menschlichen Probanden etwa zwei Gläser Traubensaft pro Tag verabreicht wurden. Die Resultate waren durchweg gut – schon nach zwei Wochen hatten sich die Blutwerte erheblich verbessert. Daraus kann man schließen: Es muss nicht immer Alkohol sein.

Manche Menschen träumen schwarzweiß, andere in Farbe

Stimmt nicht. Schlafforscher gehen davon aus, dass fast alle Menschen so träumen, wie sie auch sehen – und das heißt in Farbe. Vor der Erfindung der Fotografie hätte niemand mit der Frage «Träumen Sie in Schwarzweiß?» überhaupt etwas anfangen können – dass es Bilder in Graustufen gibt, liegt ja zunächst an der Unzulänglichkeit der frühen Foto- und Fernsehtechnik. Der amerikanische Forscher Eric Schwitzgebel hat Traumberichte aus allen Jahrzehnten des 20. Jahrhunderts ausgewertet und festgestellt, dass Berichte über schwarzweiße Träume erst mit dem Kino aufkommen. Am höchsten war ihre Zahl in den fünfziger Jahren, als das Schwarzweißfernsehen seine große Zeit hatte.

Dass die Menschen, die von Schwarzweißträumen berichten, im Schlaf ihr Leben tatsächlich grau in grau sehen, bezweifelt auch der Traumforscher Michael Schredl vom Zentralinstitut für Seelische Gesundheit in Mannheim. «Es ist eine Frage der Erinnerung», sagt Schredl. Menschen, die sich häufig und gut an ihre Träume erinnern können, würden sich auch eher an farbige Details erinnern. Angeblichen Schwarzweißträumern gibt er den Tipp: «Schauen Sie noch einmal genauer hin!» Dann würde den meisten auffallen, dass etwa die Gesichter der Menschen im Traum nicht grau sind, sondern genauso fleischfarben wie im richtigen Leben.

Man soll zum Essen nichts trinken

Stimmt nicht. Viele können sich ein feines Essen nicht vorstellen, ohne dass ein gutes Glas Wein neben dem Teller steht oder – im Alltag – zumindest ein Glas Wasser. Dagegen wird dann oft die Regel

vorgebracht, man solle zum Essen nichts trinken, weil das die Verdauung behindere.

Sicher ist es nicht sinnvoll, das Essen mit Flüssigkeit «herunterzuspülen». Abgesehen davon, dass das ohnehin als barbarisch einzustufen ist: Das Kauen dient nicht nur der Zerkleinerung des Essens, sondern die Enzyme im Speichel beginnen es schon im Mund zu zersetzen. Und wer gut kaut, der braucht keine zusätzliche Flüssigkeit, um das Essen leicht herunterzuschlucken. Kleine Schlucke dazwischen schaden aber überhaupt nicht – im Gegenteil, sie regen sogar die Speichelproduktion an.

Das zweite Argument: Durch Getränke werde die Magensäure verdünnt, und das behindere die Verdauung. Unser Magensaft enthält Salzsäure sowie Enzyme, die die Nahrung aufspalten, und dieser Mix wird tatsächlich durch Wasser verdünnt und damit weniger effektiv. Relevant wird das allerdings nur bei großen Flüssigkeitsmengen – ein oder zwei Gläser zum Essen sind völlig unbedenklich.

Insbesondere Kindern, die viel Flüssigkeit benötigen, sollte man beim Essen nicht das Trinken verbieten. Die Eltern sollten bestimmen, was ihre Kinder zum Essen trinken, also Wasser oder verdünnten Saft statt überzuckerter Getränke – wie viel sie trinken, kann man ihnen getrost selbst überlassen.

Die «unbefleckte Empfängnis» bezieht sich auf die Jungfräulichkeit Marias

Stimmt nicht. Das Fest der «unbefleckten Empfängnis» Marias, das die Katholiken jedes Jahr am 8. Dezember feiern, hat nichts mit dem Zeugungsakt zu tun, insbesondere auch nicht mit dem Glaubensdogma, dass Maria als Jungfrau schwanger wurde und Jesus gebar. Hintergrund der Sache ist ein seit dem Mittelalter schwelender Streit in der katholischen Kirche über die Frage, wie denn Maria, die ja eigentlich mit der Erbsünde behaftet sein musste, die Mutter des Gottessohns sein konnte.

Dass eine sündige Frau den Heiland geboren hätte, war für die Kirchenoberen unvorstellbar. Es galt also, Maria von dieser Sünde zu befreien, und dafür gab es zwei Möglichkeiten: einmal eine «göttliche Reinigung» *(sanctificatio Mariae)* rechtzeitig vor der Niederkunft, oder eben die Annahme, dass Maria bereits ab dem Zeitpunkt ihrer Zeugung (die auf ganz konventionelle Weise stattfand) frei von Sünde war – eben die «Unbefleckte Empfängnis» *(immaculata conceptio).* Die erste Variante wurde vor allem von den Dominikanern vertreten, die zweite von den Franziskanern. Seit dem 15. Jahrhundert tobte ein ideologischer Streit zwischen diesen beiden Fraktionen. Die meisten Päpste hielten sich aus dem Streit heraus, erst Papst Pius IX. sprach 1854 ein Machtwort. Seine Bulle *Ineffabilis Deus* sagte klipp und klar, dass «die seligste Jungfrau Maria im ersten Augenblick ihrer Empfängnis durch ein einzigartiges Gnadenprivileg des allmächtigen Gottes ... von jedem Schaden der Erbsünde unversehrt bewahrt wurde». Dies sei «von Gott geoffenbart und darum von allen Gläubigen fest und beständig zu glauben». Damit war die Angelegenheit zumindest für Katholiken ein für alle Mal geklärt.

Es gibt eine Substanz, mit der man Urin in Schwimmbädern sichtbar machen kann

Stimmt nicht. Die Mär vom «Urin-Indikator» im Schwimmbad ist nicht totzukriegen, aber es handelt sich nur um ein Ammenmärchen, das wohl vor allem Kinder dazu bringen sollte, ihren Schließmuskel im Pool unter Kontrolle zu halten.

Einen solchen Indikator gibt es nicht, betont Alan Schuster, ein Fachmann für Schwimmbadzubehör, der auf seiner Website Fragen rund um den Swimmingpool beantwortet. Zwar könnte man sicherlich eine Chemikalie entwickeln, die sensibel auf geringe Spuren von Urin reagiert, aber sie würde dann mindestens ebenso oft auf andere Substanzen ansprechen und «falschen Alarm» geben.

Doch selbst wenn es einen Stoff gäbe, der das Vorkommen von Urin mit roter oder lila Farbe anzeigte – wäre das nicht sogar ein Anreiz für jugendliche Spaßvögel, die bunten Wolken zu erzeugen und dann mit dem Finger auf andere zu zeigen? «Wenn eine solche Substanz exis-

AN ALLE BADEGÄSTE:
BITTE NICHT INS BECKEN PINKELN!
IHR UNTERWASSERBADEMEISTER
VOM URINWACHTURM.

tierte, wäre jedes öffentliche Schwimmbecken leuchtend lila», zitiert die Website snopes.com einen Bostoner Bademeister.

Auch wenn die Vorstellung eklig ist – Urin im Wasser ist nicht das hygienische Hauptproblem der Schwimmbäder. Die Kolibakterien, die ja einen anderen Ursprung haben, sind viel gefährlicher. Die schlimmste Wirkung beim Pinkeln im Pool ist, dass der Urin zusammen mit dem Chlor im Becken ätzende Chloramine bildet, die für den typischen «Schwimmbadgeruch» verantwortlich sind.

Alle Menschen gehen auf eine gemeinsame Urmutter zurück

Stimmt. Alle Menschen sind miteinander verwandt, und das bedeutet, dass sie gemeinsame Vorfahren haben müssen. Fragt sich nur: Wann lebten die letzten Vorfahren aller heutigen Menschen? Und gab es ein Urpaar, wie es in der Bibel steht?

Seit einigen Jahren geistert der Begriff der «Mitochondrialen Eva» durch die wissenschaftliche Literatur. Während sich bei der Verschmelzung von Ei und Samenzelle mütterliches und väterliches Erbgut vermischen und jeder Zellkern diese Mischung enthält, bekommen wir die DNA der Mitochondrien, der «Kraftwerke» der Zellen, ausschließlich von der Mutter. Und das bedeutet: Verfolgt man die Vorfahren eines Mädchens über ihre Mutter und deren Mutter entlang der weiblichen Linie zurück, dann müsste die mitochondriale DNA stets dieselbe sein, wären da nicht die zufälligen Veränderungen, die Mutationen. Wie häufig solche Mutationen passieren, kann man abschätzen. Außerdem ist bekannt, wie hoch die genetische Variation zwischen den heutigen Frauen ist, und so kann man statistisch ausrechnen, wann die Mutter aller Mütter gelebt hat. Ergebnis: vor etwa 150 000 Jahren.

Eine ähnliche Untersuchung gibt es für den «Adam». Es gibt nämlich auch ein Stück Erbgut, das nur entlang der männlichen Linie weitergegeben wird: Nur Männer haben nämlich ein Y-Chromosom, und das erben sie direkt und praktisch unverändert von ihrem Vater. Untersucht man diese Y-Chromosomen mit ähnlichen statistischen Verfahren, dann kommt man zu dem Schluss, dass der Vater aller Väter vor rund 50 000 Jahren lebte.

Dieser «Adam» und die «Mitochondriale Eva» hatten also nichts miteinander zu tun, sie lebten auch nicht allein auf der Erde, sondern hatten viele menschliche Zeitgenossen – nur starb deren entsprechende Linie eben aus.

Und wenn man sich nicht auf die rein mütterliche oder väterliche Linie beschränkt, sondern für jeden von uns alle Vorfahren, weiblich wie männlich, einbezieht, dann kommt man zu einem frappierenden Ergebnis: In *Nature* wurde 2004 eine Studie veröffentlicht, nach der der jüngste gemeinsame Vorfahre aller heutigen Menschen, von Grönland bis Neuguinea, vor nur 3000 Jahren gelebt hat. Beschränkt man sich auf Europa, so gehen die Forscher von einem Ahnen um das Jahr 1000 nach Christus aus. Jeder von uns ist wahrscheinlich ein Ururururenkel von Karl dem Großen, Konfuzius und den ägyptischen Pharaonen.

«Verbrauchte Luft» enthält weniger Sauerstoff als frische

Stimmt nicht. Man kennt das: Viele Menschen sitzen zusammen in einem Raum, und nach einer Stunde setzt das Gähnen ein. «Lasst doch mal Sauerstoff rein!», ruft dann jemand, und die Fenster werden aufgerissen.

Auch wenn das Lüften die richtige Maßnahme ist: Es ist nicht der mangelnde Sauerstoff, der uns müde macht, und auch nicht die eventuell übelriechenden Ausdünstungen der Mitmenschen. «Verbrauchte

Luft» zeichnet sich vor allem durch einen höheren Anteil an Kohlendioxid aus, und das macht uns schon in sehr kleinen Mengen müde. Wenn wir atmen, dann reichern wir die Luft mit CO_2 an: In der normalen Raumluft sind etwa 21 Prozent Sauerstoff und nur 0,03 Prozent CO_2. Unser Atem dagegen enthält nur noch 14 Prozent Sauerstoff, aber 5,6 Prozent Kohlendioxid – dessen Menge hat sich also mehr als verhundertfacht. Und schon ab 2,5 Prozent CO_2 gilt Luft als toxisch.

Ich habe einmal eine Rechnung aufgestellt, was passiert, wenn zehn Menschen sich in einem 60-Kubikmeter-Raum befinden, der luftdicht abgeschlossen ist. In der Modellrechnung atmet jeder Mensch pro Minute acht Liter Luft ein und wieder aus, jeder also pro Stunde etwa einen halben Kubikmeter. Auf die gesamte Sauerstoffmenge hat das recht wenig Einfluss – nach einer Stunde ist der O_2-Anteil in der Luft von 21 auf 20,3 Prozent gesunken. Aber der Kohlendioxidgehalt hat sich mehr als verzehnfacht: von 0,03 Prozent auf 0,5 Prozent. Da stirbt zwar noch niemand, aber es schlägt eindeutig aufs Wohlbefinden.

In abgeschlossenen Räumen steigt nicht nur der Kohlendioxidgehalt, sondern auch der Anteil an flüchtigen organischen Substanzen (sogenannten VOCs) stark an – ein Begriff, mit dem die Chemiker ein ganzes Sammelsurium von Verbindungen bezeichnen. Dazu gehört etwa die Essigsäure, die unter dem Verdacht steht, besonders müde zu machen und die Konzentrationsfähigkeit zu senken. Aber egal ob VOCs oder CO_2: Am mangelnden Sauerstoff liegt es nicht, wenn wir über «verbrauchte Luft» klagen.

Im «verflixten» siebten Jahr einer Ehe gibt es besonders viele Ehescheidungen

Stimmt. Das Statistische Bundesamt listet alljährlich die Zahl der Ehescheidungen in Deutschland auf und differenziert dabei auch nach der Dauer der jeweiligen Ehe. Und siehe da: Die absolut größte Zahl der geschiedenen Ehen, nämlich 6,4 Prozent, hatte im Jahr 2001 sechs Jahre gehalten – und mit dem sechsten Hochzeitstag beginnt ja bekanntlich das «verflixte siebte Jahr». Die Zahlen für fünf- und siebenjährige Ehen liegen allerdings dicht auf.

Das ist jedoch nur eine grobe Näherungszahl. Will man einen mathematisch genaueren Wert angeben, muss man auch noch berücksichtigen, wie viele Ehen denn in den unterschiedlichen Jahren geschlossen wurden, und die Scheidungsquote darauf beziehen. Diese Rechnung hat Dieter Emmerling vom Statistischen Bundesamt aufgemacht, und sie bestätigt den ersten Eindruck: Die Zahl der Ehescheidungen steigt bis zum Jahr sechs jährlich steil an, findet dort ihr Maximum bei etwa 2,9 Prozent und fällt dann allmählich ab. Insgesamt wird übrigens etwa jede dritte Ehe irgendwann geschieden.

Bevor man dem Volksmund allzu voreilig recht gibt, muss man aber noch bedenken, dass der Ehescheidung gewöhnlich eine Trennungszeit von mindestens einem Jahr vorausgeht. Also «muss der Grund für das Zerbrechen der Ehe in den meisten Fällen mindestens ein Jahr zuvor eingetreten sein», schreibt Emmerling. Die Partner sollten deshalb lieber schon im fünften Jahr auf der Hut sein, wenn sie nicht im siebten die Ehe nur noch formal abwickeln wollen.

Der Ausdruck «etwas bis zur Vergasung tun» bezieht sich auf die Judenvernichtung

Stimmt nicht. Vergasung ist, nüchtern-technisch betrachtet, die teilweise Überführung eines flüssigen oder festen Stoffes in ein gasförmiges Endprodukt. Dieser Begriff ist seit dem 19. Jahrhundert im Gebrauch, und auch die Redewendung «bis zur Vergasung» im Sinne von «bis zum Überdruss» führt der einschlägige Duden-Band auf diesen Ursprung zurück. Sie wurde schon vor der Judenvernichtung benutzt. Ein Leser meiner *ZEIT*-Kolumne schrieb mir, die ursprüngliche Formulierung laute «bis zur kalten Vergasung» – gemeint sei damit die Sublimation, bei der feste Stoffe direkt in den gasförmigen Zustand übergehen, zum Beispiel wenn Eis «wegtrocknet». Dieser Prozess läuft sehr langsam ab, man braucht also viel Geduld.

Die Bedeutung «mit Gas umbringen» erhielt das Wort «vergasen» im Ersten Weltkrieg, als erstmals Giftgas militärisch eingesetzt wurde. Damals tauchte die Redewendung auch erstmals auf Feldpostkarten auf – sie ist also eindeutig vor der Nazizeit entstanden.

Aber darf man mit diesem etymologischen Hinweis seinen gedankenlosen Sprachgebrauch rechtfertigen? Die Debatte wurde in den 60er Jahren schon einmal geführt, als der Sprachwissenschaftler Peter von Polenz in einer Studie behauptete, der Nationalsozialismus habe keine Auswirkungen auf den modernen Sprachgebrauch, «einige überempfindliche Sprachkritiker» sollten sich nicht so anstellen – das war gemünzt auf Leute wie den Schriftsteller Hans Magnus Enzensberger, der fassungslos beobachtete, dass «Leute, die in deutschen Vorortzügen sitzen», den Ausdruck offenbar ganz naiv benutzten.

Alfred Andersch hat 1971 den Roman «Efraim» geschrieben, in dem der jüdische Icherzähler auf einer Party hört, wie jemand davon redet, er könne die ganze Nacht «bis zur Vergasung» durchfeiern. Efraim stellt den Mann zur Rede, versetzt ihm einen Kinnhaken und argumentiert dann, «dass man kein kompliziertes politisches, sondern ein einfaches moralisches Bewusstsein braucht, um gewisse Wörter zu vermeiden». Und das gilt unabhängig von deren ursprünglicher Herkunft.

Im Schloss von Versailles gab es früher keine Toiletten

Stimmt nicht. Die Legende von der so unhygienischen Barockzeit, der zufolge die Adligen nicht nur Kamine oder Vorhangverstecke, sondern auch die herrschaftlichen Zimmer und Gärten als Toilette nutzten, ist aber offenbar nicht totzukriegen.

Die Wahrheit ist: Sicherlich hatte man damals ein anderes Verständnis von Hygiene als heute, und vor allem die einfachen Menschen haben nach unseren Begriffen vermutlich oft gestunken. Auch wenn ein regelmäßiges Bad damals nicht unbedingt an der Tagesordnung war – das Schloss verfügte über prachtvolle Baderäume, die Krönung war eine riesige achteckige Marmor-Badewanne. Gerade der «Sonnenkönig» Ludwig XIV. war nach den Maßstäben der damaligen Zeit ein Sauberkeitsfanatiker. Dreimal täglich wechselte er die Wäsche und ließ sich dabei mit Spirituswasser abreiben.

Was nun die Frage nach den Klos betrifft: Es gab sehr wohl Toiletten im Schloss von Versailles, außerdem in den Privatgemächern teilweise kunstvoll verzierte Toilettenstühle. Dass die Adligen «einfach so» ihre Notdurft verrichteten, ist also barer Unsinn. Ludwigs Schwägerin Liselotte von der Pfalz beschwerte sich einmal darüber, dass unter ihrem Fenster die Wachen urinierten. Dass der Vorfall überhaupt eine Erwähnung wert war, zeigt, dass so etwas auch damals als ungebührlich galt.

Beim Obst sitzen die Vitamine vor allem unter der Schale

Stimmt. Das Schälen von Äpfeln oder Birnen führt tatsächlich dazu, dass man wertvolle Vitamine wegwirft.

Dies ist das Resultat einer Studie von Antal Bognar, Professor bei der Bundesforschungsanstalt für Ernährung. 1997 hat er sich der Frage angenommen, indem er diverse Sorten von Äpfeln, Birnen und Kartoffeln schälte und dann den Gehalt an Vitaminen und Nährstoffen in der Schale und im Fruchtfleisch separat bestimmte. Sein Ergebnis: «Die Analyse hat gezeigt, dass Äpfel- und Birnenschalen durchweg einen signifikant höheren Gehalt an allen untersuchten Nährstoffen, vor allem Vitamin C, aufweisen als das Fruchtfleisch.»

Beispiel: Beim Apfel «Jonagold» enthält das Fruchtfleisch 2,9 Milligramm Vitamin C pro hundert Gramm, die Schale dagegen 20,5 Milligramm – das ist die siebenfache Menge. Birne «Concorde»: Fruchtfleisch 2,5 Milligramm, Schale 11,1 Milligramm. Auch an Mineralien und Eiweißen sind die Schalen von Äpfeln und Birnen reicher. Man sollte also die Kinder Schalen essen lassen – natürlich nachdem das Obst gründlich gewaschen wurde.

Kartoffelschalen sollte dagegen nur essen, wem's schmeckt oder wer zu faul zum Schälen ist: Der Vitamingehalt der Kartoffel nimmt zur Schale hin eher ab.

Bei Vollmond erhöht sich die Anzahl der Geburten

Stimmt nicht. In Mondfragen verstehen viele Gläubige keinen Spaß. Der Erdtrabant soll großen Einfluss auf alles Mögliche haben – vom Wachstum des Getreides und der Menstruation der Frau bis zu Ereignissen wie Geburten, Unfällen und Verbrechen. Aber fast immer, wenn jemand diesen behaupteten Zusammenhängen mit den Methoden der Statistik auf den Grund zu gehen versucht, kommt keine besondere Korrelation zum Vorschein.

Bei den Geburten wurde die Frage unter anderem 1994 anhand von 7842 florentinischen Babys untersucht, aber auch 5226 Geburten in Maputo (Mosambik) wurden ausgewertet. Ergebnis: Kein Zusammenhang zwischen Mondphase und Geburtenzahl.

Nehmen sich denn wenigstens Selbstmörder bevorzugt bei Vollmond das Leben? Eine Metastudie (also eine Studie, die andere Studien zusammenfasst) hat 20 Untersuchungen ausgewertet – ohne Befund, so etwa eine Arbeit, die 4190 Selbsttötungen zur Grundlage hatte.

Auch der Glaube an die Kraft des Vollmondes ist untersucht worden. 1995 berichtete ein Artikel in der Zeitschrift *Psychological Reports* von einer Studie an 325 Menschen. 140 von ihnen glaubten, dass die Mondphasen etwas mit dem Verhalten der Menschen zu tun haben. Bei Psychologen und Sozialarbeitern war der Glaube überdurchschnittlich verbreitet. Und fast jeder kennt die Ärzte, Krankenschwestern und Hebammen, die fest daran glauben, dass sie bei Vollmond mehr zu tun haben. Woran liegt's? Einzige Erklärung: selektive Wahrnehmung. Wer einmal von der Legende überzeugt ist, der registriert nur noch die bestätigenden Ereignisse und ignoriert die Gegenbeispiele.

Bei Vollmond kann man schlechter einschlafen

Stimmt nicht. Dass der Mond nicht die Zahl der Geburten beeinflusst, haben wir ja gerade im vorigen Kapitel behandelt. Aber auf den Schlaf wirken sich die Mondphasen doch aus – glauben 40 Prozent aller Menschen, wenn man sie befragt. Manche werden schon nervös,

VOLLMOND! ICH PROPHEZEIE MIR SICH-SELBST-ERFÜLLENDE-EINSCHLAF-PROBLEME!
KÖNNTE KLAPPEN! GO SELF FULL-FILLING PROPHECY GO!

wenn die Vollmondnächte nahen – da wird der Glaube an den Mondeinfluss schnell zur sich selbst erfüllenden Prophezeiung.

Aber sogar diese Menschen schlafen dann doch meistens tief und fest, jedenfalls nicht schlechter als in anderen Nächten. Das legt das Ergebnis einer Studie nahe, die die beiden österreichischen Schlafforscher Josef Zeitlhofer und Gerhard Klösch im Jahr 2003 veröffentlichten.

Über einen Zeitraum von sechs Jahren ließen sie insgesamt 391 Testpersonen jeweils 14 Tage lang ein Schlafprotokoll führen. Die Probanden notierten jede Nacht, wie lange sie zum Einschlafen brauchten, wie oft sie in der Nacht aufwachten, wie lange sie insgesamt schliefen und wie sie die Qualität des Schlafs empfanden.

Das Ergebnis: Sowohl bei der Hälfte der Testpersonen, die unter Schlafstörungen litten, als auch bei der «normalen» Hälfte konnte kein signifikanter Unterschied in der Beurteilung des Schlafs abhängig von der Mondphase gefunden werden. Etwa ein Viertel empfand den Schlaf in Vollmondnächten sogar als besonders erholsam.

Die einzige plausible Wirkung des Vollmondes auf den Schlaf ist sein helles Licht. Und dagegen gibt es in der modernen Welt Vorhänge und Jalousien.

Achtlos weggeworfene Flaschen oder Glasscherben können zu Waldbränden führen, weil sie wie ein Brennglas das Sonnenlicht bündeln

Stimmt nicht. Zwar wird in vielen Merkblättern vor dieser Gefahr gewarnt, trotzdem halte ich die Befürchtung für übertrieben, auch wenn ich mir mit meinem Urteil böse Leserbriefe einhandelte, in denen ich als Quasi-Brandstifter beschimpft wurde.

Damit sich trockene Blätter oder Gräser entzünden, braucht man eine Temperatur von weit über 200 Grad. Mit einer Lupe oder auch einer Glaskugel kann man das Sonnenlicht tatsächlich so stark bündeln, dass eine Flamme entsteht. Aber mit der Glasscherbe einer Flasche?

Damit Glas das Sonnenlicht bündelt, muss es eine bikonvexe (nach beiden Seiten gewölbte) Form haben. Schon 1933 machten Mitarbeiter des *Forstwissenschaftlichen Centralblatts* systematische Versuche mit vollen und leeren Bierflaschen. Das Ergebnis: Am ehesten hat der Flaschenboden die erforderliche Form. Mit den untersuchten Bierflaschenböden gelang es allerdings nicht, eine Temperatur zu erzeugen, die höher war als in der Umgebung.

Nun könnte man einwenden, dass das Glas von Bierflaschen ja auch getönt ist. Ich fand glücklicherweise einen Experten, der eigens für meine Kolumne noch einmal eine entsprechende Versuchsreihe durchführte. Klaus-Peter Wittich von der Braunschweiger Außenstelle des Deutschen Wetterdienstes versuchte, trockene Fichtennadeln einmal mit einer Lupe und das andere Mal mit einem Flaschenboden aus klarem Glas zu entzünden. Während unter der Lupe die Nadeln schon nach wenigen Sekunden zu kokeln begannen, konnte er selbst unter optimalen Bedingungen in dem Lichtfleck, den der Flaschenboden erzeugt, keine Temperatur von über 80 Grad messen. Selbst wenn man von hochsommerlichen Temperaturen und Sonnenständen ausgeht, ist es nach menschlichem Ermessen unmöglich, mit einer Flaschenscherbe ein Feuer zu entzünden.

Dieser «Brennglaseffekt» gehört also wohl ins Reich der Mythen. Was natürlich nicht heißt, dass man nun seine leeren Flaschen einfach im Wald liegen lassen sollte.

In der Nazizeit wurden Wälder in Form von Hakenkreuzen angepflanzt, die man noch heute sehen kann

Stimmt. Der berühmteste «Hakenkreuzwald» stand bis 2000 in der Nähe von Zernikow in der Uckermark. Die etwa 100 Lärchen waren 1938 von linientreuen Hitler-Verehrern inmitten eines Kiefernwaldes angepflanzt worden. Weil Lärchen im Gegensatz zu Kiefern ihre Nadeln verlieren, entstand im Herbst stets ein gelbes Hakenkreuz auf dunkelgrünem Grund und im Frühjahr ein hellgrünes – sichtbar freilich nur aus der Luft.

Zu DDR-Zeiten war das peinliche Emblem in Vergessenheit geraten. Damals gab es in der Gegend keinen privaten Flugverkehr, und so fiel das Hakenkreuz niemandem auf. Als nach der Wende vermehrt Hobbypiloten mit ihren Flugzeugen über das Gebiet hinwegflogen, wurde es wiederentdeckt – und ausländische Medien griffen das Thema gern auf. 1995 versuchte man zum ersten Mal, den «Naziwald» auszudünnen, aber das Symbol erwies sich als hartnäckig: Auch die verbliebenen 57 Bäume bildeten noch ein deutliches Hakenkreuz. Im Dezember 2000 wurden noch einmal 25 Bäume entfernt. «Seitdem hat sich bei uns niemand mehr gemeldet«, sagt der Revierförster Ulrich Koch. «Wir gehen davon aus, dass es aus der Luft nicht mehr erkennbar ist.»

Nach der Veröffentlichung der «Stimmt's?»-Folge in der *ZEIT* bekam ich mehrere Zuschriften von Lesern, die mir von ähnlichen botanischen Nazisymbolen berichteten. Etwa von einem Satz SS-Runen in der Gegend von Tuttlingen, die allerdings kaum noch zu erkennen seien. Am Kellerskopf in der Nähe von Wiesbaden dagegen gebe es noch ein deutlich sichtbares Hakenkreuz. Man kann also nicht davon ausgehen, dass das deutsche Luftbild vollständig entnazifiziert ist.

Man darf im Winter den Motor im Stand warm laufen lassen

Stimmt nicht. In den Wintermonaten kann man oft Autofahrer beobachten, die morgens beim Abkratzen der vereisten Scheiben schon mal den Motor warmlaufen lassen oder auch bei einer Pause auf dem Rastplatz den Motor nicht abschalten. Aber das ist gesetzlich verboten.

Die Straßenverkehrsordnung ist in dieser Frage ziemlich eindeutig. In Paragraph 30, Absatz 1 heißt es: «Bei der Benutzung von Fahrzeugen sind unnötiger Lärm und vermeidbare Abgasbelästigungen verboten. Es ist insbesondere verboten, Fahrzeugmotoren unnötig laufen zu lassen und Fahrzeugtüren übermäßig laut zu schließen. Unnützes Hin- und Herfahren ist innerhalb geschlossener Ortschaften verboten, wenn andere dadurch belästigt werden.» Wer sich nun an dem Wörtchen «unnötig» aufhängt und behauptet, das Warmlaufenlassen diene ja dazu, das Eis von den Scheiben zu bekommen, der muss sich sagen lassen: Es gibt da andere Methoden, von der Abdeck-Isomatte über den mechanischen Eiskratzer bis zum Enteisungsspray. Die Sache ist also schlicht und einfach verboten, aus Umwelt- und Lärmschutzgründen.

Wer sich weder um die reine Luft noch um die Ruhe der Nachbarn schert und sich auch von der fälligen Zehn-Euro-Buße nicht abschrecken lässt, den überzeugt vielleicht das Argument, dass das Warmlaufenlassen dem Motor schadet. Der erwärmt sich nämlich im Leerlauf viel langsamer, als wenn man ihn durch zügiges Fahren auf Betriebstemperatur bringt. Die Folge: Im kalten Motor kondensiert Benzin, das den Ölfilm abwäscht und die Maschine schneller verschleißen lässt.

Man kann sterben, wenn man zu viel Wasser trinkt

Stimmt. In Ratgebern wird uns immer eingebläut, dass wir zu wenig trinken. Vor allem ältere Menschen sollen täglich zwei bis drei Liter Flüssigkeit zu sich nehmen. Aber auch wenn unser Körper überwiegend aus Wasser besteht, gilt der Spruch des Paracelsus: Die Dosis macht das Gift. Man kann tatsächlich zu viel trinken und sogar daran sterben.

Allerdings wird es der Normalbürger kaum schaffen, die entsprechende Menge zu verdrücken. Gefährdet sind vor allem Ausdauersportler. Unerfahrene Marathonläufer, die an jeder Station einen kräftigen Schluck aus der Flasche nehmen, können sich eine regelrechte «Wasservergiftung» zuziehen. Was dabei passiert: Der Körper verliert beim Laufen Wasser und Salze in Form von Schweiß. Beim Trinken wird aber nur das Wasser wieder ersetzt. Es entsteht ein umgekehrter Effekt wie beim Konsum von zu viel Salz (siehe Seite 262): Durch die Osmose dringt Wasser verstärkt in die Zellen des Körpers, das Blut wird regelrecht verdünnt, sodass ein gefährlicher Mangel an Natrium, Kalzium und anderen wichtigen Stoffen entstehen kann. Hyponaträmie wird dieser – in manchen Fällen sogar lebensbedrohliche – Zustand genannt. Beim Chicago Marathon 1998 ist ein Läufer daran gestorben, und Untersuchungen haben ergeben, dass ein großer Teil der Laufsportler zu viel trinkt.

Es gibt noch eine weitere Risikogruppe für die Wasservergiftung: Babys. Wenn man die zu lange unkontrolliert am Fläschchen saugen lässt, kann das auch gefährlich werden.

Man soll täglich zwei bis drei Liter Wasser trinken

Stimmt nicht. Unser Körper besteht zu 60 bis 70 Prozent aus Wasser, und jeden Tag verliert er durch Atmen, Schwitzen und Ausscheiden etwa zwei bis zweieinhalb Liter davon – das muss irgendwie wieder nachgefüllt werden. Trinken ist also zweifellos lebensnotwendig. Allerdings ist der oft zu lesende Rat, jeden Tag zwei Liter zu trinken (manchmal ist sogar von drei Litern die Rede), übertrieben. Niemand muss ständig ein Trinkfläschchen mit sich herumtragen aus Angst, jeden Moment aufgrund von Dehydrierung (wissenschaftlich korrekt: Dehydratisierung) umzukippen.

Zunächst einmal ist die Angabe über den Flüssigkeitsverlust nur ein Durchschnittswert. Der Körper kann nämlich seinen Wasserhaushalt durchaus regulieren, und wenn er weniger Wasser bekommt, dann scheidet er auch weniger aus. Zudem wird etwa die Hälfte des Bedarfs schon über die feste Nahrung zugeführt. Auch dieser Wert schwankt natürlich von Mensch zu Mensch – wer viel Obst und Gemüse isst, der «trinkt» entsprechend mehr als jemand, der sich von Brot ernährt.

Bleibt eine Menge von einem bis eineinhalb Litern, die man dem Körper in flüssiger Form zuführen sollte. Und dabei darf man – entgegen einem anderslautenden Gerücht, das ich auch schon entkräftet habe – Kaffee, Tee und schwach alkoholische Getränke wie Bier durchaus mitzählen.

Woher der Mythos von den zwei Litern kommt, ist nicht klar. Jedenfalls haben mehrere Studien, zuletzt 2008 im *Journal of the American Society of Nephrology*, keinen Beleg für irgendwelche positiven Wirkungen des übermäßigen Trinkens gefunden. Zu viel Wasser macht weder die Haut schöner, noch hilft es beim Abnehmen.

Übrigens hat der Körper einen ausgeklügelten Mechanismus, mit dem er den Menschen warnt, wenn er zu wenig Wasser hat. Das Phänomen nennt sich «Durst». Es funktioniert bei den meisten Menschen hervorragend. Im Alter allerdings kann das Durstgefühl nachlassen oder ganz verlorengehen, deshalb sollte man bei älteren Menschen auf eine ausreichende Flüssigkeitszufuhr achten. Zwei oder drei Liter müssen es aber auch bei Senioren nicht sein.

Ein Wasserkocher ist die ökologisch günstigste Form, Wasser zu erhitzen

Stimmt nicht. Um einen Liter Wasser mit Zimmertemperatur zum Kochen zu bringen, braucht man etwa 90 Wattstunden an Energie – drunter geht's nicht, sagt die Physik. In der Praxis aber geht beim Erhitzen immer Energie verloren. Die Frage ist, wie viel Prozent der eingesetzten Energie tatsächlich im Wasser landen, und das wird ausgedrückt im sogenannten Wirkungsgrad.

Ein Elektroherd zum Beispiel muss zunächst einmal die Herdplatte aufheizen. Die überträgt ihre Wärme an den Topf, bevor die Wärme ins Wasser gelangt. Und wenn man den Topf dann vom Herd nimmt, kann man sich an der Platte immer noch die Finger verbrennen – diese Restwärme ist verschwendete Energie. Der Wirkungsgrad des Elektroherds liegt nach Berechnungen der Arge Prüfgemeinschaft zwischen mageren 28 Prozent für einen Viertelliter Wasser und etwa 53 Prozent für einen Liter.

Der Wasserkocher dagegen ist für seine Aufgabe optimiert. Das Wasser ist entweder in direktem Kontakt mit der Heizspirale, oder diese liegt gleich unter dem Boden. Das Gehäuse ist meist aus Kunststoff und nimmt nicht viel Wärme auf. Die Bilanz: ein Wirkungsgrad zwischen 57 Prozent (Viertelliter) und 76 Prozent (ein Liter).

Es geht also bei größeren Wassermengen nur ein Viertel der Heizenergie verloren – besser geht es kaum, sollte man meinen. Aber dabei wird vernachlässigt, dass sich dieser Wirkungsgrad nur auf den Strom bezieht, der aus der Steckdose kommt. Bei dessen Erzeugung auf konventionelle Weise sind jedoch schon über 60 Prozent der primären Energie aus Kohle oder Gas verlorengegangen. Bezogen auf die Primärenergie, liegt der Wirkungsgrad also nur bei maximal 30 Prozent. Diese Primärenergie stammt bei uns immer noch zum größten Teil aus fossilen Brennstoffen.

Und da kommt der Gasherd ins Spiel: Der verpulvert ähnlich viel Wärme wie der E-Herd, aber dafür wird er direkt mit der primären Energie gespeist. Bezieht man das mit ein, dann ist der Gasherd eindeutig besser in der Ökobilanz als der Wasserkocher. Wer einen Gasherd hat, schont damit beim Wasserkochen die Umwelt mehr als mit einem Wasserkocher – und bei den gegenwärtigen Preisen auch den Geldbeutel.

Das Rauchen von Wasserpfeifen ist weniger schädlich als das Rauchen von Zigaretten

Stimmt nicht. Das Rauchen von Wasserpfeifen, auch Shishas genannt, ist vor allem unter Jugendlichen in Mode gekommen. Wenn die Eltern die orientalischen Rauchgeräte kritisch beäugen, werden sie oft belehrt, dass das Zeremoniell erstens nichts mit illegalen Drogen zu tun habe und zweitens weniger schädlich sei als das Rauchen von Zigaretten.

Ersteres stimmt meistens, die zweite Behauptung kann man so nicht stehenlassen. Der Rauch aus der Shisha ist zwar angenehm kühl und kratzt weniger im Hals als Zigarettenqualm, außerdem riecht er durch Zugabe von allerlei Extrakten lecker. Aber es ist und bleibt Tabakrauch; dessen Schadstoffe werden durch die Wasserfilterung längst nicht alle beseitigt. Das Etikett «Null Prozent Teer», das auf manchen Packungen prangt, ist schlicht gelogen.

Die Weltgesundheitsorganisation (WHO) hat Ende 2005 die

erstaunlich dünnen Kenntnisse über die Shisha-Schädlichkeit zusammengefasst. Ihre Erkenntnisse: Der Raucher atmet beim Genuss einer Pfeife die Rauchmenge von 100 bis 200 Zigaretten ein! Das Wasser absorbiert lediglich einen Teil der Schadstoffe, insbesondere bleibt genug suchterzeugendes Nikotin im Rauch. Die Kohle, die man auf den Tabak legt, und die aromatischen Ergänzungsstoffe erzeugen beim Verbrennen zusätzliche Schadstoffe, etwa Kohlenmonoxid. Zudem warnt die WHO, dass man beim gemeinsamen Rauchen aus einem Mundstück Krankheitskeime weitergeben kann. Auch wenn die UN-Behörde damit die Gefahr vielleicht etwas aufbauscht: Eine sanfte Alternative zum Zigarettenrauchen ist die Wasserpfeife auf keinen Fall.

Weihrauch enthält den Cannabis-Wirkstoff THC

Stimmt nicht. Immer wieder gibt es Berichte über tatsächliche und vermeintliche Wirkungen des Weihrauchs. So wurde 2008 berichtet, dass der geistliche Qualm angeblich bei Mäusen eine antidepressive Wirkung hat.

Natürlich ist die Idee verführerisch, dass die Kirchen den Weihrauch seit Jahrhunderten auch wegen seines rauschhaften Effekts einsetzen. Aber versetzt er die Gläubigen tatsächlich in einen Zustand ähnlich dem, der von Haschisch und Marihuana erzeugt wird? Die Nachricht vom Cannabis-Wirkstoff THC im Weihrauch machte vor einigen Jahren die Runde, vor allem in österreichischen Medien. Die Ängste in der Alpenrepublik gingen zurück auf ein Buch mit dem Titel «Weihrauch und Myrrhe» aus dem Jahr 1988, in dem zwei DDR-Toxikologen und ein Westberliner Ethnologe die Kulturgeschichte des kirchlichen Räucherwerks beschrieben hatten. Unter anderem findet sich in diesem Buch ein Hinweis auf die theoretische Möglichkeit, dass sich bei der Pyrolyse des Boswellia-Harzes, aus dem Weihrauch hergestellt wird, die beiden Inhaltsstoffe Verbenol und Olivetol zu THC verbinden könnten. Theoretisch, wohlgemerkt – einen tatsächlichen Nachweis des Cannabis-Wirkstoffs im Weihrauch hat bis heute niemand erbracht.

Das Fazit also: viel Rauch um nichts. Der Qualm ist ein Cocktail mehrerer chemischer Substanzen, der durch die Verteilung im Kirchenraum stark verdünnt wird. Er mag eine andächtige Stimmung erzeugen – zum richtigen Rausch taugt er nicht.

Die Verschlüsse von Weinflaschen haben keinerlei Auswirkungen auf den Wein

Stimmt. Das heißt: Korkverschlüsse können einen Einfluss auf den Geschmack des Weines haben, allerdings nur einen negativen. Der Sinn des Verschlusses ist es, die Flasche möglichst dicht zu versiegeln. Dass der Wein durch den Korken «atmen» möge, ist eine Mär – wenn Luft in die Flasche dringt, dann ist das ein Betriebsunfall und kein erwünschter Effekt. Die Luftmenge zwischen Korken und Wein reicht für subtile «Reifungsprozesse» im Wein völlig aus.

Wenn es ums Abdichten geht, sind tatsächlich Kronkorken und Schraubverschlüsse mit Plastikdichtung das beste Mittel. Außer in der rationalen Schweiz, wo bereits die Hälfte der Weinflaschen einen Drehverschluss hat, denken aber die Verbraucher bei einer Metallkapsel gleich an billigen Fusel. Bei uns werden deshalb die Weinflaschen wohl auf absehbare Zeit einen Stöpsel haben.

Beim «Naturprodukt» Kork gibt es zwischen der Ernte der Korkrinde und dem Öffnen der Flasche mannigfaltige Gelegenheiten, den Wein zu verderben. Insbesondere wenn Mikroorganismen eindringen und das gefürchtete 2,4,6-Trichloranisol (TCA) produzieren, ist der gute Tropfen hin. Zwar reicht nicht, wie in manchen Quellen steht, ein Fingerhut TCA aus, um den ganzen Bodensee zu «verkorksen». Aber ein Fass davon täte das schon. Außerdem können die Produzenten, vor allem Portugal, die steigende Nachfrage nicht mehr befriedigen und werfen immer minderwertigere Korksorten auf den Markt.

Es ist also Zeit für Alternativen. Da der unvernünftige Verbraucher offenbar immer noch einen Korkenzieher in die Flasche drehen und das «Plopp!»-Geräusch hören will, findet man vor allem bei Weinen aus Übersee zunehmend Plastikstopfen mit Korkdesign. Es gibt auch Mischprodukte aus zermahlenem Kork, der mit Kunststoff verbacken ist. Über das langfristige Verhalten all dieser Ersatzkorken gibt es aber noch keine hinreichenden Erkenntnisse.

Alkoholiker im Delirium sehen weiße Mäuse

Stimmt. Wer einmal einen Vollrausch hat, der sieht noch keine weißen Mäuse. Solche Halluzinationen gibt es erst im letzten Stadium des Alkoholismus, der chronischen Phase. Dann gehören die berühmten Nagetiere keineswegs ins Reich der Legenden. Warum weiße Mäuse und keine rosa Elefanten? «Weil rosa Elefanten in der Vorstellungswelt der meisten Menschen nicht vorkommen», sagt der Psychiater Werner Strik von der Universität Bern.

Die Phantasiebilder bestehen meist aus kleinen, alltäglichen Dingen, die der Delirierende sozusagen in sein reales Bild der Welt «einbaut»: neben den Mäusen auch Schlangen, Insekten, Haar- und Staubbüschel. Oft sind solche Halluzinationen verbunden mit einer haptischen Täuschung – also etwa der Vorstellung, dass Insekten über den Arm krabbeln.

Warum bei Alkoholikern vor allem diese optischen Halluzinationen auftreten und nicht etwa akustische Trugvorstellungen, wie sie Schizophrene haben, ist letztlich noch nicht geklärt. Strik ver-

ICH SCHMEISS 'NE RUNDE FÜR ALLE, DIE ICH HALLUZINIERE. DEM BÜNDEL MÜCKEN LINKS VON MIR STATT EINEM GLAS EIN SCHÄLCHEN SCHNAPS, BITTE.

mutet, dass es sich beim Delir um eine allgemeine Übererregung des Kortex im Gehirn handelt, und darin nimmt die visuelle Abteilung den weitaus größten Raum ein. Bei halluzinierenden Schizophrenen wurde dagegen eine Fehlfunktion von Hirnregionen nachgewiesen, die nur für das Gehör zuständig sind.

Man kann die visuellen Trugbilder der Alkoholiker übrigens auch regelrecht provozieren: Hält man ihnen ein weißes Blatt Papier vor und bittet sie, es vorzulesen, so werden viele einen Text sehen und ihn zu rezitieren beginnen.

Die Niederländer haben besonders viele Wohnwagen

Stimmt. Wenn im Sommer auf den deutschen Autobahnen wieder die Wohnwagen mit den gelben Nummernschildern gen Süden zuckeln, dann fragt sich so mancher, ob denn nun tatsächlich das gesamte Nachbarland im rollenden Heim unterwegs ist. Über die Niederländer in ihren beweglichen Behausungen werden gern Witze gemacht. Doch ein Blick auf die Statistiken des Caravaning Industrie Verbands zeigt, dass man die Sache differenzierter betrachten muss.

Dieser Verband erfasst jährlich die Verkäufe und den Bestand an Campingfahrzeugen. Und tatsächlich gehören die Niederlande zu den Staaten mit der höchsten Wohnwagendichte. Auf 34 Niederländer kommt ein Wohnanhänger; in Deutschland müssen sich rechnerisch 85 Bürger ein solches Gefährt teilen. Aber damit sind sie nicht der Spitzenreiter in Europa: Die Schweden besitzen, bezogen auf die Bevölkerung, noch mehr Wohnwagen, und die Dänen fast genauso viele. Die skandinavischen Nachbarn (auch Norweger und Finnen campen gern mobil) sehen wir nur nicht so oft, weil es sie geographiebedingt nicht so weit nach Süden verschlägt.

Eine weitere Besonderheit enthüllt ein Blick auf die Statistik der

Wohnmobile, also der motorisierten Camper. Da liegen die Niederländer nämlich nur im europäischen Mittelfeld, weit hinter den Deutschen; führend sind da die Belgier. Fast zehnmal so viele Caravans wie Reisemobile gibt es in den Niederlanden – in Deutschland beträgt der Faktor 2,2. Dass Holländer den Anhänger bevorzugen, ist keine reine Geschmacksfrage: In den Niederlanden gibt es auf alle neuen Kraftfahrzeuge eine deftige Luxussteuer von bis zu 45 Prozent. Bei einem Wohnmobil macht diese Steuer locker einen fünfstelligen Betrag aus, die Anhänger dagegen sind steuerfrei. Da überlegt es sich der Campingfreund zweimal, ob ihm der mobile Komfort wirklich so viel wert ist.

Wolkenkratzer schwanken bei Sturm an der Spitze um einige Meter hin und her

Stimmt nicht. «Für die höchsten europäischen Hochhäuser liegt dieser Wert eher im Bereich von etwa zehn Zentimetern», erzählt Uwe Weitkemper, der sich an der TH Aachen mit Baustatik beschäftigt.

Aber diese «Kopfauslenkung» ist auch gar nicht das wesentliche Kriterium bei der Festlegung der Steifigkeit von Hochhäusern. Eine langsame, große Schwankung empfinden Menschen nämlich als weniger unangenehm als eine kleine, schnelle. Das liegt daran, dass wir eine gleichförmige Bewegung kaum wahrnehmen, sondern vor allem die Beschleunigung, die der Körper beim Schwanken erfährt. Und da liegt der Grenzwert, an den sich die Konstrukteure im Allgemeinen halten, bei etwa 0,1 m/s^2 – darüber wird's ungemütlich. Wenn das Haus an der Spitze mit diesem Wert beschleunigt wird, dann wackelt es in einer Sekunde um lediglich fünf Zentimeter.

Selbst im allerstärksten Sturm wird es nicht viel schlimmer: Nach amerikanischen Bestimmungen darf sich auch bei Erdbeben und Hurrikans ein Stockwerk gegenüber dem darunterliegenden um maximal 0,5 Prozent der Stockwerkshöhe verschieben. Wenn dieser Extremwert in allen Etagen gleichzeitig erreicht wird (was nach Weitkempers Aussage kaum möglich ist), so schwankt ein 300-Meter-Wolkenkratzer an der Spitze um 1,50 Meter. Aber bis es so weit kommt, sind wahrscheinlich schon alle Menschen in Panik aus dem Haus gestürmt.

Wunden heilen besser an der Luft

Stimmt nicht. «Es ist ein Ammenmärchen, dass Wunden an der Luft am besten heilen», sagt der Expräsident der Deutschen Gesellschaft für Wundheilung und Wundbehandlung, Wolfgang Vanscheidt. Die intuitive Vorstellung, die Wunde müsse trocknen, dann sei alles gut, ist irrig – im Gegenteil, solange sie feucht ist, können die Enzyme und Hormone, die für die Heilung sorgen, sich frei bewegen und ihr nützliches Werk tun. Harter Schorf dagegen schützt zwar die Wunde vor Schmutz – das ist sein Zweck –, aber er behindert auch die Heilung und fördert die Narbenbildung. In Krankenhäusern ist der Vorteil der feuchten Wundheilung seit langem Allgemeingut – nur in der Bevölkerung hat es sich noch nicht so richtig herumgesprochen.

Eine Gefahr gibt es, wenn man die Wunde feucht hält: dass sich darin Bakterien munter weitervermehren können. Inzwischen gibt es aber auch für den Alltagsgebrauch spezielle Salben und Gelpflaster, die die Wunde vor Verunreinigung schützen und sie gleichzeitig feucht halten sowie die Bakterienvermehrung hemmen. Darunter heilen die Wunden teilweise doppelt so schnell wie unter einem herkömmlichen Pflaster.

Auf Zahnbürsten sammeln sich Bakterien aus der Toilettenspülung

Stimmt prinzipiell. Im Bad finden hygienische und unhygienische Dinge in nächster Nähe zueinander statt. Die Zahnbürste steht oft nur einen oder zwei Meter von der Toilette entfernt, und da fragen sich sensible Zeitgenossen, ob die Toilettenspülung schädliche Bakterien so aufwirbeln kann, dass sie auf die Borsten gelangen.

Wenn wir die Toilettenspülung bedienen, wird ein Teil des Spülwassers zum Aerosol – also zu einem Wölkchen aus feinsten Tropfen, die nicht sofort zu Boden fallen, sondern bis zu sechs Meter durch den Raum schweben. Das jedenfalls hat Philip M. Tierno vom Medical Center der New York University gemessen. Dann erst lassen sie sich nieder und mit ihnen die Bakterien, die sie enthalten. Fäkale Kolibakterien sind praktisch überall im Bad nachweisbar, auch auf offen herumstehenden Zahnbürsten. Tiernos Kollege Charles Gerba, ein Mikrobiologe von der University of Arizona, ließ sich zu dem geschmacklosen Vergleich hinreißen, ein mikroskopischer Blick auf diese Keime erinnere an «Bagdad bei Nacht während einer US-Militärattacke».

Das klingt äußerst abstoßend. Aber ist es gesundheitsgefährdend? Die Crux der modernen Labortechnik ist, dass sie fast alles fast überall nachweisen kann, so auch die Kolibakterien. Tatsächlich sollte uns dabei das Bad am wenigsten Sorge machen. Das verdeutlicht Charles Gerba, der offenbar zu drastischen Formulierungen neigt, mit einem weiteren Vergleich: «Wenn ein Außerirdischer zu uns käme und die Bakterien zählen würde, so käme er wahrscheinlich zu dem Schluss, er solle seine Hände in der Toilette waschen und in die Küchenspüle scheißen.» Denn dort, insbesondere auf dem Spüllappen, siedeln mit Abstand die meisten Keime. Die Klobrille, auf die sich viele nicht setzen mögen, wenn vor ihnen ein anderer Mensch drauf gesessen hat, ist dagegen fast keimfrei.

Trotzdem kann es sicher nicht schaden, beim Spülen den Klodeckel zu schließen und die Zahnbürste in einem verschließbaren Schränkchen aufzubewahren.

Manche Menschen können mit Zahnplomben Radio empfangen

Stimmt nicht. Oder sagen wir vorsichtig: Es ist theoretisch nicht ganz ausgeschlossen, aber sehr unwahrscheinlich. Immer wieder wird von Fällen berichtet, in denen Menschen zu «lebendigen Radioempfängern» geworden seien. So stand 1934 in der *New York Times* ein Artikel über einen bedauernswerten, in Brasilien lebenden Ukrainer, der sich über ständigen Radioempfang im Kopf beklagte. «In diesen harten Zeiten», so die *Times*, «in denen viele sich ein Radio wünschen, es sich aber nicht leisten können, sollte dieser Ukrainer eigentlich sehr froh sein» über sein kostenloses Empfangsgerät. Stattdessen klage er über Schlafstörungen und wünsche sich nichts sehnlicher als einen Aus-Schalter.

Auf dieser anekdotischen Ebene bewegen sich die meisten entsprechenden Berichte. Um tatsächlich Rundfunk im Kopf zu empfangen, müssten einige Bedingungen erfüllt werden, deren Zusammentreffen eine astronomisch geringe Wahrscheinlichkeit hat.

Erstens: Man braucht eine Antenne, um die elektromagnetischen Wellen zu empfangen. Körperteile oder Fremdkörper wie Zahnplomben könnten durchaus als Schwingkreise fungieren und die Energie der Strahlung aufnehmen (auch wenn Plomben dazu eigentlich ein bisschen zu klein sind). So berichtet zum Beispiel im Internet ein gewisser David Bartholomew von einem Amateurfunkertreffen, bei dem er dicht neben einem Sender stand. «Plötzlich fühlte sich einer meiner Zähne, der eine schöne Füllung hatte, so an, als würde ein Zahnarzt ohne Betäubung darin bohren.»

Zweitens: Um nicht nur die Energie der Welle zu empfangen, son-

BARGELD SOFORT
KAUFE SCHMUCK, UHREN, ZAHNGOLD
RATTELSCHNECK
SIE HÖREN DIE RADIO-AMALGAM-WIRTSCHAFTSNACHRICHTEN: DER ZAHNGOLDPREIS IST IM KELLER!!!

dern auch das Radioprogramm, braucht man einen «Demodulator». Denn die Radiowellen schwingen ja in einer viel höheren Frequenz als der Schall, das Tonsignal ist ihnen lediglich aufmoduliert – mittels Frequenz- oder Amplitudenmodulation. Irgendwie müsste im Mund eine Art Diode existieren. «Sie könnte durch die Verwendung unterschiedlicher Metalle bei Zahnfüllungen mit halbleitenden Oberflächen entstehen», mutmaßt vorsichtig Professor Olaf Dössel vom Institut für Biomedizinische Technik der Uni Karlsruhe. Aber selbst wenn das der Fall wäre – das dekodierte Signal müsste über irgendeine Art von Lautsprecher wiedergegeben werden. So etwas hat man normalerweise nicht im Kopf. «Zusammengefasst: Radioempfang mit Zahnfüllungen ist so unwahrscheinlich, dass ich nicht daran glaube», sagt Dössel.

Da ist die Chance schon größer, dass durch zufällige Konstellationen von Haushaltsgeräten ein primitiver Radioempfänger entsteht. Das behauptet jedenfalls Walter von Lucadou, der in Freiburg die parapsychologische Beratungsstelle leitet. Er konnte einen Fall angeblicher «Geisterstimmen» auf elektrische Wechselwirkungen zwischen einem Topf und einer Herdplatte zurückführen. Ähnliches berichtet der *ZEIT*-Leser Klaus Hennig: «Wer im Berlin der späten 50er Jahre sein Radio ausschaltete, konnte die ‹Schlager der Woche› oder Neumanns ‹Insulaner› oft in der Küche weiterhören, wenn er an seinem alten Elektroherd die Backofentür öffnete. Der RIAS Berlin hatte in dieser Zeit seine Sendeleistung auf der Mittelwelle vervielfacht, die in Heizspulen, Alufolien und Stahlblechen ein einfaches Mittelwellen-Radio fand.»

Benutzt man zum Anzünden einer Zigarette eine Kerzenflamme, so ist der erste Zug zehnmal so schädlich – und zehn Seeleute müssen sterben

Stimmt nicht. Lassen wir die Sache mit den Seeleuten einmal außen vor. Was die Schädlichkeit der Kerzenflamme angeht, so kann bedenkenlos Entwarnung gegeben werden. 1994 hat eine Gruppe von Forschern den Schadstoffgehalt von Kerzen untersucht. Ergebnis: Selbst wenn dreißig Kerzen vier Stunden lang in einem Wohnraum mit fünfzig Quadratmetern brennen, sei eine gesundheitliche Belastung nicht möglich. Die Emissionen «von neun gleichzeitig brennenden Paraffin-, Bienenwachs- oder Stearinkerzen liegen um ein Vielfaches unterhalb des Wertes, den eine brennende Zigarette verursacht».

Das gilt zwar zunächst nur für die passiv eingeatmeten Verbrennungsprodukte, ist aber nach Auskunft von Professor Otto Hutzinger von der Universität Bayreuth, einem der Autoren der Studie, auch auf das Anzünden einer Zigarette an der Kerzenflamme übertragbar.

Das Schlimmste, was der Raucher von einer Kerze zu befürchten hat, ist eine geschmackliche Beeinträchtigung: Die Kerzenflamme kann noch unvollständig verbrannte Wachspartikel enthalten, und die schmeckt man dann. Das ist aber nicht ungesund. Um es deutlich auszudrücken: Der Krebs kommt vom Tabak, nicht vom Wachs.

Die Hersteller mischen Kakao in die Zigaretten, weil der Tabak dann abhängiger macht

Stimmt nicht. Eine Zigarette ist mehr als Tabak und Papier. Über 600 Zusatzstoffe sind in Europa zugelassen, und Kakao gehört dazu. Was die Hersteller hineinmischen, müssen sie aber nicht auf der Packung angeben, und sie wahren ihr Geheimnis.

Daher sagte mir selbst der damalige Hauptgeschäftsführer des Verbandes der Cigarettenindustrie, Ernst Brückner, er wisse nicht, ob heute noch Kakao in den Zigaretten drin ist. Früher war die Beimischung von Kakao üblich, wohl aus Geschmacksgründen, so Brückner, «sonst könnte man ja auch gehackte Hundescheiße nehmen». Dass der Kakao allerdings die Zigarette schokoladiger schmecken lassen und so für Kinder attraktiver machen soll, weist er zurück – das Aroma verbrannten Kakaos habe wenig mit Schokolade zu tun.

Schwerer wiegt der Vorwurf, durch den Kakao könne die Lunge mehr von dem süchtig machenden Gift Nikotin aufnehmen. Kakao enthält nämlich Theobromin, und diese Substanz hat tatsächlich die Eigenschaft, die Lungenbläschen zu erweitern. Dem halten Wissenschaftler allerdings zwei Argumente entgegen: Erstens beträgt die Dosis Theobromin, die man selbst durch 40 Zigaretten pro Tag abbekommt, weniger als ein Prozent der pharmakologisch wirksamen Menge. Und zweitens nimmt die Lunge sowieso schon praktisch das gesamte Nikotin aus dem inhalierten Rauch auf.

Als Fazit kann man feststellen, dass der Zusatzstoff Kakao wohl nicht die pharmakologische Wirkung einer Zigarette erhöht. Er gehört zu den Stoffen, die das Aroma und den Geschmack des Tabaks verbessern – und so natürlich auch zur Sucht beitragen.

Brauner Zucker ist gesünder als weißer

Stimmt nicht. Über den Zucker und seine Wirkung auf den Körper gibt es fast religiöse Auseinandersetzungen. Zucker wird nicht nur wegen seiner dick machenden und zahnschädigenden Wirkung gescholten, der raffinierte, «isolierte» Industriezucker soll auch Allergien befördern und das Immunsystem belasten. Ich will hier gar nicht über die Frage richten, ob der Haushaltszucker, der praktisch aus reiner Saccharose besteht, ganz besonders schädlich ist. Nur: Wenn es der weiße ist, dann ist es der braune auch.

Denn brauner Zucker ist keinesfalls «natürlicher» als weißer, sondern er entsteht beim Prozess des Raffinierens. Die braune Farbe kommt daher, dass ihm noch Spuren von Sirup anhaften. Wirklich nur Spuren: Sie machen insgesamt weniger als ein Prozent aus. «Entgegen vielen Fehlmeinungen ist brauner Zucker nicht gesünder als der normale Haushaltszucker», schreibt etwa die Verbraucherzentrale Baden-Württemberg. «Er ist ebenfalls ein isolierter Zucker und hat auf den Körper die gleichen schädlichen Wirkungen.» Es kann also durchaus vernünftig sein, den Konsum von Zucker einzuschränken – egal, welche Farbe der hat. Aber wahrscheinlich assoziieren viele Menschen braun irgendwie mit «öko» und glauben, etwas besonders Gesundes zu sich zu nehmen.

Zucker ist ein Vitaminräuber

Stimmt nicht. Seinen Ruf als «Vitaminräuber» hat der Zucker daher, dass bei seiner Verarbeitung im Körper das Vitamin B_1 (Thiamin) als Coenzym wirksam wird. Für 250 Gramm Zucker (entspricht 1000 Kilokalorien) sind 0,3 Milligramm Thiamin vonnöten. Das Vitamin wird dabei aber nicht verbraucht, es steht nach dem Stoffwechsel wie-

BEI "RÄUBER HOTZENPLOTZ" WAR ES EINE KISTE, AUF DER "GOLD" GESCHRIEBEN STAND. WIR LOCKEN DEN VITAMIN-"RÄUBER ZUCKER" HIERMIT AUS SEINEM VERSTECK.
VITAMINE
DIESE AUSSICHT AUF TABLETTEN SO GROSS WIE WAGEN-RÄDER ...

der zur Verfügung. Außerdem nimmt jeder von uns, der sich noch von etwas anderem ernährt als von reinem Kristallzucker, täglich etwa zwei Milligramm Thiamin aus anderen Quellen zu sich – genug also, um fast anderthalb Kilo Zucker zu verdauen.

Es gibt zwar Menschen, die unter Vitamin-B_1-Mangel leiden, aber das hat wenig mit dem Zuckergenuss zu tun. Häufig ist der Alkoholkonsum schuld, denn Alkohol hemmt tatsächlich die Aufnahme von Thiamin in den Körper.

Man kann dem Zucker also viel Böses nachsagen, etwa dass er dick macht und die Zähne schädigt – aber der Vorwurf, dass er Vitamine raubt, ist unberechtigt.

Die Fähigkeit, die Zunge zu einem Röllchen zu formen, ist genetisch bedingt

Stimmt nicht. Die Fähigkeit, die Zunge an den Rändern aufzurollen (eine Art U zu formen), ist ein schönes Beispiel, mit dem man im Biologieunterricht die Vererbung von Eigenschaften nach den Mendel'schen Gesetzen untersuchen kann: Sie ist leicht zu überprüfen, außerdem macht es den Schülern viel Spaß, ihre Verwandtschaft daraufhin zu testen und sie in «Roller» und «Nichtroller» zu unterteilen.

Nur: Das Beispiel ist zu schön, um wahr zu sein. Alfred Sturtevant, der im Jahr 1940 zu den Ersten gehörte, die ein dominantes Gen für diese Eigenschaft verantwortlich machten, schrieb schon 1965 in seinem Buch «A History of Genetics» über «eine unglückliche Tendenz» in der Wissenschaft, manche Merkmale als Beispiel für die Mendel'sche Vererbung zu akzeptieren, obwohl die Beweislage sehr dürftig ist. Im Fall des Zungenrollens kam der Todesstoß bereits 1952, als ein gewisser Philip Matlock eineiige Zwillinge untersuchte. Deren Fähigkeit müsste ja aufgrund ihrer identischen Erbanlagen immer gleich sein – bei 21 Prozent der von Matlock untersuchten Paare war aber jeweils ein Zwilling ein «Roller» und einer ein «Nichtroller». Zwingender Schluss: Es gibt zumindest noch weitere Faktoren, die die Zungenrollfähigkeit beeinflussen. Und offenbar können manche «geborenen» Nichtroller das Rollen sogar lernen.

«Es ist mir immer noch peinlich», schrieb Sturtevant, «wenn ich das Beispiel in aktuellen Arbeiten zitiert sehe.» Und daran hat sich auch in den vergangenen 45 Jahren nicht viel geändert.

